普通高等教育“十四五”规划教材·氢能系列

中国石油和石化工程教材出版基金资助项目

纯氢及掺氢天然气输送技术与管理

Transportation Technology and Management of Pure Hydrogen and Hydrogen-mixed Natural Gas

李敬法 宇波 李玉星 万忠民 杨光 编

中国石化出版社

·北京·

内容提要

本书为氢能系列教材之一，根据新能源科学与工程专业人才培养方案及氢能企业对高级应用型人才的要求编写而成。本书主要内容包括氢的物理化学性质、氢的车船输送、纯氢与掺氢天然气管道输送、天然气掺氢混气站、掺氢天然气输气站与管输工况调节、掺氢天然气的城镇输配等。

本书可作为新能源、能源动力、油气储运等相关专业的教材参考用书，也可为高等院校和科研院所相关的研究生、工程技术人员和研究人员提供参考。

图书在版编目(CIP)数据

纯氢及掺氢天然气输送技术与管理 / 李敬法等编 . 北京：中国石化出版社，2024. 10 --(普通高等教育“十四五”规划教材). -- ISBN 978-7-5114-7685-2

Ⅰ. TE83

中国国家版本馆 CIP 数据核字第 20244US998 号

中国石化出版社出版发行

地址：北京市东城区安定门外大街 58 号

邮编：100011　电话：(010)57512500

发行部电话：(010)57512575

http://www.sinopec-press.com

E-mail:press@sinopec.com

北京艾普海德印刷有限公司印刷

全国各地新华书店经销

*

787 毫米×1092 毫米 16 开本 11.5 印张 274 千字

2024 年 10 月第 1 版　2024 年 10 月第 1 次印刷

定价：36.00 元

《氢能技术与应用系列教材》编委会

（以姓氏笔画为序）

序

2020年，在第75届联合国大会一般性辩论上我国明确提出"双碳"战略目标："中国将力争2030年前实现碳达峰、2060年前实现碳中和。"2021年，"碳达峰"和"碳中和"被写入全国两会《政府工作报告》，发展清洁低碳能源已成为我国能源战略的主体。在众多新型能源中，氢能来源广泛、清洁无碳的特点为"双碳"战略目标的实现提供了有力保障。2022年5月，国家发展改革委、国家能源局按照《氢能产业发展中长期规划（2021—2035年）》部署，研究推动氢能多元化应用，为重点领域深度脱碳提供支撑，从国家层面加快出台相关鼓励氢能产业链发展的顶层设计，明确了氢能是未来国家能源体系重要组成部分，是用能终端实现绿色低碳的重要载体。

面对氢能人才的迫切需求，2022年4月，教育部印发了《加强碳达峰碳中和高等教育人才培养体系建设工作方案》，将加快储能和氢能相关学科专业建设放在"双碳"领域三大紧缺人才的首位，并提出要以大规模可再生能源消纳为目标，推动高校加快储能和氢能领域人才培养，服务大容量、长周期储能需求，实现全链条覆盖。

北京石油化工学院坐落于北京市大兴区，办学宗旨是立足北京、面向全国，全力打造新时代首善之区工程师摇篮，努力建成具有特色鲜明的高水平应用型大学。2019年获批新能源科学与工程专业以来，学校审时度势、周密论证，于2021年以大兴区建设世界一流的"大兴国际氢能示范区"为契机，最终确定了"以氢能为特色，其他新能源为补充"的专业办学思路，出台了以氢能为特色的人才培养方案。图书市场现有氢能相关书籍多以氢能科普和专著为主，无法满足高等学校氢能全产业链的人才培养需求，我校联合西安交通大学、华北电力大学、中国石油大学（华东）、天津大学、湖南理工学院等高校，中国科学院理化技术研究所、中国航天科技集团公司一院十五所等研究所，以及深圳市燃气集团股份有限公司、中石化巴陵石油化工有限公司、北京天海工业有限公司、北京久安通氢能科技有限公司、京辉氢能集团有限责任公司、北京中科致远科技有限公司等企业提出了国内首套《氢能技术与应用系列教材》的编写计划。

该套教材共8本，即《氢能概论》《制氢工艺与技术》《储氢工艺及设备设计》《纯氢及掺氢天然气输送技术与管理》《加氢站设计与管理》《氢燃料电池》《氢安全技术及其应用》及《新能源专业英语》。经过一年的准备工作，2022年5月成立了由来自6所高校、2家研究所和多家领军企业共43位专家组成的氢能系列教材编委会。随后，按照“顶层规划、教授挂帅、企业合作、内练师资”的原则，迅速有序地展开了各部教材的编写工作。

该套教材在内容规划、编写原则、受众定位等方面都进行了充分论证，总体而言具有以下主要特点：

（1）定位明确，特色鲜明

本套教材定位于培养氢能领域高级应用型工程技术人员，既可为新能源科学与工程、氢能科学与工程、储能科学与工程、智慧能源工程等本科专业提供人才培养基本支撑，又可为从事氢能研究的技术人员提供参考。整套教材知识体系上前后递进、序贯相接，强调基础理论知识的工程应用，体例统一，具有鲜明的特色。

（2）内容系统，与时俱进

涵盖“制氢—储氢—输氢—用氢—安全”的氢能全产业链，根据学科支撑规律有效衔接各门课程之间关系，与氢能企业技术创新紧密结合，整套系列教材形成一套完整、系统、反映氢能领域科技新成果的知识结构体系。

（3）注重实践，应用性强

面向氢能企业对高级应用型人才的迫切需求，着眼于增强教学内容的联系实际和灵活运用，以大量章节习题训练为落脚点，理论与实践相结合，培养具有大工程观的高级应用型人才。

（4）思想引领，价值启迪

正面客观展现我国在氢能领域的科技实力，引导学生致力于科技创新，为国家科技进步、建设绿色家园奋斗；与时代所遇的问题紧密结合，育心育德，价值引领，培养具有爱国情怀的新世纪人才。

最后，感谢参加本系列教材编写和审稿的各位老师及企业专家付出的大量卓有成效的辛勤劳动。由于编写时间仓促，书中难免存在一些不足和错漏。我们相信，在各位读者的关心和帮助下，本系列教材一定能不断地改进和完善，对助力氢能人才培养，推进氢能学科建设，促进氢能产业发展，推动“双碳”战略目标的实现有一定的促进作用。

编委会

2023年3月

前言

本教材是北京石油化工学院组织编写的国内首套氢能系列教材之一，根据新能源科学与工程专业人才培养方案及氢能企业对高级应用型人才的要求进行编写。在“制氢—储氢—输氢—用氢—安全”的氢能全产业链上，氢输送是氢能产业链中不可或缺的关键环节，是制约氢能产业发展的瓶颈之一。本教材的目的是让读者结合最新的研究及应用现状，了解纯氢和掺氢天然气输送技术与管理。在教材编写过程中，编者对相关原理的阐述密切结合流体力学、热力学、传热学等基础知识和天然气及氢能储运领域专业知识，知识面广，语言通俗易懂。每章节附有习题，加强实践与理论相结合的思维能力及思维习惯的培养。本教材可作为新能源、能源动力、油气储运等领域相关专业的教材参考用书，也可为高等院校和科研院所相关的研究生、工程技术人员和研究人员提供一定的参考。

本教材共分为7章，主要内容包括绪论、氢的物理化学性质、氢气的车船输送、纯氢与掺氢天然气管道输送、天然气掺氢混气站、掺氢天然气输气站与管输工况调节、掺氢天然气城镇输配，由李敬法、宇波、李玉星、万忠民、杨光等编写。其中，第1章和第2章由李敬法和宇波联合编写，第3章由李敬法和李汉勇联合编写，第4章由宇波和万忠民联合编写，第5章由李敬法和宇波联合编写，第6章由李玉星编写，第7章由杨光编写，全书由李敬法统稿。

在本教材编写和出版过程中，得到了北京石油化工学院机械工程学院及学校教务处领导、中国石油大学（华东）刘翠伟教授、深圳市燃气集团股份有限公司李璐伶高工和段鹏飞高工、北京石油化工学院赵杰教授等专家的大力支持和帮助。他们在本教材编写过程中提出了宝贵的意见，在此一并表示感谢！此外，感谢研究生苏越、黄慧杰、廖艺涵等在资料收集、图表绘制等方面提供的大量帮助。

本书还得到科技部和国家自然科学基金委等部门的支持，感谢国家重点研发计划“氢能技术”重点专项（2021YFB4001602）、国家自然科学基金项目

（52372311）和福建省“揭榜挂帅”项目（2023H0054）的资助。

由于本教材内容涉及领域广，加之编者水平有限，时间紧迫，教材中难免有不足之处，敬请读者批评指正。

编者

2024 年 5 月

目　　录

第1章　绪　论

1.1　氢与低碳清洁能源

随着全球工业的快速发展，近年来全球气候变暖和极端天气变化日趋严重。据报道，2011—2020年全球表面温度相比于1850—1900年已经上升了1.09℃。全球变暖的主要原因是人类在近一个世纪以来大量使用化石燃料(如煤、石油等)，排放出大量的二氧化碳等多种温室气体。全球变暖会导致陆地水分流失从而火灾频发，同时冰川会因气温升高而融化，造成海平面上升，威胁人类赖以生存的环境。

为了减缓全球变暖效应，减少二氧化碳等温室气体的排放，很多国家都在大力发展低碳清洁能源。截至目前，全球超过130个国家和地区提出了净零排放或碳中和的目标。例如，美国宣布正式重返《巴黎协定》，随后承诺不迟于2050年实现温室气体净零排放。欧盟制定并通过了《欧洲气候法案》，各成员国承诺在2050年前实现碳中和，到2030年欧盟温室气体净排放总量与1990年相比至少减少55%。德国修改《气候保护法》，新增了交通、工业等领域的减排目标，规定2045年实现碳中和，比原计划提前5年。英国计划到2035年将温室气体排放量较1990年减少78%。阿联酋和沙特是海湾地区率先提出净零排放目标的传统产油国，分别宣布到2050年、2060年实现净零排放。越南、俄罗斯、印度等宣布碳中和计划，分别到2050年、2060年、2070年实现碳中和。韩国宣布到2030年实现温室气体排放量比2018年减少35%以上，2050年实现净零排放。我国也郑重宣布了将力争2030年前实现碳达峰、2060年前实现碳中和，到2030年我国单位国内生产总值二氧化碳排放将比2005年下降65%以上。

低碳清洁能源是指二氧化碳等温室气体排放量低或者零排放的能源产品，主要包括风能、太阳能、潮汐能、核能和氢能等(图1－1)。风能、太阳能、潮汐能储备量巨大，但是其能量供给受季节、天气、地理位置等诸多不可抗力因素的影响，因此供应不稳定。核能具有能量密度高、燃料体积小、便于运输等特点，但核燃料具有很强的放射性，一旦在事故中释放到外界环境，会对生态及民众造成伤害。

在众多低碳清洁能源中，氢能被认为是清洁的二次能源载体，是推动传统化石能源清洁高效利用和支持可再生能源大规模发展的理想媒介。未来氢能的应用已成为全球能源技术革命和转型发展的重大战略方向。目前，国际氢能产业发展已经到了关键机遇期。美国、日本、韩国及欧洲等主要工业化国家和地区已经将氢能纳入国家能源战略规划，氢能产业的商业化步伐不断加快。国际氢能委员会预测，到2050年，氢能产业将创造3000万个工作岗位，减少 60 亿 t 二氧化碳排放，创造 2.5 万亿美元的市场规模，并在全球能源消费占比达到 18%。

(a) 风能　(b) 太阳能　(c) 潮汐能

(d) 核能　(e) 氢能

图 1－1　清洁低碳能源

目前，我国氢能产业发展窗口期已形成。为了实现“双碳”目标，我国能源产业加速进行转型和升级，氢能迎来大发展的机遇。相比于其他低碳清洁能源，氢能具有以下显著特点：

(1) 来源多样。氢能作为一种二次能源，来源广泛，其主要制取方式包括化石能源制氢、工业副产物氢气回收、含氢物质制氢等。化石能源制氢包括煤气化制氢、天然气重整制氢和甲醇裂解制氢等，工业副产物氢气回收包括烧碱、焦炭和轻油裂解等，含氢物质制氢包括水电解制氢、氨分解制氢等。

(2) 清洁低碳。氢无论是燃烧还是通过燃料电池的电化学反应，产物只有水，没有传统能源利用所产生的污染物及碳排放。此外，生成的水还可继续制氢，反复循环使用，真正实现低碳甚至零碳排放，有效缓解温室效应和环境污染。

(3) 应用场景丰富。氢能可广泛应用于能源、交通运输、工业、建筑等领域。其既可以直接为炼化、钢铁、冶金等行业提供原料、还原剂和高品质的热源，有效减少碳排放，也可以通过燃料电池技术应用于汽车、轨道交通、船舶等领域，降低对化石燃料的依赖，还可以应用于分布式发电，为家庭住宅、商业建筑等供电供暖。

(4) 导热性好、单位质量热值高。氢气的导热性良好，其导热系数为 0.1289W/(m·K)(1atm，0℃)，比大多数气体的导热系数高出 10 倍左右，因此在能源工业中氢是很好的传热载体。此外，氢的单位质量热值是所有化石燃料中最高的，每千克氢气燃烧后能放出 142.35kJ 的热量，约为汽油的 3 倍。氢气还具有高反应活性、高扩散性、高火焰传播速度和低点火延迟时间等特性。

(5) 储运形式多。氢能可以以气态、液态、有机液体和固态金属氢化物的形式储存，可以适应不同的储存和运输方式。

1.2 氢能输送技术现状简介

氢能全产业链条包括制氢、储氢、运氢、用氢(图 1-2)，氢能输送过程连接制储氢和用氢，因此发展氢能安全高效节能输送技术是氢能产业链的关键环节，是推进我国氢能产业体系发展的重要技术支撑。

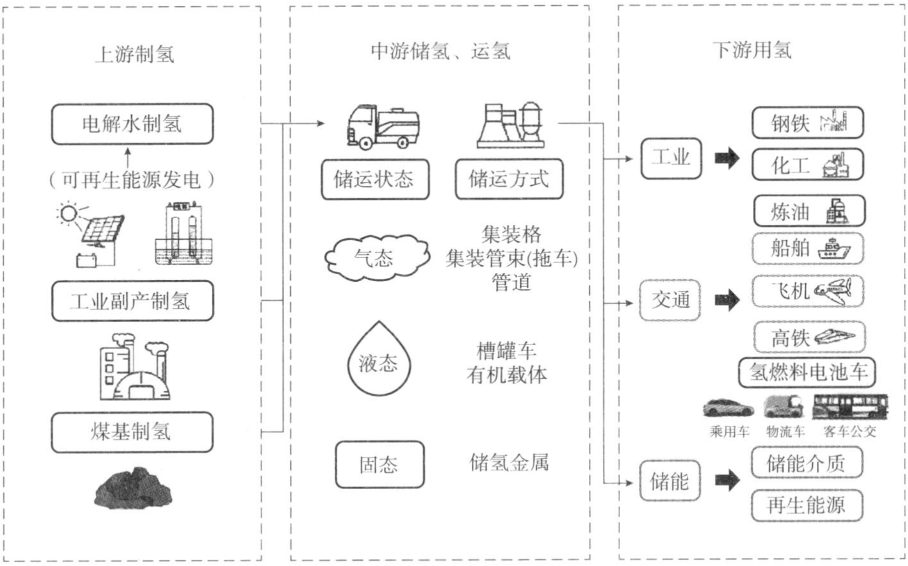

图 1-2 氢能产业链示意

按照输送时氢所处状态的不同，氢能输送方式主要有气态输送、液态输送、有机液体输送、固态输送，前两者是目前正在大规模使用的输氢方式。按照输送时的工具或手段的不同，氢能输送方式还可以分为长管拖车输送、管道输送、液氢罐车输送、铁路液氢罐车输送等。

1.2.1 气态输送

氢气在常温常压下为气态，密度仅为 0.0899kg/m^3。以气态形式输送氢气时，为了提高输送效率，需要对其进行压缩。高压气态输送主要有长管拖车和管道两种方式。

(1)氢气长管拖车输送

高压长管拖车是氢气近距离输送的主要方式(图 1-3)。氢气长管拖车是由大容积钢制无缝气瓶通过框架与走行装置、或直接与走行装置固定在一起而组成的高压氢气运输设备。氢气长管拖车的储氢空间一般由 6~10 个压力为 15~35MPa、容积为 10~30m^3 的无缝高压气瓶组成，可

图 1-3 氢气长管拖车

充装 3500 ~ 4500m^3 氢气。氢气长管拖车具有灵活机动、方便快捷、运输效率高等优势，是目前技术最成熟、使用最广泛的高压氢气输送方式。

氢气长管拖车的气瓶长期承受高压、充放氢工况，在运输中还承受不同路况的振荡荷载以及交通事故、物体碰撞等外力冲击荷载，多行驶在交通要道、居民区等公共安全重点区域，一旦发生泄漏、火灾、爆炸等事故，将严重影响公共安全，造成重大危害。2019 年 6 月美国加利福尼亚州圣塔克拉拉发生长管拖车氢气泄漏爆炸事故，2021 年 8 月中国沈阳市发生氢气罐车软管破裂爆燃事故，这些事故为氢气长管拖车的安全运行敲响警钟。长管拖车发生事故的主要因素包括泄漏、疲劳、火灾、交通事故、不规范超压充装等。其中，泄漏失效是最常见的事故，气瓶端塞、阀门及管路接口是发生泄漏的主要部位，对长管拖车前后仓关键部位进行泄漏失效监测是非常有必要的。为保障氢气长管拖车安全运行，在役长管拖车须按照相应法规进行定期检验和全生命周期安全监管。总体来说，我国关于氢气长管拖车的设计、制造、检验等相关标准较为完整和成熟。随着人工智能、大数据、物联网、先进传感器等技术的发展，长管拖车的安全运行和管理逐渐向智能化方向发展，可对长管拖车气瓶的温度、压力、泄漏、振动等进行在线检测和监测，并依托互联网信息技术建立设备运行状态分析和诊断系统，构建氢气长管拖车安全防护机制和全生命周期的事故监测及预警。

虽然长管拖车灵活便捷，但单车单次运氢量通常在 500kg 以内，只占总运输质量的 1% ~2%。为了提高运输效率，轻量化、高压化、大容积化是未来氢气长管拖车的发展趋势。实现轻量化可以提升长管拖车整车的动力性能和运氢能力，在满足安全性的前提下可通过优化和改进气瓶材料及结构实现。提高气瓶的公称工作压力、增大气瓶的容积也可有效提高长管拖车的质量运氢密度。目前国外已开展高压力(70MPa)、大容积化(15m^3)长管拖车气瓶的研制并初步应用，国内正在进行相关研究。

图 1－4　氢气输送管道

(2)管道输送

管道是实现氢气大规模、长距离运输的重要方式(图 1－4)。目前天然气管道输送发展已趋于成熟，输送工艺值得管道输氢借鉴。管道输氢主要分为纯氢管道和掺氢天然气管道，后者是将一定比例的氢气掺入天然气中，然后通过现有天然气管道设施输送。管道运行压力分为高压(＞4.0MPa)和中低压(≤4.0MPa)，目前常见的输氢管道的运行压力一般为 1.0 ~ 4.0MPa。管道输送具有输氢量大、能耗小、成本低等优势，但新建纯氢管道的一次性投资较大，掺氢天然气管道存在对不同掺氢比的适应性问题。国外纯氢管道已经超过 5000km，国内仅有不到 200km 的纯氢长输管道。在掺氢天然气管道方面，国外进行了不同规模的掺氢天然气管道示范工程，国内也开始进行掺氢天然气管道的小规模示范，例如辽宁朝阳掺氢天然气管道示范、深圳燃气求雨岭掺氢科技试验平台等。在目前国内氢能发展的初期，可积极探索掺氢天然气管道输送方式，充分利用现有天然气管道设施。

1.2.2 液态输送

当用氢量较大时，如果采用长管拖车输送，会造成运输车辆的调配困难，运输等量氢气的条件下采用液氢能够有效减少车辆运输频次。液氢通过车船输送分为陆运、海运、管道运输。

液氢陆运最常用的工具是液氢槽车(图1－5)，常配有水平放置的圆筒形低温绝热储罐，目前商用液氢储罐容量一般为65m^3，可容纳约4000kg液氢。陆运除采用液氢槽车外，深冷铁路槽车适合长距离运输且运输量大、经济性好，单罐液氢容量可达100m^3，目前国内外仅有极少数的液氢铁路运输专线。

长距离、大容量液氢还可以通过专用船舶进行海运(图1－6)。一般是专门建造输送液氢的大型驳船，驳船上装载有容量很大的液氢储存容器。2017年日本海事协会发布了《液化氢运输船指南》，规定了液氢船的安全要求。2022年日本川崎重工建造了世界上第一艘液氢运输船Suiso Frontier，在日本神户港和澳大利亚黑斯廷斯港之间完成了首航，验证了液氢海运的可行性。虽然液氢海运要比陆运的运量大、经济性和安全性更好，但其核心技术难度较高、投入大，国内在该领域尚处于探索阶段。

图1－5 液氢槽车

图1－6 专用液氢驳船

此外，液氢还可通过管道进行输送，但对管路的绝热性能要求高，只适合短距离输送，目前主要用于航天领域和液氢加氢站内部管道。

液氢输送的主要问题是氢气液化成本较高、氢液化系统效率较低，未来需要发展和改进氢气液化工艺以降低成本。应积极发展国内民用液氢市场，突破液氢生产及存储关键技术，提升液氢设备的规模化与国产化生产水平，促进技术的军民融合与成果转化应用。

1.2.3 有机液体输送

有机液体储氢是借助不饱和有机液体与氢的可逆反应实现储氢的一种技术。储氢之后的有机液体称为有机液体氢化物，由于有机液体氢化物的性质和燃料油类似，可在常温常压下稳定储存，可利用罐车、管道等传统石油基础设施进行运输和加注，因此在储存、运输、维护等方面安全方便，通过对现有基础设施进行适当调整即可满足储氢和输运需求。目前有机液体储氢技术的应用场景包括氢的大宗储运、可再生能源储能、新型加氢站内有机物制氢等。

有机液态氢载体是有机液体储氢技术的核心，理论上含有不饱和键的有机物都可以作为储氢介质，但受储氢密度、催化剂、脱氢反应条件、可重复利用性、节能环保等因素制约，目前只有少数有机液体材料被商业化应用，主要分为 3 类：①碳环化合物，例如苄基甲苯和二苄基甲苯；②杂环化合物，例如 N－乙基咔唑；③其他材料，例如萘、吩嗪、咔唑锂、苯酚钠。有机液体加氢和脱氢过程中需要使用催化剂。

有机液体氢化物输送无须耐压容器和低温设备，运输方便安全。典型的输送流程是：首先利用催化加氢装置将氢储存在有机液体储氢载体中，然后采用罐车运送到加氢站，再通过催化脱氢装置释放出被储存的氢气供用户使用，有机液体储氢载体则经过冷却后重新运回循环再利用。有机液体氢化物的输送没有返空车的概念，脱氢后的有机液体储氢载体必须随车返厂，往返均为重载运输，降低了运输的经济性。

有机液体氢输送实现大规模商业化应用还需要解决有机液体的储氢性能下降、脱氢反应温度及能耗偏高、脱氢催化剂研发难度大等一系列问题。

1.2.4 固态输送

图 1－7 固态储氢优势

固态氢输送是指利用固体储氢材料通过物理吸附或化学吸附将氢储存，然后再进行输送的技术。固态氢输送具有单位体积储氢密度高、储氢压力相对较低、氢气纯度高、循环性能好等优势(图 1－7)，在绿电氢储能、加氢站、氢气安全运输及氢燃料电池配套氢源等领域具有广阔的应用前景。

固态氢输送的发展依赖于储氢材料的开发和利用。根据储氢原理不同，储氢材料分为物理吸附储氢材料、金属(或合金)氢化物储氢材料及其他储氢材料。金属氢化物储氢材料因其原料丰富易得、储氢密度较高、储存氢条件相对温和且调节范围宽等优点，目前商业化前景较好。固态储氢材料吸氢时放出热量、放氢时吸收热量，因此固态储氢容器的换热性能直接影响吸放氢反应速率。固态储氢容器有管式、盘式、罐式、蜂窝结构换热以及仿生结构换热等多种型式。为提高固态储氢容器的换热性能，一般在储氢材料内添加高导热材料，如铝屑、铜屑、石墨等，并优化储氢材料的装填方式，或在容器内部、外部安装导热翅片。在吸放氢过程中，固态储氢容器既受气态氢的压力作用，也受吸放氢过程中储氢合金体积变化产生的机械挤压力作用。

固态氢输送具有储氢容器工作条件温和、系统安全性好、便于装载携带等优势，但储氢材料的质量储氢密度不高，运输效率低。因此，固态氢的运输装置应具备重量轻、储氢能力大的特征。此外，由于储氢合金价格较高且自身较重，长距离运输的经济性较差。轻质储氢材料(如镁基储氢材料)兼具高的体积储氢密度和储氢率，作为运氢装置具有较大潜力。固态氢输送可采用一般的货运车辆，专门用于固态氢输送的车辆很少。国内氢储(上海)能源科技有限公司研发了镁基固态储氢车(图1-8)，可应用于加氢站供氢、分布式电站储能等。总体而言，目前我国的固态氢输送仍处于发展阶段。

图1-8 固态储氢车

1.3 国内外氢气输送管道简介

从输送成本和能耗的角度，管道输送具有成本低、能耗小等突出优点，是氢能输送的一种优势技术路线，本书后续将重点介绍纯氢与掺氢天然气管道输送工艺。全球管道输氢起步已有80余年，美国、欧洲等国家和地区已经建立了较长距离的纯氢输送管道，欧洲也在十多年前开展了掺氢天然气管道示范探索，目前纯氢和掺氢天然气管道输送技术已成为氢能输送领域的研究热点。本节简要介绍目前国内外代表性的纯氢管道和掺氢天然气管道建设情况。

1.3.1 国内外纯氢管道建设概况

(1)国外建设情况

国外氢气管道建设起步较早，氢气的管道输送历史可以追溯到20世纪30年代末。1939年，德国建设了一条长约208km的氢气管道，管径254mm，运行压力2MPa，氢气输送量达9000kg/h。目前欧洲的氢气输送管道长度约为1770km，最长的氢气管道由法国液化空气集团所有，该管道从法国北部一直延伸至比利时，全长约402km。

2022年3月，欧盟委员会发布《欧洲廉价、安全、可持续能源联合行动方案》(REPowerEU)，在原计划2030年生产560万t氢气的基础上，再增加1500万t。为了实现目标，欧洲正在加快天然气和氢气综合基础设施建设，计划在2030年在欧洲建立总长28000km的氢能输送管道(包含掺氢天然气管道)，在2040年提升至53000km。REPowerEU对欧洲各个国家的氢能管道建设都给出了详细的规划，主要国家情况如表1-1所示。

表1-1 欧洲REPowerEU主要国家氢气输送管道建设规划

国家	规划情况
德国	2030年建成5200km的氢气输送管道，其中3700km原天然气管道用于掺氢输送。2030年利用氢能管网将鲁尔区、莱茵-缅因区、德国东部、德国中部和巴伐利亚以及重要的进口路线连接起来，预计将与荷兰、丹麦、波兰和波罗的海进行管道连接以整合近海管道

续表

国家	规划情况
法国	2030 年在敦刻尔克、从勒阿弗尔到巴黎附近的塞纳河流域，以及里昂、拉克和马赛周围建立专用氢能管网，用于替代现有的化石能源，服务于工业、电力和居民客户
英国	首先通过分阶段改造现有的天然气输送管道，加入英国最大的工业集群(格兰茅斯、提赛德、亨伯赛德、默西塞德和南威尔士)，同时也会铺设新的专用输氢管道，建立专用的氢能传输系统
意大利	2030 年氢能管线可能从西西里岛延伸到埃米利亚—罗马涅的氢谷，以支持意大利国家氢能战略指南所提出的该国氢能的加速发展计划

美国氢气输送管道大部分位于得克萨斯州、路易斯安那州和加利福尼亚州，现有氢气输送管道长度超过 2600km。最著名的是位于墨西哥湾的纯氢管道(图 1－9)，全长约 600 英里，从得克萨斯州的休斯敦航道一直延伸到路易斯安那州的新奥尔良，每天可以为路易斯安那州和得克萨斯州的炼油厂、石化工业提供超过 10 亿 ft^3 的氢气。

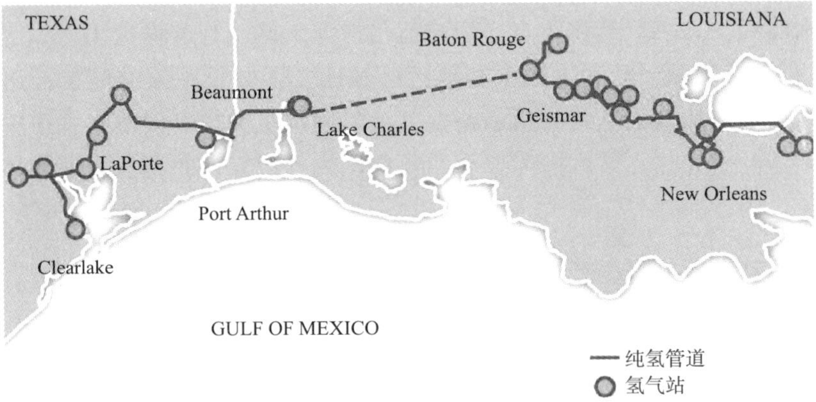

图 1－9　美国墨西哥湾氢气管道

此外，日本、韩国、澳大利亚、荷兰、巴西、泰国、印度尼西亚、南非等也有少量的氢气管道，这些国家的氢气管道系统总长度约为 190km。

(2)国内建设情况

国内氢气工业管道、专用管道总里程超过 300km，但氢气长输管道建设较滞后，在役管道总里程不足 100km。具有代表性的纯氢管道有 2014 年建成投产的巴陵—长岭输氢管道(国内目前最长的在役纯氢管道)及 2015 年建成投产的济源—洛阳输氢管道(国内目前管径最大、压力最高、输量最大的在役纯氢管道)。随着大规模输氢需求的增长，国内规划和建设了一批纯氢管道，如玉门油田氢气输送管道、定州—高碑店氢气管道工程、达茂工业区氢气管道工程、乌兰察布绿电制氢项目氢气管道等。其中，乌兰察布绿电制氢项目推动了中国“西氢东送”，该项目输氢管道全长超过 400km，是中国首条跨省区、大规模、长距离的纯氢输送管道，已被纳入《石油天然气“全国一张网”建设实施方案》。表 1－2 列出了国内代表性氢气输送管道建设及规划情况。

表 1-2 国内代表性氢气输送管道建设及规划情况

纯氢管道	建设及规划情况
金陵—扬子输氢管道	2008 年建成，是我国第一条氢气管道，全长 32km，其中 17km 在南京化工园区内架空铺设，管径 325mm，设计压力 4MPa
巴陵—长岭输氢管道	2014 年 4 月建成，全长 42km，设计压力 4MPa，年输氢量达 4.42 万 t，输送的氢气体积纯度为 99.5%，截至 2021 年 4 月累计供长岭炼化氢气近 6.94 万 t，约 7.77 亿 Nm^3
济源—洛阳输氢管道	2015 年 8 月建成，国内目前已建管径最大、压力最高、输量最大的氢气管道，全长 25km，管径 508mm，设计压力 4MPa，年输氢量达 10.04 万 t
玉门油田氢气输送管道	2022 年 6 月建成，玉门油田 160MW 可再生能源制氢示范项目配套工程，全长 5.77km，管径 200mm，设计压力 2.5MPa，输氢能力 1 万 Nm^3/h
定州—高碑店氢气管道工程	国内目前规划建设的首条燃料电池级的氢气管道项目，全长 164.7km，设计压力 4MPa，最大输量达 10 万 t/a，目前正在规划中
通辽纯氢示范应用项目	位于内蒙古通辽，项目利用弃风弃电绿色制氢，兼具输氢与测试功能，氢气管道全长 7.8km，设计年输氢量达 10 万 t
达茂工业区氢气管道工程	位于内蒙古达茂，全长 159.07km，设计压力 6.3MPa，一期年输送能力 10 万 t、二期 30 万 t，目前正在规划中
乌兰察布绿电制氢项目	项目制氢产能为 10 万 t/a，氢气管道全长 362.6km，管径 610mm，设计压力 4MPa，正在规划中

虽然目前纯氢长输管道迎来规划及建设热潮，但纯氢管道建设并非易事，主要原因为：

①管道材质。氢原子渗透到管道钢材内部容易诱发氢脆，引起氢致开裂、氢鼓泡、金属机械性能下降等现象。高压管道临氢环境下材料力学性能劣化是氢气与损伤交互作用的结果，受材料、环境、应力及制造等诸多因素的综合影响，各因素之间还可能存在耦合作用，影响机制复杂。因此，对临氢环境中管材服役性能的预测和调控比较困难，现阶段高压氢气环境下材料氢脆机制仍不明确。

②完整性管理及标准规范。氢气管道的运营需要更严格的管理标准与应急方案，需进一步研究管道缺陷及裂纹检测、氢气微泄漏在线检测及事故特征演化规律等，推动氢气管道系统完整性管理的发展。国外已颁布了多项氢气管道标准规范，如 ASME B31.12—2019《氢气管道系统和管道》、CGA G5.6—2005(R2013)《氢气管道系统》、IGC Doc 121/14—2014《氢气管道系统》、AIGA 033/14—2014《氢气管道系统》等，但缺乏适合中国国情的氢气管道建设和完整性管理标准规范。2021 年 7 月中国标准化协会批复了《氢气输送工业管道技术规程》的编制工作，2022 年 10 月中国工程建设标准化协会发布了《城镇民用氢气输配系统工程技术规程》征求意见稿，相关标准体系仍在发展中。

③建设及运行成本。氢气管道的建设成本远高于天然气管道的建设成本，原因是需要使用抗氢脆钢材、氢气专用压缩机、氢气专用计量仪表及密封性更好的阀门和管件等。

选择合适的管材和设备，降低管道建设成本和安全事故风险，制定相关标准规范，是未来纯氢管道发展的关键。虽然中国在纯氢管道规模上与国外还存在差距，但对纯氢管道的重视程度越来越高，科技部将氢能管道输送技术列入了"十四五"国家重点研发计划"氢能技术"重点专项中，开展中低压和高压纯氢与掺氢天然气管道输送关键技术研究。预计到2030年，国内纯氢管道总里程将达到3000km以上，这对解决氢气运输难题、形成区域氢气骨干管网具有重要意义。

1.3.2 国内外掺氢天然气管道建设概况

(1)国外建设情况

在氢能管道发展初期、基础设施尚不完善的情况下，可积极探索天然气管道掺氢输送。根据国际能源署数据，截至2019年初，全球约有37个天然气管道掺氢示范项目，如欧盟的NaturalHy、荷兰的VG2、法国的GRHYD、英国的HyDeploy等项目相继开展了不同掺氢比的天然气管道掺氢试验。其中具有代表性的是欧盟NaturalHy掺氢管网项目，该项目于2004年5月正式启动，在掺氢天然气全生命周期社会经济评价、管网及设备安全性、相容性和完整性、终端用户等方面进行了广泛研究。表1-3所示为国外代表性掺氢天然气管道输送示范项目概况。

表1-3 国外代表性掺氢天然气管道输送示范项目概况

国家或机构	项目概况
欧盟委员会	2004—2009年，开展NaturalHy掺氢项目，39家单位参与，总预算1730万欧元，掺氢比为0~50%。在掺氢天然气全生命周期社会经济评价、管网及设备安全性、相容性和完整性、终端用户等方面进行了较系统研究
荷兰	2008—2011年，在阿默兰岛将风电制得的氢气掺入当地天然气管网，2010年年均掺氢比达到12%
法国	2014年，开展为期五年的"GRHYD"掺氢天然气应用示范，将风电制得的氢气掺入天然气管网，掺氢比小于20%；还将掺氢比为6%~20%的掺氢天然气通过压缩天然气加注站供50辆天然气大巴车使用
德国	2012年，在法尔肯哈根建设了一座2MW的风电制氢示范工厂，将氢气直接掺入当地高压天然气运输管道，掺氢比2%；2015年，在Reitbrook地区建设了1.5MW的P2G项目，将风电制得的氢气在3MPa压力下直接掺入当地中压天然气管网，氢气掺混量最高为285Nm^3/h
意大利	2019年，Snam公司将氢气掺入意大利天然气管网并成功完成输送，掺氢比5%
英国	2019年，HyDeploy掺氢管网项目，向斯塔福德郡基尔大学现有的天然气管网掺入20%的氢气，为100户家庭和30座教学楼供气

(2)国内建设情况

国内也积极探索天然气管道掺氢技术，如2019年辽宁省朝阳市以"氢进万家"为目标开展了天然气掺氢示范，进行了制氢、掺混及利用的小规模测试。近年来国内规划建设了张家口掺氢天然气管道示范项目、广东海底掺氢管道项目、宁夏银川宁东天然气掺氢管道示范项目、深圳燃气求雨岭掺氢综合科技实验平台等。其中具有代表性的是深圳燃气求雨岭掺氢综合科技实验平台。表1-4所示为国内代表性掺氢天然气管道输送示范项目概况。

表 1-4 国内代表性掺氢天然气管道输送示范项目概况

管道	项目概况
辽宁朝阳天然气掺氢示范项目	2019 年 9 月建成，国内首个电解水制氢天然气掺氢项目，利用燕山湖发电公司现有 $10Nm^3/h$ 碱液电解制氢站新建氢气充装系统，氢气经压缩瓶储后通过集装箱式货车运至掺氢地点，掺氢比不超过 10%
张家口掺氢天然气管道示范项目	2020 年 9 月启动，计划每年可向张家口市区输送氢气 400 余万立方米，应用于张家口市的商用用户、民用用户和汽车
宁夏天然气掺氢降碳示范化工程中试项目	2022 年 8 月启动，国内首条公用掺氢管道，国内首个省级掺氢综合实验平台，管径 219. 1mm，设计压力 4. 5MPa，试验流量 $1200 \sim 3000Nm^3/h$。项目主体已完工，将宁东恒瑞燃气有限公司天然气管网的天然气与宝廷新能源的副产氢进行混合、输送，为企业锅炉提供混合能源
深圳燃气求雨岭掺氢综合科技实验平台	2023 年 6 月建成，一期利用西气东输门站的天然气与氢气瓶组的氢气进行掺混，供深圳燃气求雨岭站场食堂燃气锅炉及燃气灶使用。二期计划利用西气东输门站的天然气与求雨岭站场太阳能电解水制氢进行掺混，供深圳燃气求雨岭站场食堂、附近居民小区及氢工业园区进行使用。该平台是国内首个可推广、可复制的城镇燃气氢气掺—输—用一体化平台，集成测试、验证、生产功能，掺氢比达到 20%，压力范围覆盖城镇燃气全部压力运行范围
广东海底掺氢管道项目	国内首条掺氢海底管道，全长 55km，管径 610mm，掺氢比 20%，设计压力 4MPa，设计输量为 40 亿 m^3/a，管材为 L415M，将为宝武集团绿色钢厂输送氢气，规划中

据《天然气管道掺氢输送及终端利用可行性研究报告》预测，“十四五”时期中国将新增天然气管道掺氢示范项目 15 ~ 25 个，掺氢比例为 3% ~ 20%，氢气消纳量为 $15 \times 10^4 t/a$，总长度超过 1000km。目前，中国城镇天然气管道超过 $113 \times 10^4 km$，具备较好的发展天然气管道掺氢输送技术的产业基础。

虽然掺氢天然气管输系统与天然气管输系统类似，但掺氢后的管输系统与原管输系统的技术特点具有不同点：

①掺氢比。掺氢比的确定尚无统一标准，目前只有针对天然气输送和城镇燃气气质要求中有对氢气含量的相关规定。在国家“十四五”重点研发计划“氢能技术”重点专项中，掺氢管道输送重点研究的掺氢比为 5% ~ 20%（体积分数）。未来应进一步明确不同制约条件下掺氢比的确定标准。

②管材及关键设备相容性。由于天然气管道输送系统的管材、压缩机、流量计、调压阀等在选型时主要针对天然气，掺氢时需重新评估管材、关键设备及部件在临氢环境下的适应性。对于管材，掺氢管道临氢环境下的相容性评价仍是研究难点。对于管道关键设备，掺氢条件下压缩机的喘振、阻塞边界、特性曲线不明晰，压缩机的安全掺氢比和输送工况适应范围等仍待深入研究。掺氢还会对管道系统中流量计的计量精度、调压阀的流通能力、密封圈的密封性能等产生影响，未来需发展掺氢条件下流量计的精度校正方法，形成调压阀运行参数校正方法，建立法兰密封面处的掺氢天然气泄漏模型。

③掺氢工艺及设备。为保证掺氢天然气利用的稳定性和安全性，需严格控制天然气中氢气的掺混比例和掺混均匀度。因此，掺氢天然气管道输送系统一般设置掺氢混气站。为了适应终端用气量的变化，目前普遍采用随动流量掺氢工艺。静态混合器是随动流量掺氢

设备中氢气和天然气掺混的主要场所，《天然气掺氢混气站技术规程》(征求意见稿)中规定天然气和氢气的掺混均匀度应不小于95%。随动流量掺氢精度的调控是关键，现有随动流量掺氢设备一般先人工初设掺氢比，然后采用混气路上氢分仪或热值仪的信号，反馈调节氢气路的流量。

④氢分离技术及设备。掺氢天然气除了直接燃烧利用，还可分离提纯后利用纯氢。现有氢气分离提纯技术主要有变压吸附法、膜分离法、低温分离法、电化学分离法等，面临的主要问题是高压力、大流量、低掺氢比下高纯氢分离提纯效率低、回收率低、成本高。未来可发展高性能膜材料、抗毒化抗粉化高性能吸附剂材料等，发展可获得高纯度、高回收率的低成本分离工艺，研制高压大流量低掺氢比分离设备。

第 2 章 氢的物理化学性质

2.1 氢的基本性质

2.1.1 氢的基本物理化学性质

在元素周期表中，氢原子(符号为 H)位于首位，原子数为 1，摩尔质量为 1.0079g/mol，是最轻的元素。氢原子结构简单，仅包含一个质子和一个电子。氢原子有氕(H)、氘(D)和氚(T)三种同位素。氕的相对原子质量约为 1，大量存在于自然界中；氘的相对原子质量约为 2，少量存在于自然界中；氚的相对原子质量约为 3，具有不稳定性和放射性，在自然界中极少存在。

氢分子是两个氢原子以共价单键的形式结合而成的双原子分子。分子态的氢一般指氢气，相对分子质量为 2.0158，是一种无色、无臭、无味的气体。标准状态下氢气的密度为 0.0899kg/m^3，约为相同条件下空气的 1/14，是迄今所知最轻的气体。氢气可通过降温或压缩的方法液化，液化温度约为 20.27K(沸点)，当温度降低至 14.03K(熔点)时可变为固体。

氢分子以正氢和仲氢两种形式存在，区别在于氢分子内两个氢原子的原子核的自旋方向，两个原子核自旋方向相同的氢分子称为正氢，两个原子核自旋方向相反的氢分子称为仲氢，如图 2－1 所示。正氢和仲氢是分子氢的两种自旋异构体。正氢和仲氢的化学性质相同，但物理性质存在一定差异，如表 2－1 所示。正常氢气在室温下含有 75% 的正氢和 25% 的仲氢。低温时仲氢含量较多，在绝对零度时，仲氢含量可达 100%。随着温度的升高，仲氢的比例下降。当温度低于氢气的沸点时，正氢会自发地转化为仲氢。正氢向仲氢的转化过程会释放热量。正－仲氢自发转化过程是一个受激发过程，如果没有催化剂，其转化反应速率极低。在氢气液化过程中，可使用催化剂加速正－仲氢转化过程。

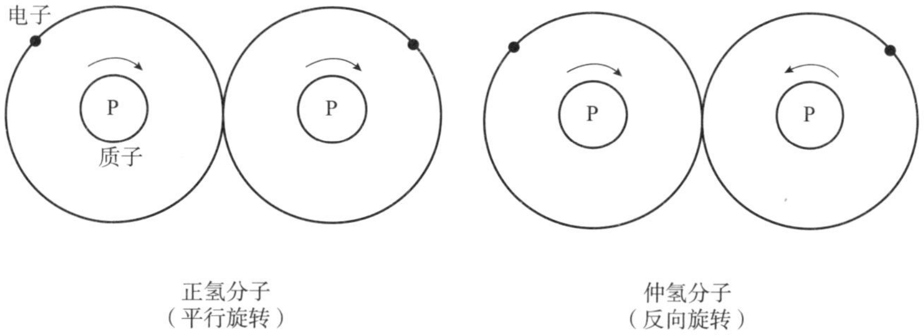

图 2－1 正氢和仲氢分子示意

表 2－1　正氢和仲氢的主要物理性质

物理性质	标准状态气体		沸点时的气相		沸点时的液相	
	正氢	仲氢	正氢	仲氢	正氢	仲氢
密度/(kg/m^3)	0.0899	0.0899	1.331	1.338	70.96	70.78
定压比热容/[J/(mol·K)]	28.59	30.35	24.60	24.49	19.7	19.70
定容比热容/[J/(mol·K)]	20.3	21.87	13.2	13.10	11.6	11.60
黏度/(Pa·s)	8.34×10^{-6}	8.34×10^{-6}	1.11×10^{-6}	1.13×10^{-6}	13.3×10^{-6}	13.2×10^{-6}
导热系数/[W/(m·K)]	173.9×10^{-3}	182.6×10^{-3}	16.5×10^{-3}	16.94×10^{-3}	100×10^{-3}	98.92×10^{-3}
压缩因子	1.00042	1.0005	0.906	0.906	0.01698	0.01712

氢的相图如图 2－2 所示，第一条曲线表示沸腾温度随压力的变化，第二条曲线表示熔融温度随压力的变化，第三条曲线表示可能发生升华时的压力和温度。氢的相变由气相、液相和固相之间转变时的低温决定。三相点是三相共存的条件，温度为 13.80K，压力为 7.042kPa。

氢气可以液化的最高温度为临界温度，32.97K，即图 2－2 中的临界点，相应的临界压力为 1.293MPa，临界点密度为 31.263kg/m^3。在临界温度上，仅通过增加压力不能将气态氢凝聚成液体，只能得到低温压缩气体。氢的标准沸点为 20.27K，正常熔点为 14.03K。在所有物质中，氢的沸点和熔点仅次于氦（沸腾温度最低为 4.2K，熔化温度最低为 0.95K）。液态仲氢的密度为 70.78kg/m^3。在标准沸点下，氢的蒸发（冷凝）热为 445.6kJ/kg，在熔（冰）点下，融化热为 58.8kJ/kg，升华热为 379.6kJ/kg。

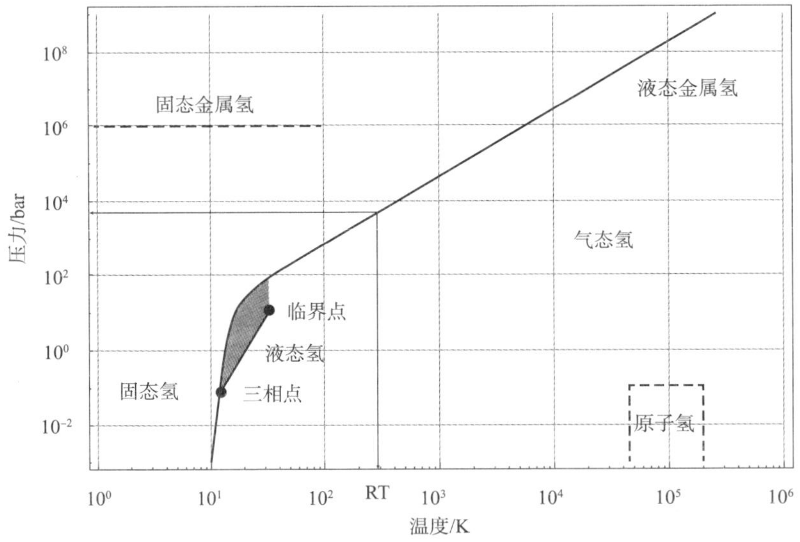

图 2－2　氢的相图

2.1.2 工业用氢的分类及要求

根据氢的纯度，氢气可分为纯氢、高纯氢和超纯氢三类，其指标要求见表2－2，一般工业用氢的技术指标要求见表2－3。

表2－2 纯氢、高纯氢和超纯氢的指标要求 %

气体	体积分数		
	纯氢	高纯氢	超纯氢
氢气含量	≥99.99	≥99.999	≥99.9999
氧含量	≤0.0005	≤0.0001	≤0.0002
氩含量	不定	不定	
氮含量	≤0.006	≤0.0005	≤0.00004
一氧化碳	≤0.0005	≤0.0001	≤0.00001
二氧化碳	≤0.0005	≤0.0001	≤0.00001
甲烷	≤0.001	≤0.0001	≤0.00002
水分	≤0.001	≤0.0003	≤0.00005
杂质总含量	—	≤0.001	≤0.0001

表2－3 工业用氢的指标要求

气体	合格品	一等品	优等品
氢气/%	≥99.00	≥99.50	≥99.95
氧/%	≤0.40	≤0.20	≤0.01
氮加氩/%	≤0.60	≤0.30	≤0.04
游离水/(mL/40L)	≤100	无	—
露点/℃	—	－1	≤－43

注：管道输送以及其他包装形式的合格工业氢的水分指标由供需双方商定。

2.2 掺氢天然气的组成及表示

2.2.1 掺氢天然气的组成

掺氢天然气是指将一定比例的氢气掺入天然气中得到的气体混合物。目前我国的掺氢天然气中掺入的氢气体积分数一般不超过20%，因此掺氢天然气的主要成分仍是天然气。

天然气是由低分子饱和烃为主的烃类气体与少量非烃类气体组成的混合气体，是一种低相对密度、低黏度的无色流体。天然气是一种可燃气体，化学组成复杂。在烃类气体中，甲烷占绝大多数，乙烷、丁烷和戊烷含量不多，庚烷以上的烷烃含量极少。另外，天然气还含有少量非烃类气体，如硫化氢、二氧化碳、一氧化碳、氮气、氢气、水蒸气以及硫醇、硫醚、二硫化碳、羰基硫、噻吩等有机硫化物，也可能含有微量的氦、氩等惰性气体。此外，大多数天然气中还含有痕量的不饱和烃和极少量的环状烃化合物。

2.2.2 气体的标准状态

掺氢天然气是由多种单一组分气体形成的混合气体，单一组分气体的特性是计算其混合气体特性的基础数据。气体的特性与气体所处的状态有关，常见的气体标准状态包括国际计量大会的标准状态：温度273.15K(0℃)、压力101.325kPa，国际标准化组织和美国国家标准的标准状态：288.15K(15℃)、压力101.325kPa，我国GB/T 21446—2008《用标准孔板流量计测量天然气流量》的标准状态：293.15K(20℃)、压力101.325kPa。

2.2.3 掺氢天然气组成的表示

掺氢天然气中各单一组分的组成可以用体积分数、摩尔分数、质量分数或其他百分数来表示。

(1)体积分数

假设掺氢天然气中各单一组分的体积为 V_i，总体积 $V = \sum_{i=1}^{C} V_i$，则某一组分的分体积与总体积之比称为该组分的体积分数：

$$y'_i = \frac{V_i}{V} = \frac{V_i}{\sum_{i=1}^{C} V_i} \tag{2-1}$$

式中，i 为某一组分气体；C 为组分数。

根据定义可知，掺氢天然气混合气体中所有组分的体积分数之和为1：

$$\sum_{i=1}^{C} y_i' = 1 \tag{2-2}$$

(2)摩尔分数

某一组分 i 的物质的量 n_i 与掺氢天然气混合物总物质的量 n 之比称为该组分的摩尔分数：

$$y_i = \frac{n_i}{n} = \frac{n_i}{\sum_{i=1}^{C} n_i} \tag{2-3}$$

根据定义可知，掺氢天然气混合气体中所有组分的摩尔分数之和为1：

$$\sum_{i=1}^{C} y_i = 1 \tag{2-4}$$

根据混合气体的分压定律，可得组分 i 的分压 p_i 和掺氢天然气混合气体的总压 p 之比与组分 i 的摩尔分数满足如下关系：

$$\frac{p_i}{p} = \frac{\frac{n_i RT}{V}}{\frac{nRT}{V}} = \frac{n_i}{n} \tag{2-5}$$

式(2-5)说明对于理想气体混合物，任一组分的摩尔分数等于该组分的分压与混合物总压的比值。

根据混合气体的分体积定律，可得组分 i 的分体积 V_i 和掺氢天然气混合气体的总体积

V之比与组分 i 的摩尔分数满足如下关系：

$$\frac{V_i}{V}=\frac{\dfrac{n_iR_mT}{p}}{\dfrac{nR_mT}{p}}=\frac{n_i}{n} \tag{2-6}$$

式(2-6)说明对于理想气体混合物，任一组分的体积分数等于该组分的摩尔分数。

(3)质量分数

某一组分 i 的质量 m_i 与掺氢天然气混合物质量 m 之比称为该组分的质量分数：

$$x_i=\frac{m_i}{m}=\frac{m_i}{\sum_{i=1}^{C}m_i} \tag{2-7}$$

同理，掺氢天然气混合气体中所有组分的质量分数之和为1：

$$\sum_{i=1}^{C}x_i=1 \tag{2-8}$$

由理想气体状态参数之间的数学关系，还可得到组分 i 的质量分数和摩尔分数之间的关系：

$$y_i=x_i\frac{M}{M_i} \tag{2-9}$$

式中，M 为掺氢天然气混合气体的相对分子质量；M_i 为组分 i 的相对分子质量。

2.3　气体的状态方程

无论氢气还是掺氢天然气，其热力学状态参数之间的关系均可以采用气体状态方程进行描述。气体状态方程是指气体压力、温度、体积(或密度)之间的数学关系。

2.3.1　理想气体状态方程

将气体分子看作质点，不考虑分子本身的体积及分子之间的相互作用力时，可将实际气体看作一种假想的理想气体。根据理论推导，理想气体的状态方程式为：

$$pV=RT \tag{2-10}$$

式中，p 为气体的压力，Pa；V 为气体的摩尔体积，$m^3/kmol$；T 为气体的温度，K；R 为通用气体常数，$R=8.3143kJ/(kmol\cdot K)$。

当气体的压力不是很高或温度不是很低时，理想气体状态方程可用于很多气体的简单计算。但当气体压力很高或温度很低时，气体分子本身占据的体积和分子间的相互作用力不能忽略，此时理想气体状态方程不再适用。

2.3.2　真实气体状态方程

氢气或掺氢天然气通过管道、高压储气瓶等进行输送时，压力可高达几个甚至几十兆帕，此时氢气和掺氢天然气与理想气体之间的性质差异较大。在工程上，通过采用压缩因子来表示真实气体与理想气体的偏离程度。考虑实际气体压缩因子时的状态方程为：

$$pV = ZRT \tag{2-11}$$

式中，Z 为气体的压缩因子，其值大小与气体的组成和状态有关。对于理想气体，在所有状态下 $Z=1$。对于实际气体，Z 是气体状态的函数。

下面介绍几种常见的实际气体状态方程。

(1) Van der Waals 状态方程

1873 年，荷兰物理学家范德瓦尔斯(J. D. Van der Waals)考虑气体分子自身体积大小的影响，修正了理想气体状态方程，建立了第一个真实气体状态方程(简称 VdW 状态方程)：

$$\left(p + \frac{a}{V^2}\right)(V - b) = RT \tag{2-12}$$

式中，a 为引力参数，b 为分子有效体积，$a=3p_c V_c^2$、$b=\frac{V_c}{3}$或 $a=\frac{27\,(RT_c)^2}{64p_c}$、$b=\frac{RT_c}{8p_c}$，下标 c 为临界参数。

(2) Redlich - Kwong 状态方程

由于 VdW 状态方程不能很好地描述气体在高压下的状态关系，计算结果与实验数据存在一定差异，Redlich - Kwong 状态方程(简称 RK 状态方程)在 VdW 状态方程的基础上进一步对温度的影响进行了修正：

$$p = \frac{RT}{V-b} - \frac{a}{T^{0.5}V(V+b)} \tag{2-13}$$

式中，$a = 0.42748\,\frac{R^2T_c^{2.5}}{p_c}$；$b = 0.08664\,\frac{RT_c}{p_c}$。

对于掺氢天然气混合物，式(2-13)中的参数 a、b 可由纯组分的摩尔分数 y_i 和相应常数 a_i 和 b_i 按以下混合规则求得。

RK 混合规则：

$$a = \sum_i \sum_j y_i y_j\,(a_i a_j)^{0.5} \tag{2-14}$$

Zudkevitcha 和 Joeffe 混合规则：

$$a = \sum_i \sum_j y_i y_j\,(a_i a_j)^{0.5}(1 - k_{ij}) \tag{2-15}$$

Prausnitz 和 Chueh 混合规则：

$$a = \sum_i \sum_j y_i y_j \frac{0.42748R\,(V_{ci}^{1/3} + V_{cj}^{1/3})^3\,[(1-k_{ij})\,(T_{ci}T_{cj})^{0.5}]^{1.5}}{8[0.291 - 0.04(\omega_i + \omega_j)]} \tag{2-16}$$

式中，y_i 和 y_j 分别为组分 i 和 j 的摩尔分数；ω_i 和 ω_j 分别为组分 i 和 j 的偏心因子；V_{ci} 和 V_{cj} 分别为组分 i 和 j 的临界体积，$m^3/kmol$；T_{ci} 和 T_{cj} 分别为组分 i 和 j 的临界温度，K；k_{ij} 为组分 i 和 j 之间的二元交互作用系数，$k_{ij}=k_{ji}$，$k_{ii}=0$，k_{ij} 可以由二元气液平衡实验数据回归得到，常见的二元交互作用系数可查相关书籍得到。

参数 b 常用的混合规则为：

$$b = \sum_i y_i b_i \tag{2-17}$$

尽管 RK 状态方程优于 VdW 状态方程，但对饱和气相密度的计算效果较差，无法用于准确计算气液平衡。

(3)Soave – Redlich – Kwong 状态方程

为进一步改进 RK 状态方程的计算精度，Soave 采用 $\alpha(T_r,\omega)$ 修正了 RK 状态方程中的 $\frac{a}{T^{0.5}}$ 项，提出了 Soave – Redlich – Kwong 状态方程(简称 SRK 状态方程)：

$$p = \frac{RT}{V-b} - \frac{a\alpha}{V(V+b)} \tag{2-18}$$

式中，$a = \frac{0.42748R^2T_c^2}{p_c}$；$b = \frac{0.08664RT_c}{p_c}$。$\alpha$ 与气体对比温度 T_r 和偏心因子 ω 有关，1983 年 Mathias 对其修正后的表达式为：

$$\alpha = [1 + (1 - T_r^{0.5})(0.48508 + 1.55171\omega - 0.15613\omega^2)]^2 \tag{2-19}$$

式中，ω 为组分的偏心因子。

SRK 状态方程中的临界参数、偏心因子、二元交互作用系数等可从相关手册中查到，如表 2 – 4 所示。SRK 状态方程用于计算烃类混合的热物性参数较为准确。

表 2 – 4 SRK 状态方程二元交互系数参考值

j / i	二氧化碳		硫化氢		氮气		一氧化碳	
	Soave	Graboski 和 Daubert	Soave	Graboski 和 Daubert	Soave	Graboski 和 Daubert	Soave	Graboski 和 Daubert
硫化氢	—	0.102	—	—	—	0.1400	—	—
二氧化碳	—	—	0.1200	0.102	—	−0.0220	−0.0400	−0.0640
氮气	—	−0.022	—	0.140	—	—	—	0.0460
一氧化碳	—	−0.064	—	—	—	0.0460	—	
甲烷	0.1200	0.0973	0.0800	0.0850	0.0200	0.0319	−0.0200	0.0300
乙烯	0.1500	—	0.0700	—	0.0400	—	—	—
乙烷	0.1500	0.1346	0.0700	0.0829	0.0600	0.0388	—	0
丙烯	0.0800	0.0914	0.0700	—	0.0600	—	—	—
异丁烷	0.1500	—	0.0600	—	0.0800	0.1007	—	—
正丁烷	0.1500	0.1474	0.0600	0.0609	0.0800	0.1007	—	—
异戊烷	0.1500	—	0.0600	—	0.0800	—	—	—
正戊烷	0.1500	0.1278	0.0600	0.0697	0.0800	—	—	—
正己烷	0.1500	—	0.0500	—	0.0800	—	—	—
正庚烷	0.1500	—	0.0400	—	0.0800	0.1444	—	—
正辛烷	0.1500	0.1136	0.0400	0.0737	0.0800	—	—	—
正壬烷	0.1500	—	0.0300	—	0.0800	—	—	—
正癸烷	0.1500	—	0.0300	0.0542	0.0800	—	—	—
正十一烷	0.1500	—	0.0300	—	0.0800	—	—	—
环己烷	0.1500	0.1087	0.0300	—	0.0800	—	—	—
甲基环己烷	0.1500	—	0.0300	—	0.0800	—	—	—
苯	0.1500	0.0810	0.0300	—	0.0800	0.2131	—	—
甲苯	0.1500	—	0.0300	—	0.0800	—	—	—

(4)Peng – Robinson 状态方程

SRK 状态方程在预测液相密度时欠准确，对烃类组分(甲烷除外)预测的液相密度普遍较实验数据小。为进一步提高 SRK 状态方程的预测准确性，1976 年 Peng 和 Robinson 在 Soave 模型的基础上进行了改进，提出了 Peng – Robinson 状态方程(简称 PR 状态方程)：

$$p = \frac{RT}{V - b} - \frac{a\alpha}{V^2 + 2bV - b^2} \tag{2-20}$$

式中，$\alpha = [1 + (0.37464 + 1.54226\omega - 0.26992\omega^2)(1 - T_r^{0.5})]^2$；$a = \frac{0.45724R^2T_c^2}{p_c}$，$b = \frac{0.07780RT_c}{p_c}$。

对掺氢天然气混合物，PR 状态方程的混合规则类似于 SRK 状态方程的处理方法，其二元交互作用系数可从相关手册中查到，如表 2 – 5 所示。

表 2 – 5　PR 状态方程二元交互系数

气体	甲烷	硫化氢	氮气	二氧化碳	一氧化碳	氢气
硫化氢	0.0823	—	0.1400	0.1020	0.0620	—
氮气	0.0350	0.1400	—	–0.0220	0.0460	—
二氧化碳	0.0936	0.1020	–0.0220	—	–0.0640	—
一氧化碳	0.0362	0.0620	0.0460	–0.0640	—	—
甲烷	—	0.0823	0.0350	0.0936	0.0362	–0.0205
乙烷	—	0.0852	0.0375	0.1340	0.0001	–0.0009
丙烷	—	0.0798	0.0765	0.1280	0.0200	0.1077
正丁烷	—	0.0588	0.1139	0.1376	—	0.3628
正戊烷	—	0.0681	—	0.1407	—	—
正己烷	—	—	0.1426	—	—	—
正庚烷	—	0.0684	—	0.1120	—	0.4509
正辛烷	—	—	—	—	0.0958	0.9692
正壬烷	—	0.00547	—	—	—	
正癸烷	0.0553	0.0072	0.1412	—	—	0.0325
乙烯	—	—	0.0743	0.0575	—	0.1344
丙烯	—	—	—	0.0681	—	—
1 – 丁烯	—	—	—	0.0629	—	—
苯	—	—	0.1322	0.0682	–0.0188	0.4971

为方便计算，PR 状态方程还可以写成关于压缩因子的立方型多项式形式：

$$Z^3 - (1 - B)Z^2 + (A - 2B - 3B^2)Z - (AB - B^2 - B^3) = 0 \tag{2-21}$$

式中，$A = \frac{a\alpha p}{R^2T^2}$ 和 $B = \frac{bp}{RT}$。

在大多数情况下，PR 状态方程表现出与 SRK 状态方程类似的性能，但它在预测许多物料液体密度方面通常优于 SRK 状态方程，尤其是非极性物料。在 PR 状态方程的基础上，一些学者又相继提出了一些改进模型，如 PRSV、PRT、PRSF、PRHF、PRGF、MPR2 模型等。

(5) BWRS 状态方程

为了进一步改善状态方程在高压、低温条件下对气体状态参数的预测精度，学者们总结和提出了许多更复杂的多参数状态方程。1970 年，Starling – Han 在关联大量实验数据的基础上改进了 BWR 状态方程，提高了其在非烃气体含量较多的混合物、较重的烃组分及较低的温度条件下的预测精度，提出了 BWRS 方程：

$$p=\rho RT+\left(B_0RT-A_0-\frac{C_0}{T^2}+\frac{D_0}{T^3}-\frac{E_0}{T^4}\right)\rho^2+\left(bRT-a-\frac{d}{T}\right)\rho^3+\alpha\left(a+\frac{d}{T}\right)\rho^6+\frac{c\rho^3}{T^2}(1+\gamma\rho^2)\mathrm{e}^{(-\gamma\rho^2)} \tag{2-22}$$

式中，p 为气体压力，kPa；T 为气体温度，K；ρ 为气体的摩尔密度，kmol/m^3；R 为通用气体常数，$R=8.3143$ kJ/(kmol · K)；A_0，B_0，C_0，D_0，E_0，a，b，c，d，α，γ 为 BWRS 状态方程的参数。对于纯组分 i，各参数可由下列公式计算得到：

$$\begin{aligned}
\rho_{ci}B_{0i} &= A_1+B_1\omega_i\\
\frac{\rho_{ci}A_{0i}}{RT_{ci}} &= A_2+B_2\omega_i\\
\frac{\rho_{ci}C_{0i}}{RT_{ci}^3} &= A_3+B_3\omega_i\\
\rho_{ci}^2\gamma_i &= A_4+B_4\omega_i\\
\rho_{ci}^2b_i &= A_5+B_5\omega_i\\
\frac{\rho_{ci}^2a_i}{RT_{ci}} &= A_6+B_6\omega_i\\
\rho_{ci}^3\alpha_i &= A_7+B_7\omega_i\\
\frac{\rho_{ci}^2c_i}{RT_{ci}^3} &= A_8+B_8\omega_i\\
\frac{\rho_{ci}D_{0i}}{RT_{ci}^3} &= A_9+B_9\omega_i\\
\frac{\rho_{ci}^2d_i}{RT_{ci}^2} &= A_{10}+B_{10}\omega_i\\
\frac{\rho_{ci}E_{0i}}{RT_{ci}^5} &= A_{11}+B_{11}\omega_i\exp(-3.8\omega_i)
\end{aligned} \tag{2-23}$$

式中，A_i和B_i为组分 i 的通用常数，见表 2 – 6；ρ_{ci} 为组分 i 的临界密度；T_{ci} 为组分 i 的临界温度；ω_i为组分 i 的偏心因子。

常见纯组分的临界温度、临界压力、临近密度和偏心因子见表 2 – 7。需要注意的是，由于不同文献中给出的基础数据可能存在一定差异，因此在使用方程(2 – 22)时，对上述物质不宜选用其他来源的数据。

表 2-6　通用常数 A_i和 B_i的值

i	A_i	B_i	i	A_i	B_i
1	0.443690	0.115449	7	0.0705233	-0.044448
2	1.284380	-0.920731	8	0.5040870	1.32245
3	0.356306	1.70871	9	0.0307452	0.179433
4	0.544979	-0.270896	10	0.0732828	0.463492
5	0.528629	0.349261	11	0.0064500	-0.022143
6	0.484011	0.754130			

表 2-7　常见纯组分的物理参数

物质名称	分子式	相对分子质量	临界温度 T_{ci}/K	临界压力 p_{ci}/MPa	临界密度 ρ_{ci}/(kmol/m^3)	偏心因子 ω_i
甲烷	CH_4	16.042	190.69	4.604	10.05	0.013
乙烷	C_2H_6	30.068	305.38	4.88	6.7566	0.1018
丙烷	C_3H_8	44.097	369.89	4.25	4.9994	0.157
异丁烷	$i-C_4H_{10}$	58.12	408.13	—	3.08012	0.183
正丁烷	$n-C_4H_{10}$	58.12	425.18	3.797	3.9213	0.197
异戊烷	$i-C_5H_{12}$	72.146	460.37	—	3.2469	0.226
正戊烷	$n-C_5H_{12}$	72.146	469.49	3.369	3.2149	0.252
正己烷	C_6H_{14}	86.172	507.28	3.012	2.7167	0.302
正庚烷	C_7H_{16}	100.198	540.28	2.736	2.3467	0.353
正辛烷	C_8H_{18}	114.224	568.58	2.487	2.0568	0.412
正壬烷	C_9H_{20}	178.25	594.57	—	1.8421	0.475
正癸烷	$C_{10}H_{22}$	142.276	617.54	—	1.6611	0.54
正十一烷	$C_{11}H_{24}$	156.3	639.99	—	1.5154	0.6
氢	H_2	2.016	33.25	1.280	15.385	-0.219
一氧化碳	CO	28.010	132.95	3.453	10.749	0.0442
氮	N_2	28.016	126.15	—	11.099	0.035
二氧化碳	CO_2	44.01	304.09	—	10.638	0.21
硫化氢	H_2S	34.076	373.39	—	10.526	1.105
环己烷	C_6H_{10}	84.156	552.93	—	3.2469	0.21

BWRS 状态方程的适用范围较宽泛，在对比温度低至 $T_r=0.3$、对比密度 $\rho_r=3.0$ 时仍可用于计算气体的 pVT 性质。掺氢天然气是一种混合气体，BWRS 状态方程计算混合气体性质时的混合规则都是半经验的，一般在一定理论基础上通过计算结果与实验数据反复对比获得，采用的混合规则如下：

$$A_0 = \sum_{i=1}^{C}\sum_{j=1}^{C} y_i y_j A_{0i}^{1/2} A_{0j}^{1/2}(1-k_{ij})$$

$$B_0 = \sum_{i=1}^{C} y_i B_{0i}$$

$$C_0=\sum_{i=1}^{C}\sum_{j=1}^{C}y_iy_jC_{0i}^{1/2}C_{0j}^{1/2}(1-k_{ij})^3$$

$$D_0=\sum_{i=1}^{C}\sum_{j=1}^{C}y_iy_jD_{0i}^{1/2}D_{0j}^{1/2}(1-k_{ij})^4 \tag{2-24}$$

$$E_0=\sum_{i=1}^{C}\sum_{j=1}^{C}y_iy_jE_{0i}^{1/2}E_{0j}^{1/2}(1-k_{ij})^5$$

$$a=\left(\sum_{i=1}^{C}y_ia_i^{1/3}\right)^3$$

$$b=\left(\sum_{i=1}^{C}y_ib_i^{1/3}\right)^3$$

$$c=\left(\sum_{i=1}^{C}y_ic_i^{1/3}\right)^3$$

$$d=\left(\sum_{i=1}^{C}y_id_i^{1/3}\right)^3$$

$$\alpha=\left(\sum_{i=1}^{C}y_i\alpha_i^{1/3}\right)^3$$

$$\gamma=\left(\sum_{i=1}^{C}y_i\gamma_i^{1/2}\right)^2$$

式中，C 为总组分数；y_i 、y_j 分别为组分 i 和 j 的摩尔分数；k_{ij} 为组分 i 和 j 的交互作用系数，$k_{ij}=k_{ji}$，$k_{ii}=0$。表 2－8 所示为 Starling 给出的 18 种常见组分间的 k_{ij} 数据。

(6) AGA8－92DC

AGA8 详细特征方程（表示为 AGA8－92DC 方程）是美国气体协会（AGA）于 1992 年发表的 AGA8 号报告《天然气和其他烃类气体的压缩性和超压缩性》中提出的压缩因子计算用状态方程，GB/T 17747.2—2011《天然气压缩因子的计算　第 2 部分：用摩尔组成进行计算》采用 AGA8－92DC 作为其标准的核心计算方程。AGA8－92DC 方程一般表示为：

$$Z=1+B\rho_{\mathrm{m}}-\rho_{\mathrm{r}}\sum_{n=13}^{18}C_n^*+\sum_{n=13}^{58}C_n^*(b_n-c_nk_n\rho_{\mathrm{r}}^{k_n})\rho_{\mathrm{r}}^{b_n}\mathrm{e}^{-c_n\rho_{\mathrm{r}}^{k_n}} \tag{2-25}$$

式中，Z 为压缩因子；B 为第二维利系数；ρ_{m} 为摩尔密度；ρ_{r} 为对比密度，$\rho_{\mathrm{r}}=K^3\rho_{\mathrm{m}}$，$K$ 为掺氢天然气混合气体的体积参数；C_n^* 为温度和组成的函数系数。

掺氢天然气混合气体体积参数 K 的计算公式如下：

$$K^5=\left(\sum_{i=1}^{N}y_iK_i^{5/2}\right)^2+2\sum_{i=1}^{N-1}\sum_{j=i+1}^{N}y_iy_j(K_{ij}^5-1)(K_iK_j)^{5/2} \tag{2-26}$$

第二维利系数 B 的计算公式如下：

$$B=\sum_{n=1}^{18}a_nT^{-u_n}\sum_{i=1}^{N}\sum_{j=1}^{N}y_iy_jB_{n,ij}^*E_{n,ij}^{u_n}(K_iK_j)^{3/2} \tag{2-27}$$

式中，y_i 和 y_j 分别为气体混合物中组分 i 和 j 的摩尔分数；$E_{n,ij}$ 为第二维利系数的二元交互作用参数；T 为温度，K；$B_{n,ij}^*$ 为混合交互作用系数，表达式如下：

$$B_{n,ij}^*=(G_{ij}+1-g_n)^{g_n}(Q_iQ_j+1-q_n)^{q_n}(F_i^{1/2}F_j^{1/2}+1-f_n)^{f_n}$$
$$(S_iS_j+1-s_n)^{s_n}(W_iW_j+1-w_n)^{w_n} \tag{2-28}$$

表 2－8　BWRS 状态方程二元交互系数 k_{ij}

甲烷	乙烯	乙烷	丙烯	丙烷	异丁烷	正丁烷	异戊烷	正戊烷	己烷	庚烷	辛烷	壬烷	癸烷	十一烷	氮	二氧化碳	硫化氢	i / j
0	0.01	0.01	0.021	0.023	0.0275	0.031	0.036	0.041	0.05	0.06	0.07	0.081	0.092	0.101	0.025	0.05	0.05	甲烷
	0	0	0.003	0.0031	0.004	0.0045	0.005	0.006	0.007	0.0085	0.01	0.012	0.013	0.015	0.07	0.048	0.045	乙烯
		0	0.003	0.0031	0.004	0.0045	0.005	0.006	0.007	0.0085	0.01	0.012	0.013	0.015	0.07	0.048	0.045	乙烷
			0	0	0.003	0.0035	0.004	0.0045	0.005	0.0065	0.008	0.01	0.011	0.013	0.10	0.048	0.04	丙烯
				0	0.003	0.0035	0.004	0.0045	0.005	0.0065	0.008	0.01	0.011	0.013	0.10	0.045	0.04	异丁烷
					0	0	0.008	0.001	0.0015	0.0018	0.020	0.0025	0.003	0.003	0.11	0.045	0.036	正丁烷
						0	0.008	0.001	0.0015	0.0018	0.002	0.0025	0.003	0.003	0.12	0.05	0.034	异戊烷
							0	0	0	0	0	0	0	0	0.134	0.05	0.028	正戊烷
								0	0	0	0	0	0	0	0.148	0.05	0.02	己烷
									0	0	0	0	0	0	0.172	0.05	0	庚烷
										0	0	0	0	0	0.200	0.05	0	辛烷
											0	0	0	0	0.228	0.05	0	壬烷
												0	0	0	0.264	0.05	0	癸烷
													0	0	0.204	0.05	0	十一烷
														0	0.322	0.05	0	氮
															0	0	0.035	二氧化碳
																0	0	硫化氢

二元交互作用参数 E_{ij} 和 G_{ij} 的计算公式如下：

$$E_{ij} = E_{ij}^{*}(E_iE_j)^{1/2} \tag{2-29}$$

$$G_{ij} = G_{ij}^{*}(G_i + G_j)/2 \tag{2-30}$$

系数 C_n^* ($n=13\sim58$)的计算公式如下：

$$C_n^* = a_n(G+1-g_n)^{g_n}(Q^2+1-q_n)^{q_n}(F+1-f_n)^{f_n}U^{u_n}T^{-u_n} \tag{2-31}$$

式中，G 为混合定位参数；Q 为四级参数；F 为混合高温参数；U 为能量参数。上述4个参数的计算公式如下：

$$U^5 = \left(\sum_{i=1}^{N} y_iE_i^{5/2}\right)^2 + \sum_{i=1}^{N-1}\sum_{j=i+1}^{N} y_iy_j(U_{ij}^5-1)(E_iE_j)^{5/2} \tag{2-32}$$

$$G = \sum_{i=1}^{N} y_iG_i + \sum_{i=1}^{N-1}\sum_{j=i+1}^{N} y_iy_j(G_{ij}^*-1)(G_i+G_j) \tag{2-33}$$

$$Q = \sum_{i=1}^{N} y_iQ_i \tag{2-34}$$

$$F = \sum_{i=1}^{N} y_i^2F_i \tag{2-35}$$

为方便计算，将 $\rho_m = \dfrac{p}{ZRT}$ 代入 AGA8－92DC 方程中，整理得：

$$p = \rho_m RT\left[1 + B\rho_m - \rho_r\sum_{n=13}^{18} C_n^* + \sum_{n=13}^{58} C_n^*(b_n - c_nk_n\rho_r^{k_n})\rho_r^{b_n}e^{-c_n\rho_r^{k_n}}\right] \tag{2-36}$$

式中，状态方程参数 a_n、b_n、c_n、k_n、u_n、g_n、q_n、f_n、s_n、w_n 见 GB/T17747.2—2011 表 B.1；各组分的特征参数包括能量参数 E_i、体积参数 K_i、定位参数 G_i、四极参数 Q_i、高位参数 F_i、偶极参数 S_i、组合参数 W_i 参见 GB/T17747.2—2011 表 B.2；各组分之间的二元交互作用参数 E_{ij}^*、U_{ij}、K_{ij}、G_{ij}^* 参见 GB/T17747.2—2011 表 B.3。

AGA8－92DC 计算方法需要对气体进行详细的摩尔组成分析，并由气体组成、压力和温度作为计算方法的输入数据，其在工程应用中的优点是所需基础数据少以及在适用范围内预测结果精度较高，适用于温度在 263～338K，压力最高至 12MPa 下的天然气物性计算。

(7) GERG－2008

GERG－2008 是由欧洲天然气研究组提出的一种用于天然气和其他混合物的宽范围状态方程，其以由密度、温度和组成表示的亥姆霍兹自由能为基础，基于无量纲的亥姆霍兹自由能及其一阶、二阶微分，将气体的热力学性质参数(包括压缩因子、密度、声速、焓和熵等)解析地表示为亥姆霍兹自由能及其一阶、二阶微分的函数。亥姆霍兹自由能的基本形式如式(2－37)所示：

$$\alpha(\delta,\tau,\bar{y}) = \alpha^{o}(\rho,T,\bar{y}) + \alpha^{r}(\delta,\tau,\bar{y}) \tag{2-37}$$

式中，α 为无量纲亥姆霍兹自由能；α^o 为理想气体亥姆霍兹自由能；α^r 为亥姆霍兹自由能余项；$\delta = \dfrac{\rho}{\rho_r(\bar{y})}$，$\rho_r(\bar{y})$ 为混合物对比密度；$\tau = \dfrac{T_r(\bar{y})}{T}$，$T_r(\bar{y})$ 为混合物对比温度。

理想气体亥姆霍兹自由能 α^o 的计算公式如下：

$$\alpha^{\mathrm{o}}(\rho,T,\bar{y}) = \sum_{i=1}^{N} y_i[\alpha_{\mathrm{o}i}^{\mathrm{o}}(\rho,T) + \ln y_i] \tag{2-38}$$

$$\alpha_{\mathrm{o}i}^{\mathrm{o}}(\rho,T) = \ln\left(\frac{\rho}{\rho_{\mathrm{c},i}}\right) + \frac{R^*}{R}\Bigg[n_{\mathrm{o}i,1}^{\mathrm{o}} + n_{\mathrm{o}i,2}^{\mathrm{o}}\frac{T_{\mathrm{c},i}}{T} + n_{\mathrm{o}i,3}^{\mathrm{o}}\ln\left(\frac{T_{\mathrm{c},i}}{T}\right) + \sum_{k=4,6} n_{\mathrm{o}i,k}^{\mathrm{o}}\ln\left|\sinh\left(\vartheta_{\mathrm{o}i,k}^{\mathrm{o}}\frac{T_{\mathrm{c},i}}{T}\right)\right| - \sum_{k=5,7} n_{\mathrm{o}i,k}^{\mathrm{o}}\ln\left|\cosh\left(\vartheta_{\mathrm{o}i,k}^{\mathrm{o}}\frac{T_{\mathrm{c},i}}{T}\right)\right|\Bigg] \tag{2-39}$$

式中，各参数见 ISO 20765－2《天然气　热力学性质计算　第 2 部分：适用范围更广的单相特性(气体、液体和稠密流体)》Annex B、Annex C。

亥姆霍兹自由能余项 α^{r} 的计算公式如下：

$$\alpha^{\mathrm{r}}(\delta,\tau,\bar{y}) = \sum_{i=1}^{N} y_i\alpha_{\mathrm{o}i}^{\mathrm{r}}(\delta,\tau) + \sum_{i=1}^{N-1}\sum_{j=i+1}^{N} y_i y_j F_{ij}\alpha_{ij}^{\mathrm{r}}(\delta,\tau) \tag{2-40}$$

$$\alpha_{\mathrm{o}i}^{\mathrm{r}}(\delta,\tau) = \sum_{k=1}^{K_{\mathrm{Pol},i}} n_{\mathrm{o}i,k}\delta^{d_{\mathrm{o}i,k}}\tau^{t_{\mathrm{o}i,k}} + \sum_{k=K_{\mathrm{Pol},i}+1}^{K_{\mathrm{Pol},i}+K_{\mathrm{Exp},i}} n_{\mathrm{o}i,k}\delta^{d_{\mathrm{o}i,k}}\tau^{t_{\mathrm{o}i,k}}\mathrm{e}^{-\delta^{c_{\mathrm{o}i,k}}} \tag{2-41}$$

$$\alpha_{ij}^{\mathrm{r}}(\delta,\tau) = \sum_{k=1}^{K_{\mathrm{Pol},ij}} n_{ij,k}\delta^{d_{ij,k}}\tau^{t_{ij,k}} + \sum_{k=K_{\mathrm{Pol},ij}+1}^{K_{\mathrm{Pol},i}+K_{\mathrm{Exp},ij}} n_{ij,k}\delta^{d_{ij,k}}\tau^{t_{ij,k}}\mathrm{e}^{-\eta_{ij,k}(\delta-\varepsilon_{ij,k})^2-\beta_{ij,k}(\delta-\gamma_{ij,k})} \tag{2-42}$$

式中，各参数见 ISO 20765－2 Annex D 中 Table D. 4 和 Table D. 5。

混合物对比密度 $\rho_{\mathrm{r}}(\bar{x})$ 和对比温度 $T_{\mathrm{r}}(\bar{x})$ 的混合规则如下：

$$\frac{1}{\rho_{\mathrm{r}}(\bar{y})} = \sum_{i=1}^{N}\sum_{j=1}^{N} y_i y_j \beta_{v,ij}\gamma_{v,ij}\frac{y_i + y_j}{\beta_{v,ij}^2 y_i + y_j}\left[\frac{1}{8}\right]\left(\frac{1}{\rho_{\mathrm{c},i}^{1/3}} + \frac{1}{\rho_{\mathrm{c},j}^{1/3}}\right)^3 \tag{2-43}$$

$$T_{\mathrm{r}}(\bar{y}) = \sum_{i=1}^{N}\sum_{j=1}^{N} y_i y_j \beta_{T,ij}\gamma_{T,ij}\frac{y_i + y_j}{\beta_{T,ij}^2 y_i + y_j}(T_{\mathrm{c},i}T_{\mathrm{c},j})^{0.5} \tag{2-44}$$

式中，各参数见 ISO 20765－2 Annex E 中 Table E. 1。

基于无量纲的亥姆霍兹自由能及其一阶、二阶微分形式，气体的热力学性质参数(包括压缩因子、密度、声速、焓和熵等)的表达函数见 ISO 20765－2 Table 1。

GERG—2008 作为一种用于天然气和其他混合物的宽域状态方程，其适用的温度、压力和组成范围比 AGA8－92DC 方程更广，温度在 90～450K、压力最高至 35MPa 下的掺氢天然气混合物的物性计算结果精度高。

(8)简化的氢气状态方程

纯氢为单一组分气体，通过美国国家标准技术所(National Institute of Standards and Technology，NIST)材料性能数据库提供的真实氢气性能数据进行拟合，可得到如下简化的氢气状态方程：

$$Z = \frac{pV}{RT} = 1 + \frac{\alpha p}{T} \tag{2-45}$$

式中，$\alpha = 1.9155 \times 10^{-6}$K/Pa 。

式(2－45)在 173K < T < 393K 范围内计算，最大相对误差为 3. 80%；在 253K < T < 393K 范围内计算，最大相对误差为 1. 10%。

本节介绍了多个气体状态方程，在具体选用时，应综合考虑体系的性质，如气体的组成、性质、压力和温度范围，以及对计算精度和计算速度的要求等。

2.3.3 气体压缩因子的计算

对于非理想气体，压缩因子的计算非常重要。压缩因子值可通过查图、经验公式或理论公式计算。通过查图或经验公式虽然可以方便计算压缩因子，但其计算精度不高，可满足工程上的一般计算需求。若要获得较高计算精度的压缩因子，可利用气体状态方程进行理论计算。表2-9所示为掺氢天然气常用状态方程对应的气体压缩因子计算公式。其中RK、SRK和PR状态方程可以写成关于压缩因子的立方型多项式，并采用求根法进行计算。

表2-9 压缩因子计算公式

状态方程	计算公式
RK	$Z^3-Z^2+(A-B-B^2)Z-AB=0,A=\frac{ap}{R^2T^{2.5}},B=\frac{bp}{RT}$
SRK	$Z^3-Z^2+(A-B-B^2)Z-AB=0,A=\frac{ap}{R^2T^2},B=\frac{bp}{RT}$
PR	$Z^3-(1-B)Z^2+(A-2B-3B^2)Z-(AB-B^2-B^3)=0,A=\frac{ap}{R^2T^2},B=\frac{bp}{RT}$
BWRS	$Z=1+\left(B_0-\frac{A_0}{RT}-\frac{C_0}{RT^3}+\frac{D_0}{RT^4}-\frac{E_0}{RT^5}\right)\rho+\left(b-\frac{a}{RT}-\frac{d}{RT^2}\right)\rho^2+\frac{\alpha}{RT}\left(a+\frac{d}{T}\right)\rho^5+\frac{c\rho^2}{RT^3}(1+\gamma\rho^2)\mathrm{e}^{(-\gamma\rho^2)}$

2.3.4 氢气体积的换算

工业上在使用氢气时，经常将其储存于钢制高压气瓶中。为了方便工程应用中的氢气体积换算，下面给出瓶装氢气体积的计算公式：

$$V=KV_0 \tag{2-46}$$

式中，V为瓶装氢气在20℃、101.325kPa状态下的体积，m^3；V_0为氢气瓶的水容积，L；K为在20℃、101.325kPa状态下氢气体积换算系数，其计算公式为：

$$K=\left(1+\frac{p}{0.1013}\right)\times\frac{293.15}{273.15+T}\times\frac{10^{-3}}{Z} \tag{2-47}$$

式中，p为气瓶内氢气压力，MPa；T为气瓶内氢气的温度，℃；Z为温度为T、压力为p时氢气的压缩因子。不同温度和压力下氢气的K值见表2-10。

表2-10 不同温度和压力下的 K 值

温度＼压力	9.8MPa	11.8MPa	13.7MPa	14.2MPa	14.7MPa	15.2MPa	15.7MPa	16.2MPa
-40℃	0.116	0.137	0.158	0.163	0.168	0.174	0.179	0.184
-35℃	0.113	0.134	0.155	0.160	0.165	0.170	0.175	0.180
-30℃	0.111	0.132	0.152	0.157	0.162	0.167	0.172	0.176
-25℃	0.109	0.129	0.149	0.154	0.158	0.163	0.168	0.173

续表

温度\压力	9.8MPa	11.8MPa	13.7MPa	14.2MPa	14.7MPa	15.2MPa	15.7MPa	16.2MPa
-20℃	0.107	0.126	0.146	0.151	0.155	0.160	0.165	0.170
-15℃	0.105	0.124	0.143	0.148	0.152	0.157	0.162	0.166
-10℃	0.103	0.122	0.140	0.145	0.150	0.154	0.159	0.163
-5℃	0.101	0.119	0.138	0.142	0.147	0.151	0.156	0.160
0℃	0.099	0.117	0.135	0.140	0.144	0.149	0.153	0.157
5℃	0.097	0.115	0.133	0.137	0.142	0.146	0.150	0.155
10℃	0.096	0.113	0.131	0.135	0.139	0.144	0.148	0.152
15℃	0.094	0.111	0.128	0.133	0.137	0.141	0.145	0.149
20℃	0.092	0.109	0.126	0.130	0.135	0.139	0.143	0.147
25℃	0.091	0.108	0.124	0.128	0.132	0.136	0.140	0.145
30℃	0.089	0.106	0.122	0.126	0.130	0.134	0.138	0.142
35℃	0.088	0.104	0.120	0.124	0.128	0.132	0.136	0.140
40℃	0.086	0.103	0.118	0.122	0.126	0.130	0.134	0.138

2.4 掺氢天然气的物理性质及其计算

与纯氢气相比，掺氢天然气的物理性质更加复杂，本节介绍掺氢天然气常见物理性质及其计算方法。

2.4.1 掺氢天然气的相对分子质量

标准状态下，1kmol 掺氢天然气的质量定义为掺氢天然气的平均相对分子质量：

$$M = \sum y_i M_i \tag{2-48}$$

式中，M 为掺氢天然气的平均相对分子质量，kg/kmol；y_i 为组分 i 的摩尔分数；M_i 为组分 i 的相对分子质量，kg/kmol。

2.4.2 掺氢天然气的密度

掺氢天然气的密度是指单位体积掺氢天然气混合气体的质量：

$$\rho = \frac{\sum y_i M_i}{\sum y_i V_i} \tag{2-49}$$

式中，ρ 为掺氢天然气混合气体的密度，kg/m^3；y_i 为组分 i 的摩尔分数；M_i 为组分 i 的相对分子质量，kg/kmol；V_i 为组分 i 的摩尔体积，$m^3/kmol$。

标准状态下，气体的密度与干空气的密度之比称为相对密度。对单组分气体有：

$$\Delta = \frac{\rho}{\rho_a} \tag{2-50}$$

式中，Δ 为气体的相对密度；ρ 为气体的密度，kg/m^3；ρ_a 为干空气的密度，kg/m^3。

对掺氢天然气混合气体，其相对密度表达式为：

$$\Delta = \sum y_i \Delta_i \tag{2-51}$$

式中，Δ 为掺氢天然气混合气体的相对密度；Δ_i 为组分 i 的相对密度；y_i 为组分 i 的摩尔分数。

2.4.3　掺氢天然气的黏度

黏度是流体黏性大小的一种度量，气体黏度主要取决于分子热运动。单组分气体的黏度与温度和压力有关，而气体混合物的黏度还与气体的组成有关。黏度分为动力黏度和运动黏度，动力黏度与流体密度的比值为运动黏度。

气态纯氢在常温常压下的运动黏度为 89.48μP，在标准沸点时的运动黏度为 11.28μP，液氢在标准沸点时的运动黏度为 132.0 μP 。

掺氢天然气混合气体在常压下的动力黏度的计算公式为：

$$\mu = \frac{\sum_i (\mu_i y_i \sqrt{M_i})}{\sum_i (y_i \sqrt{M_i})} \tag{2-52}$$

式中，μ_i 为组分 i 的动力黏度，Pa・s；y_i 为组分 i 的摩尔分数；M_i 为组分 i 的相对分子质量。

掺氢天然气混合气体的黏度随着温度的升高而增大。当掺氢比不是很高时，温度对气体动力黏度的影响可近似按式(2-53)计算：

$$\mu_T = \mu_0 \frac{273 + C}{T + C}\left(\frac{T}{273}\right)^{1.5} \tag{2-53}$$

式中，μ_T 为温度为 T 时的动力黏度，Pa・s；μ_0 为温度为 273K 时的动力黏度，Pa・s；C 为与气体种类有关的无因次实验系数，一个绝对大气压下常见碳氢化合物的 C 值见表 2-11。

表 2-11　无因次实验系数 C

名称	C 值	温度范围/℃	名称	C 值	温度范围/℃
甲烷	164	20~250	正戊烷	383	122~300
乙烷	252	20~250	乙烯	225	20~250
丙烷	278	20~250	丙烯	321	20~120
正丁烷	377	20~120	丁烯	329	20~120
异丁烷	368	20~120			

根据掺氢天然气所处压力、温度条件下的密度和标准状态下的相对密度 Δ，可按式(2-54)计算不同温度和压力下掺氢天然气的黏度：

$$\mu = C\mathrm{e}^{\left[x\left(\frac{\rho}{1000}\right)^{1.11+0.04x}\right]} \tag{2-54}$$

式中，$C = \frac{2.415(7.77 + 0.1844\Delta)T^{1.5}}{122.4 + 377.58\Delta + 1.8T} \times 10^{-4}$，$x = 2.57 + 0.2781\Delta + \frac{1063.6}{T}$；$T$ 为掺氢天

然气的温度，K；Δ 为掺氢天然气标准状态下的相对密度；ρ 为掺氢天然气的密度，kg/m^3；μ 为掺氢天然气的动力黏度，mPa·s。

2.4.4 掺氢天然气的爆炸极限

可燃气体在空气中的浓度低于某一极限时，氧化反应产生的热量不足以弥补散失的热量，使燃烧不能进行；当其浓度超过某一极限时，由于缺氧也无法燃烧。前一浓度极限称为着火下限；后一浓度极限称为着火上限。着火极限又称为爆炸极限。

对于不含氧或惰性气体的掺氢天然气，其爆炸极限可按式(2－55)计算：

$$L = \frac{100}{\sum_i \left(\frac{V_i}{L_i}\right)} \tag{2-55}$$

式中，L 为掺氢天然气的爆炸上(下)限体积分数,%；V_i 为组分 i 的体积分数,%；L_i为组分 i 的爆炸上(下)限体积分数,%。

对含有惰性气体的掺氢天然气，其爆炸极限范围将缩小，可按式(2－56)计算：

$$L' = L\frac{\left(1 + \frac{u_i}{1 - u_i}\right) \times 100}{100 + L\left(\frac{u_i}{1 - u_i}\right)} \tag{2-56}$$

式中，L' 为含有惰性气体的掺氢天然气爆炸上(下)限体积分数,%；L 为不含惰性气体的掺氢天然气爆炸上(下)限体积分数,%；u_i 为惰性气体体积分数。

纯氢气的爆炸极限为 4%～75%。表 2－12 给出了不同掺氢比的掺氢天然气爆炸下限数值。

表 2－12 不同掺氢比的掺氢天然气爆炸下限 %

掺氢比	爆炸下限	掺氢比	爆炸下限
2.5	4.97	12.5	4.85
5.0	4.94	15.0	4.82
7.5	4.91	17.5	4.79
10.0	4.88	20.0	4.76

2.4.5 气体的扩散系数

由于氢分子尺寸小，氢气的扩散系数比其他气体更高。氢气在空气中的扩散系数为 $6.1 \times 10^{-5} \sim 6.8 \times 10^{-5} m^2/s$。常见气体常温下在空气中的扩散系数多是通过实验测得的，这一数值并不是一个常数，可以使用富勒公式进行估算：

$$D_{ij} = \frac{0.0101 T^{1.75} \sqrt{\frac{1}{M_i} + \frac{1}{M_j}}}{p\left[(\sum v_i)^{\frac{1}{3}} + (\sum v_j)^{\frac{1}{3}}\right]^2} \tag{2-57}$$

式中，p 为气体的压力；T 为气体的温度；M_i 和 M_j 分别为组分 i 和 j 的相对分子质量；D_{ij} 为气体扩散系数，对于二元气体混合物 $D_{ij}=D_{ji}$；$\sum v_i$、$\sum v_j$ 分别为组分 i、j 的分子扩散体积，cm^3/mol，由原子扩散体积求和得到，常见的原子、分子扩散体积如表 2－13 所示。

表 2－13 原子和分子扩散体积

原子	扩散体积	原子	扩散体积	分子	扩散体积
C	15.9	S	22.9	H_2	6.12
H	2.31	N	4.54	N_2	18.5
O	6.11	Cl	21.0	O_2	16.3

注：已给出分子扩散体积的按照给出值计算，没有给出的按照原子体积求和估算。

2.4.6 掺氢天然气的虚拟临界参数和对比参数

当计算掺氢天然气的某些物性参数时，常用到虚拟临界参数值。任何气体在温度低于某一数值时都可以等温压缩成液体，但当高于该温度时，无论压力增加到多大，都不能使气体液化。可以使气体压缩成液态的这个极限温度称为该气体的临界温度。当温度等于临界温度时，使气体压缩成液体所需压力称为临界压力，此时的状态称为临界状态。气体临界状态下的密度称为临界密度。掺氢天然气混合气体的虚拟临界温度、虚拟临界压力和虚拟临界密度可由混合气体中各组分的摩尔分数、临界温度、临界压力和临界密度求得：

$$T_c = \sum_i y_i T_{ci} , p_c = \sum_i y_i p_{ci} , \rho_c = \sum_i y_i \rho_{ci} \tag{2-58}$$

式中，T_c 为掺氢天然气混合气体的虚拟临界温度，K；p_c 为掺氢天然气混合气体的虚拟临界压力，Pa；ρ_c 为掺氢天然气混合气体的虚拟临界密度，kg/m^3；T_{ci} 为组分 i 的临界温度，K；p_{ci} 为组分 i 的临界压力，Pa；ρ_{ci} 为组分 i 的临界密度，kg/m^3。

掺氢天然气的压力、温度、密度与其虚拟临界压力、虚拟临界温度和虚拟临界密度之比称为掺氢天然气的对比压力、对比温度和对比密度：

$$p_r = \frac{p}{p_c} , T_r = \frac{T}{T_c} , \rho_r = \frac{\rho}{\rho_c} \tag{2-59}$$

式中，p_r 为对比压力；T_r 为对比温度；ρ_r 为对比密度。

2.5 掺氢天然气的热物性及其计算

纯氢与掺氢天然气输送工艺计算中常用到的气体热物性参数有焓、熵、导热系数、比定压热容、比定容热容、热值等。由于纯氢属于单一气体，其热物性计算简单，本节主要介绍掺氢天然气混合气体的热物性及计算方法。

2.5.1 掺氢天然气的焓

将气体内能和体积与压力乘积之和称为气体的焓。焓是一种热力学状态参数，在工程计算中，一般用焓差计算物质加热或冷却时热量的变化。焓的零点通常取绝对温度和绝对压力都为0时的状态。掺氢天然气中常见组分的理想气体状态焓可按下面多项式计算：

$$h_i^0 = A_i + B_iT + C_iT^2 + D_iT^3 + E_iT^4 + F_iT^5 \tag{2-60}$$

式中，h_i^0 为组分 i 理想气体的焓，kJ/kg；T 为温度，K；A_i，B_i，C_i，D_i，E_i，F_i，G_i为组分 i 的常数，API数据手册中给出了常见烃类和非烃类气体组分的常数值，如表2－14所示。对非烃类气体，焓的零点取绝对温度和绝对压力为0时的状态；对烃类气体，若选用该基准，液态焓常为负值。为避免这种情况，在API数据手册中烃类组分焓的基准温度取－129℃时饱和液体焓为0。

表2－14　计算常数表

名称	分子式	A	B	$C\times10^4$	$D\times10^7$	$E\times10^{11}$	$F\times10^{14}$	G
氧气	O_2	－2.28357	0.95244	－2.81139	6.55224	－45.23163	10.8744	5.26711
氢气	H_2	28.67200	13.39616	29.60131	－39.80745	266.16670	－60.99862	－8.61451
水蒸气	H_2O	－5.72992	1.91501	－3.95741	8.76231	－49.50858	10.38613	3.88962
硫化氢	H_2S	－1.43705	0.99887	－1.84315	5.57088	－31.77336	6.36644	4.58161
氮气	N_2	－2.17251	1.06849	－1.34096	2.15569	－7.86319	0.69851	4.99221
一氧化碳	CO	－2.26918	1.07401	－1.72664	3.02237	－13.75326	2.00365	5.20525
二氧化碳	CO_2	11.11374	0.47911	7.62159	－3.59392	8.47438	－0.57752	5.90598
氦气	He	0.0000	5.20001	0.0000	0.0000	0.0000	0.0000	0.0000
甲烷	CH_4	135.84210	2.39359	－22.18007	57.40220	－372.79050	85.49685	2.84702
乙烷	C_2H_4	379.27660	1.10899	－1.88512	39.65580	－314.02090	80.08189	5.18269
丙烷	C_3H_8	385.47360	0.72265	7.08716	29.23895	－261.50710	70.00548	5.47646
正丁烷	$n-C_4H_{10}$	382.49680	0.41270	20.28601	7.02953	－102.58710	28.83394	5.90166
异丁烷	$i-C_4H_{10}$	377.0000	0.19545	25.23143	1.95651	－77.26149	23.86087	6.65339
正戊烷	$n-C_5H_{12}$	403.47010	－0.01170	33.16498	－11.70510	19.96476	－0.86652	7.26208
异戊烷	$i-C_5H_{12}$	393.13190	－0.13190	35.41155	－13.33225	25.14633	－1.29589	7.75977
己烷	C_6H_{14}	309.80900	0.95923	－6.14724	61.42103	－616.09520	208.68190	2.97976
庚烷	C_7H_{16}	312.03960	0.75450	2.61728	43.66359	－448.45110	148.42100	3.56685
辛烷	C_8H_{18}	303.71240	0.72467	3.67845	41.42833	－424.01980	137.34060	3.51439
壬烷	C_9H_{20}	294.74140	0.70780	4.38048	39.69342	－404.31580	128.75950	3.44406
癸烷	$C_{10}H_{22}$	275.45210	0.85137	－2.63041	55.21815	－563.17320	188.85450	2.77435

对于理想混合气体，焓值的计算公式为：

$$h^0 = \sum_i y_i h_i^0 \tag{2-61}$$

式中，h^0 为理想混合气体的焓，kJ/kg；y_i为组分 i 的摩尔分数。

对于实际气体的焓，可采用计算法和查图法得到。对于计算法，由热力学关系可知：

$$h = h^0 + \int_0^p \left[V - T\left(\frac{\partial V}{\partial T}\right)_p \right] \mathrm{d}p \tag{2-62}$$

$$或\ h = h^0 + \frac{p}{\rho} - RT + \int_0^p \left[p - T \left(\frac{\partial p}{\partial T} \right)_\rho \right] \frac{d\rho}{\rho^2} \tag{2-63}$$

将掺氢天然气的状态方程，如 RK、SRK、PR、BWRS 状态方程，代入式(2－62)或式(2－63)中可以得到计算焓的公式，见表 2－15。

表 2－15　采用气体状态方程计算焓的公式

状态方程	焓的计算公式
RK	$h = h^0 + (Z-1)RT - \frac{1.5a}{bT^{0.5}} \ln\left(1 + \frac{bp}{ZRT}\right)$
SRK	$h = h^0 + (Z-1)RT + \frac{T\frac{da}{dT} - a}{b} \ln\left(1 + \frac{bp}{ZRT}\right)$
PR	$h = h^0 + (Z-1)RT + \frac{T\frac{da}{dT} - a}{2\sqrt{2}b} \ln\left[\frac{Z + (1+\sqrt{2})bp/(RT)}{Z + (1-\sqrt{2})bp/(RT)}\right]$
BWRS	$h = h^0 + \left(B_0RT - 2A_0 - \frac{4C_0}{T^2} + \frac{5D_0}{T^3} - \frac{6E_0}{T^4}\right)\rho + \frac{1}{2}\left(2bRT - 3a - \frac{4d}{T}\right)\rho^2 + \frac{1}{5}\alpha\left(6a + \frac{7d}{T}\right)\rho^5 + \frac{c}{\gamma T^2}\left[3 - \left(3 + \frac{\gamma\rho^2}{2} - \gamma^2\rho^4\right)e^{(-\gamma\rho^2)}\right]$

2.5.2　掺氢天然气的熵

当系统向外界传递热量时，系统的温度是推动热量传递的势，而作为传递热量作用的状态坐标必然有一个状态参数，这个状态参数称为熵。熵随状态变化而变化，且它的变化与过程无关，只决定于初始状态与终了状态。熵的变化表征了可逆过程中热交换的方向与大小。掺氢天然气中组分的理想气体熵可按下面多项式计算：

$$s_i^0 = B_i \ln T + 2C_iT + \frac{3}{2}D_iT^2 + \frac{4}{3}E_iT^3 + \frac{5}{4}F_iT^4 + G_i \tag{2-64}$$

式中，s_i^0 为组分 i 在温度 T 时的熵，kJ/(kg·K)；B_i，C_i，D_i，E_i，F_i，G_i为计算组分 i 的常数，见表 2－14。

对于理想混合气体，熵的计算公式为：

$$s^0 = \sum_i y_i s_i^0 \tag{2-65}$$

式中，s^0为混合气体的熵，kJ/(kg·K)；y_i为混合气体中组分 i 的摩尔分数。

对于实际气体的熵，可采用查图法和计算法得到。对于计算法，由热力学关系式有：

$$s = s^0 - \left[\int_0^p \left(\frac{\partial V}{\partial T}\right)_p dp\right]_T \tag{2-66}$$

$$或\ s = s^0 - \left[\int_0^p \left(\frac{\partial p}{\partial T}\right)_\rho \frac{dp}{\rho^2}\right]_T \tag{2-67}$$

将掺氢天然气混合气体的状态方程，如 RK、SRK、PR、BWRS 方程代入式(2－66)或式(2－67)可得到熵的计算式，见表 2－16。

表 2-16 采用气体状态方程计算熵的公式

状态方程	熵的计算公式
RK	$s - s^0 = -R\ln\frac{\rho RT}{101.325} + R\ln(1 - b\rho) - \frac{0.5}{bT^{1.5}}\ln(1 + b\rho)$
SRK	$s - s^0 = -R\ln\frac{\rho RT}{101.325} + R\ln(1 - b\rho) - \frac{\mathrm{d}a/\mathrm{d}T}{bT^{1.5}}\ln(1 + b\rho)$
PR	$s - s^0 = -R\ln\frac{\rho RT}{101.325} - \frac{\ln(3 - 2\sqrt{2})\mathrm{d}a/\mathrm{d}T}{2\sqrt{2}b} - \frac{\mathrm{d}a/\mathrm{d}T}{2\sqrt{2}b}\ln\left[\frac{1 + (1 + \sqrt{2})b\rho}{1 + (1 - \sqrt{2})b\rho}\right]$
BWRS	$s - s^0 = -R\ln\frac{\rho RT}{101.325} - \left(B_0 R + \frac{2C_0}{T^3} - \frac{3D_0}{T^4} + \frac{4E_0}{T^5}\right)\rho - \frac{1}{2}\left(bR + \frac{d}{T^2}\right)\rho^2 + \frac{\alpha}{5}\frac{d}{T^2}\rho^5 + \frac{2c}{\gamma T^3}\left[1 - \left(1 + \frac{1}{2}\gamma\rho^2\right)e^{(-\gamma\rho^2)}\right]$

2.5.3 掺氢天然气的比热容

均匀简单可压缩系统的质量定容热容 c_v 和质量定压热容 c_p 的定义如式(2-68)、式(2-69)所示：

$$c_v = \left(\frac{\partial u}{\partial T}\right)_v \tag{2-68}$$

$$c_p = \left(\frac{\partial h}{\partial T}\right)_p \tag{2-69}$$

式中，u 为系统内能，kJ/(kmol·K)；h 为系统焓，kJ/(kmol·K)。

由热力学关系可知，对于理想气体有：

$$c_p^0 - c_v^0 = R \tag{2-70}$$

对于实际气体：

$$c_p - c_v = \frac{T\left(\frac{\partial p}{\partial T}\right)_\rho^2}{\rho^2\left(\frac{\partial p}{\partial \rho}\right)_T} \tag{2-71}$$

对于纯组分理想气体，比定压热容可按式(2-72)计算：

$$c_{pi}^0 = B_i + 2C_iT + 3D_iT^2 + 4E_iT^3 + 5F_iT^4 \tag{2-72}$$

式中，c_{pi}^0 为组分 i 的比定压热容，kJ/(kmol·K)；B_i, C_i, D_i, E_i, F_i 为与组分 i 相关的常数。

对于理想气体混合物，比定压热容计算公式为：

$$c_p^0 = \sum_i y_i c_{pi}^0 \tag{2-73}$$

式中，c_p^0 为理想气体混合物比定压热容，kJ/(kmol·K)；y_i 为组分 i 的摩尔分数。

对于实际气体的比定压热容，可通过查表法或计算法计得到。对于计算法，由热力学关系式有：

$$\left(\frac{\partial c_v}{\partial \rho}\right)_T = -\frac{T}{\rho^2}\left(\frac{\partial^2 p}{\partial T^2}\right)_\rho \tag{2-74}$$

$$c_v = c_v^0 + \int_0^\rho \left[-\frac{T}{\rho^2} \left(\frac{\partial^2 p}{\partial T^2} \right)_\rho \right] d\rho \tag{2-75}$$

将掺氢天然气混合气体的状态方程，如 RK、SRK、PR、BWRS 方程代入式(2-75)可得到计算比定容热容的公式，见表 2-17。

表 2-17　采用气体状态方程计算比定容热容的公式

状态方程	比定容热容的计算公式
RK	$c_v = c_v^0 + \frac{0.5a}{bT^{0.5}}\ln(1+b\rho)$
SRK	$c_v = c_v^0 + \frac{d^2 a}{dT^2}\frac{T}{b}\ln(1+b\rho)$
PR	$c_v = c_v^0 - \frac{T}{2\sqrt{2}b}\frac{d^2 a}{dT^2}\ln\left[\frac{1+(1+\sqrt{2})b\rho}{1+(1-\sqrt{2})b\rho}\right]$
BWRS	$c_v = c_v^0 + \left(\frac{6C_0}{T^3} - \frac{12D_0}{T^4} + \frac{20E_0}{T^5}\right)\rho + \frac{d}{T^2}\rho^2 - \frac{2\alpha d}{5T^2}\rho^5 + \frac{3c}{\gamma T^3}[(\gamma\rho^2+2)e^{-\gamma\rho^2} - 2]$

根据表 2-17 可以计算出比定容热容。在此基础上，根据式(2-71)可进一步求得比定压热容。

比定压热容和比定容热容之比称为比热容比：

$$k = \frac{c_p}{c_v} \tag{2-76}$$

式中，k 为比热比；c_p 为比定压热容，kJ/(kmol · K)；c_v 为比定容热容，kJ/(kmol · K)。标准状态下(101.325kPa)掺氢天然气常见组分的比热容比值见表 2-18。

表 2-18　常见组分的比热容比值

名称	0℃	100℃	200℃	300℃	400℃	500℃	600℃
甲烷	1.314	1.268	1.225	1.193	1.171	1.155	1.141
乙烷	1.202	1.154	1.124	1.105	1.095	1.085	1.077
丙烷	1.138	1.102	1.083	1.070	1.062	1.057	1.053
丁烷	1.097	1.075	1.061	1.052	1.046	1.043	1.040
戊烷	1.077	1.060	1.049	1.042	1.037	1.035	1.031
氢气	1.410	1.398	1.396	1.395	1.394	1.390	1.387
氮气	1.402	1.400	1.394	1.385	1.375	1.364	1.355
氦气	1.670	1.670	1.670	1.670	1.670	1.670	1.670
氩气	1.670	1.670	1.670	1.670	1.670	1.670	1.670
一氧化碳	1.400	1.397	1.389	1.379	1.367	1.354	1.344
二氧化碳	1.301	1.260	1.235	1.217	1.205	1.195	1.188
空气	1.400	1.397	1.390	1.378	1.366	1.357	1.345
水蒸气	—	1.280	1.300	1.290	1.280	1.270	1.260

2.5.4 掺氢天然气的燃烧热值

1m^3掺氢天然气完全燃烧所放出的热量称为燃烧热值，单位为 kJ/m^3。掺氢天然气的燃烧热值包括高热值和低热值。高热值是指压力在 101.325kPa、温度在 25℃，燃烧所生成的水蒸气完全冷凝成水。低热值是指天然气初始温度与燃烧后所生成产物的温度相同，燃烧生成的水蒸气保持气相。

在实际燃烧中，烟气排放温度均比水蒸气冷凝温度高很多，水蒸气并没有冷凝，其冷凝潜热得不到利用。所以在工程计算中，一般采用低热值。

掺氢天然气的理想发热值：

$$H^0 = \sum_i y_i H_i^0 \tag{2-77}$$

掺氢天然气的真实发热值：

$$H = \frac{H^0}{Z} \tag{2-78}$$

式中，H_i^0 为组分 i 的理想发热值，kJ/m^3；H^0 为掺氢天然气的理想发热值，kJ/m^3；H 为掺氢天然气的真实发热值，kJ/m^3；Z 为压缩因子。

表 2-19 所示为纯组分的理想发热值。可知：氢气的热值比甲烷的热值小，低热值大约只有甲烷的 1/3，因此掺氢天然气的热值小于相同体积的天然气的热值。为了获得与天然气相同的热值，相同条件下需要更大体积的掺氢天然气。

表 2-19 纯组分的理想高热值和理想低热值

组分	101.325kPa，273.15K		101.325kPa，293.15K	
	高热值/(kJ/m^3)	低热值/(kJ/m^3)	高热值/(kJ/m^3)	低热值/(kJ/m^3)
甲烷	39829	35807	37033	33356
乙烷	69759	63727	64877	59362
丙烷	99264	91223	92331	84978
正丁烷	128629	118577	119655	110463
异丁烷	128257	118206	119307	110116
正戊烷	158087	146025	147063	136034
异戊烷	157730	145668	146729	135700
己烷	187528	173454	174459	161589
氢气	12789	10779	11889	10051
一氧化碳	12618	12618	11763	11763
硫化氢	25141	23130	23393	21555

2.6 氢气和掺氢天然气的节流效应

2.6.1 气体的节流效应

气体在流道中经过突然缩小的断面时，会发生膨胀并产生强烈的涡流，使气体的流动压力降低，这种现象称为节流。如果节流过程中气体与外界没有热交换，则称为绝热节流。由于存在能量损失，节流过程是不可逆的，气体在节流过程中处于非平衡状态。如图2－3所示，为了研究节流前后气体状态的变化，假设气体是理想气体，绝热节流，不做轴功，位能没有变化，忽略动能变化，可以认为在远离节流界面两侧的截面上气体的焓相等：

$$H_1 = H_2 \tag{2-79}$$

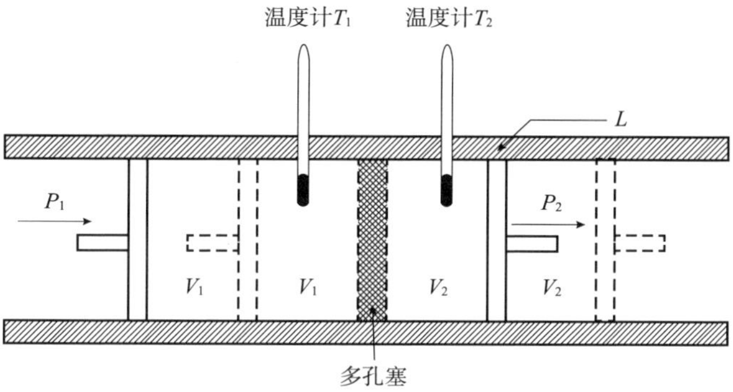

图2－3 节流效应实验示意

由式(2－62)和式(2－63)可知，实际气体的焓与温度和压力有关，节流后气体压力下降的同时会伴随温度的变化，称为节流效应，又称焦耳－汤姆孙效应。节流前后温度变化与压力变化的比值称为节流效应系数，又称为焦耳－汤姆孙系数：

$$\mu_{JT} = \lim_{\Delta p \to 0}\left(\frac{\Delta T}{\Delta p}\right)_H = \left(\frac{\partial T}{\partial p}\right)_H \tag{2-80}$$

式(2－80)的物理含义表示下降单位压力时的温度变化值。如果在节流效应实验中将节流前的高压侧压力、温度保持不变，节流后的压力维持不同值，并测得相应的温度值，然后把这些数据绘制成 $T-P$ 图。由于节流过程中焓值相等，因此所得到的 $T-P$ 图中光滑曲线为等焓曲线，式(2－80)即为等焓曲线在任一点的斜率。由一系列等焓曲线可以得到等焓曲线簇，如图2－4所示。

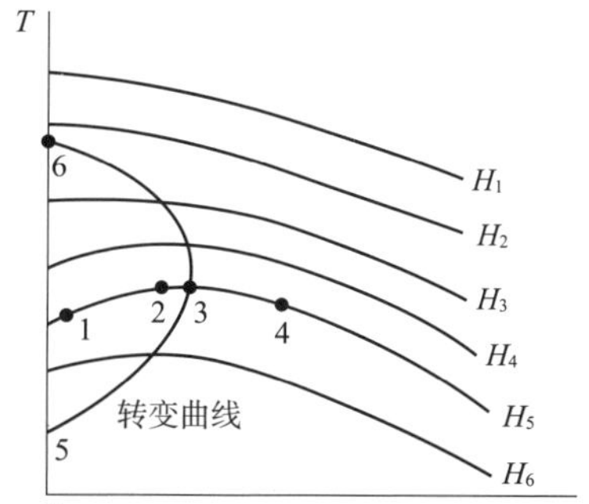

图2－4 节流实验等焓曲线簇

由图2－4可以看出，在 $\mu_{JT}=0$ 的点对应于等焓曲线的最大值，称为转变点(例如点3)，转变点所对应的温度和压力称为转变温度和转变压力。所有转换点的轨迹称为转变曲线。在转变曲线以内的区域($\mu_{JT}>0$，例如点 1 和点 2)，温度随着压力降低而降低，称为节流正效应。在转换曲线以外的区域($\mu_{JT}<0$，例如点 4)，温度随着随压力降低反而升高，即节流负热效应。转变曲线与温度坐标轴交点(点 5 和点 6)的温度称为最大转变温度。当节流前气体温度超过最大转变温度时，冷却是不可能的。几种常见气体的转变曲线见图 2－5。

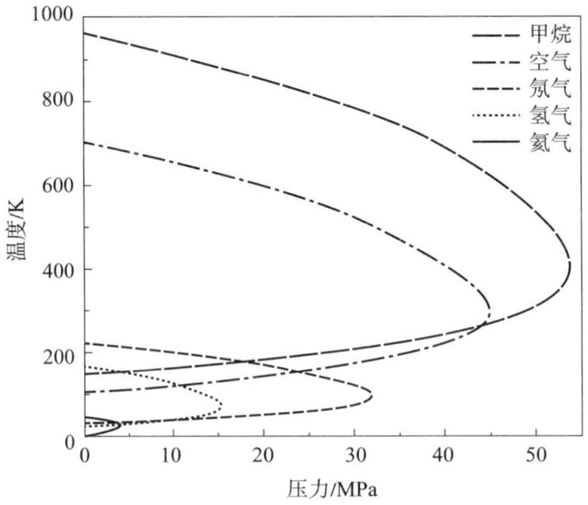

图 2－5 节流转变曲线

如图 2－6(a)所示，由于甲烷最大转变温度远大于常温，甲烷在低压(低于 48MPa)下节流后温度降低，在高压(高于 54MPa)下节流后温度升高，存在节流效应转变压力使得节流后温度不变，对于甲烷来说该拐点基本在 48～54MPa 范围内，因此管输条件下(一般不超过 14MPa)以甲烷为主要成分的天然气节流后压降温降。但由于氢气的最大转变温度 195K 远低于常温，如图 2－6(b)所示，氢气节流后温升，在 0～180MPa 内均为节流负效应，不存在节流效应转变压力。

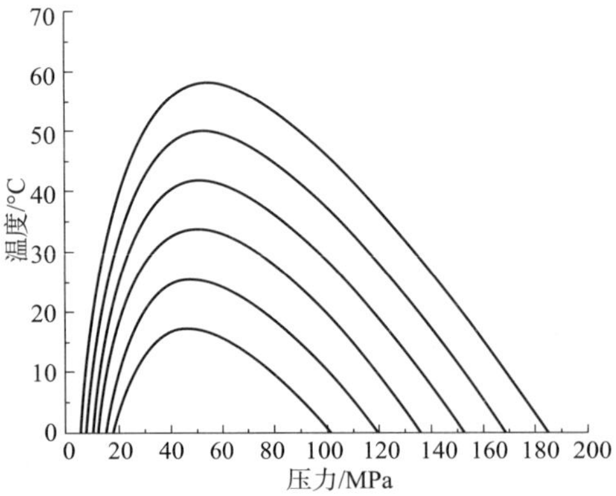

(a) 甲烷

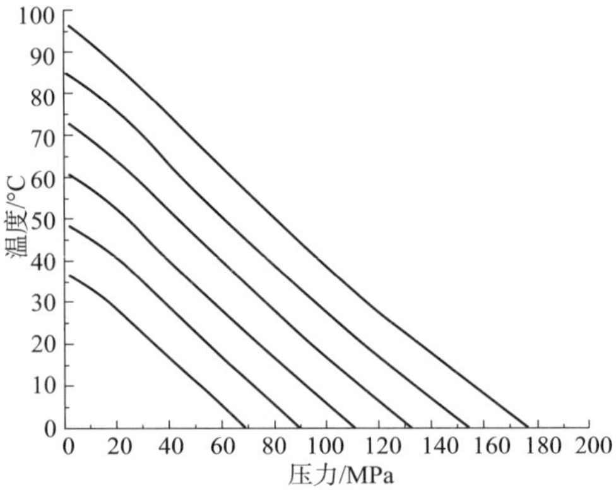

(b) 氢气

图 2－6 甲烷与氢气节流后温度随压力变化对比

2.6.2 节流效应系数的计算

根据热力学基本关系，可以推导得到节流效应系数的计算公式：

$$\mu_{JT}=\frac{1}{c_p}\left[\frac{T\left(\frac{\partial p}{\partial T}\right)_\rho}{\rho^2\left(\frac{\partial p}{\partial \rho}\right)_T}-\frac{1}{\rho}\right] \tag{2-81}$$

$$或\mu_{JT}=\frac{1}{c_p}\left[T\left(\frac{\partial v_m}{\partial T}\right)_p-v_m\right] \tag{2-82}$$

式中，μ_{JT} 为节流效应系数，K/Pa；c_p 为比定压热容，J/(kg · K)；p 为压力，Pa；T 为温度，K；ρ 为密度，kg/m^3；v_m 为比容，m^3/kg。

式(2-81)和式(2-82)中偏导数 $\left(\frac{\partial p}{\partial T}\right)_\rho$、$\left(\frac{\partial p}{\partial \rho}\right)_T$ 和 $\left(\frac{\partial v_m}{\partial T}\right)_p$ 的表达式可根据采用的状态方程推导得到，RK、SRK、PR、BWRS 状态方程对应的偏导数表达式见表 2-20。

表 2-20 采用状态方程计算节流效应系数的公式

状态方程	节流效应系数计算公式
RK	$\left(\frac{\partial v_m}{\partial T}\right)_p=\frac{R}{v_m-b}\left[\frac{RT}{(v_m-b)^2}-\frac{2a(v_m+b)}{(v_m{}^2+2bv_m-b^2)}\right]^{-1}$
SRK	$\left(\frac{\partial v_m}{\partial T}\right)_p=\frac{R}{v_m-b}\left[\frac{RT}{(v_m-b)^2}-\frac{a(2v_m+b)}{v_m{}^2(v_m+b)^2}\right]^{-1}$
PR	$\left(\frac{\partial v_m}{\partial T}\right)_p=\left[\frac{a}{T^{1.5}v_m(v_m+b)}+\frac{R}{v_m-b}\right]\left[\frac{RT}{(v_m-b)^2}-\frac{a(2v_m+b)}{T^{0.5}v_m{}^2(v_m+b)^2}\right]^{-1}$
BWRS	$\left(\frac{\partial p}{\partial T}\right)_\rho=\rho R+\left(B_0R+\frac{2C_0}{T^3}-\frac{3D_0}{T^4}+\frac{4E_0}{T^5}\right)\rho^2+\left(bR+\frac{d}{T^2}\right)\rho^3-\frac{\alpha d}{T^2}\rho^6-\frac{2c\rho^3}{T^3}(1+\gamma\rho^2)\mathrm{e}^{-\gamma\rho^2}$ $\left(\frac{\partial p}{\partial \rho}\right)_T=RT+2\left(B_0RT-A_0-\frac{C_0}{T^2}+\frac{D_0}{T^3}-\frac{E}{T^4}\right)\rho+3\left(bRT-a-\frac{d}{T}\right)\rho^2+6\alpha\left(a+\frac{d}{T}\right)\rho^3+\frac{3c\rho^2}{T^2}\left(1+\gamma\rho^2-\frac{2}{3}\gamma^2\rho^4\right)\mathrm{e}^{-\gamma\rho^2}$

对于纯氢气，可以直接采用式(2-81)或式(2-82)计算其节流效应系数。对于掺氢天然气混合气体节流效应系数的计算，式(2-81)或式(2-82)中的参数应为掺氢天然气混合气体的参数。

除了采用气体状态方程法计算节流效应系数，工程实际中还常采用压-焓图法、经验公式法等得到节流效应系数，但不同方法的适用范围和局限性不同，本书不再详细介绍。

2.6.3 掺氢对天然气节流效应系数的影响

天然气掺氢后，对节流效应有较大影响。在相同的压力和温度下，随着掺氢比的增加，掺氢天然气混合物的节流效应系数逐渐减小。对于掺氢天然气管道输送而言，掺氢对节流效应系数产生的影响是有利的，掺入氢气后，可以降低天然气输送管道阀门处发生水合物冰堵的风险。但这种影响对于液化天然气行业是不利的，在相同的压降下，由于氢气的掺入，掺氢天然气温降幅度比未掺氢天然气降低。

如图2－7所示，当氢气浓度低于80%时，掺氢天然气节流后温度变化规律与纯天然气类似。随着天然气掺氢浓度的升高，节流正负效益拐点逐渐左移，节流效应转变压力降低(图2－8)，直至气体只表现为节流负效应，且该值与压力温度相关。图2－9所示为纯氢与掺氢天然气节流效应转化曲线，向天然气中掺混氢气，混合气体节流效应转化曲线逐渐向左下方移动，节流效应转变温度随氢气含量增加而降低，且相较转变压力，转变温度受到掺氢的影响更为明显。在氢气浓度超过某一值后，混合气体最大转变温度低于常温，无论节流前压力如何变化，均位于节流负效应区。

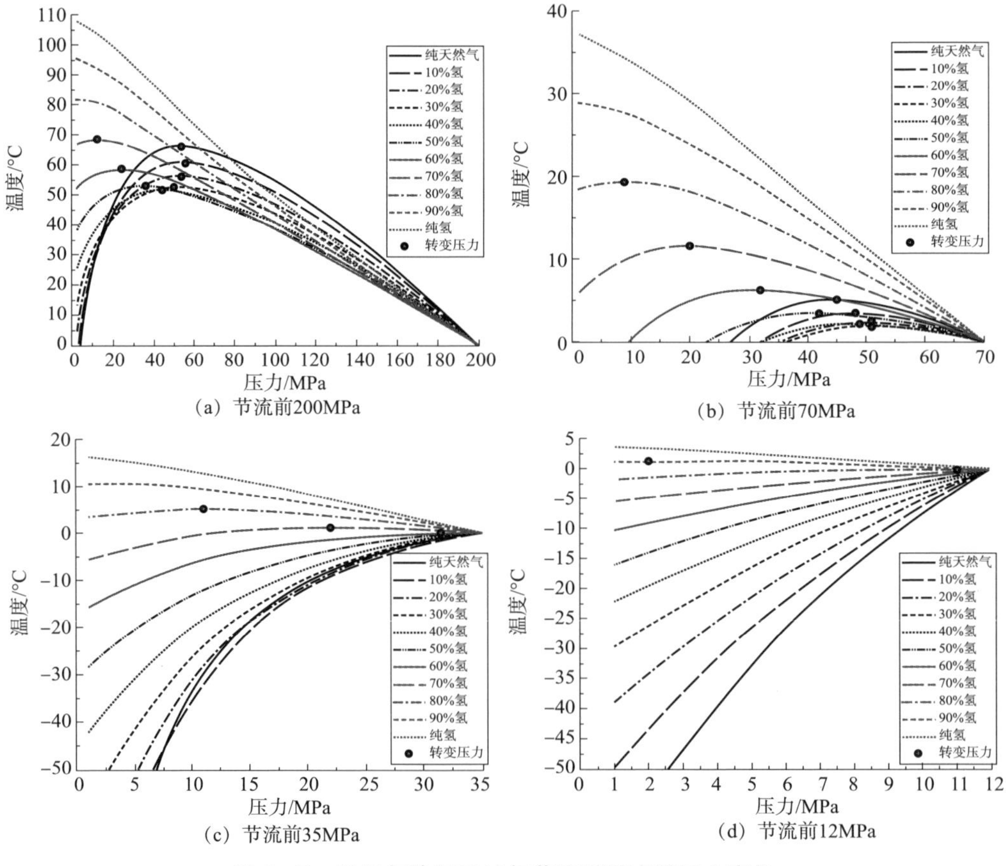

(a) 节流前200MPa
(b) 节流前70MPa
(c) 节流前35MPa
(d) 节流前12MPa

图2－7 纯氢与掺氢天然气节流后温度随压力变化

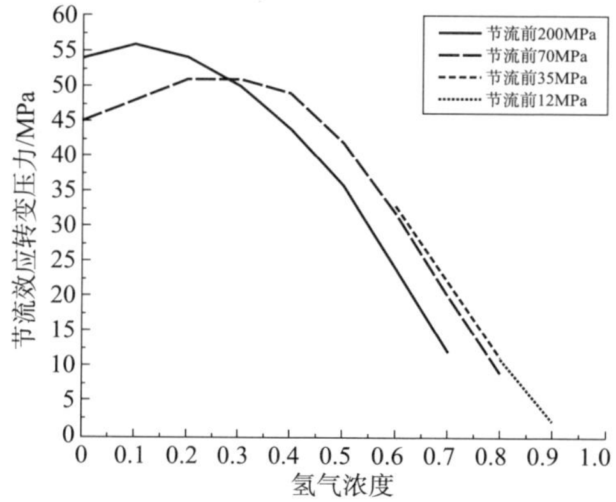

图2-8 掺氢天然气节流效应转变压力

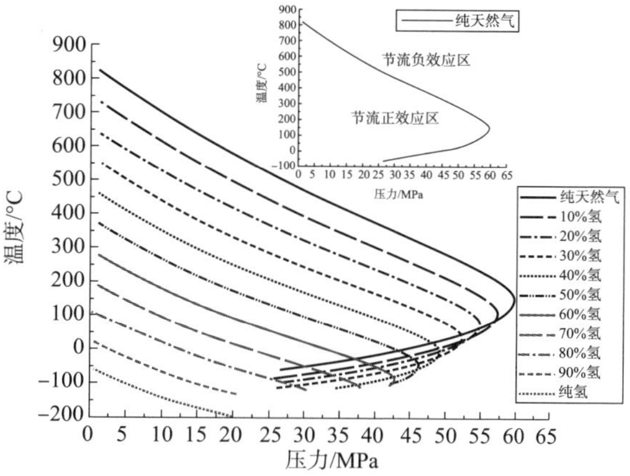

图2-9 掺氢天然气节流效应转化曲线

当氢气浓度不超过30%时，掺氢天然气节流效应最大转变压力均在52～60MPa范围内，掺氢对其影响较小。但以节流前70MPa、60℃为例，氢气浓度为40%、50%、60%、70%时节流效应转变压力降低至43MPa、33MPa、22MPa、12MPa。中高掺氢浓度时，与纯天然气相比，节流效应转变压力表现出较为明显的变化。由于地面长输天然气管线的设计压力一般不超过12MPa，当天然气管道掺氢浓度低于80%时，节流前压力低于节流效应转变压力，管输气体节流后产生温降。但随着混合气中氢气浓度的增加，节流温降趋势逐渐减小直至降低为0，当氢气浓度继续增加时，以氢气为主的混合气体节流后温度升高。因此对掺氢天然气来说，当节流前压力与温度固定时，其存在一节流效应转变氢气浓度使得节流压降后温度既不升高也不降低，即节流效应系数为0。

与节流效应转变压力相同的是，节流效应转变氢气浓度也受到节流前压力与温度的影响。考虑现国内外加氢站向车载储气瓶充气过程的节流温升问题，选取常见压力35MPa与70MPa作为节流前压力，同时考虑地面长输天然气管网的多级减压过程，选取其设计最高压力12MPa，温度-10～60℃状态进行掺氢天然气节流效应转变氢气浓度分析。如表2-21所示，对于掺氢天然气而言，当节流前压力与温度降低时，节流效应转变氢气浓度会一定程度上地增加。当氢气含量低于节流效应转变氢气浓度时，节流前压力变化时掺氢天然气可表现为节流正效应或负效应，可能存在节流效应转变压力；但当氢气含量超过转变氢气浓度时，掺氢天然气则只表现为节流负效应，且不存在节流效应转变压力。

表2-21 压力12～200MPa、温度-10～60℃掺氢天然气节流效应转变氢气浓度

压力/MPa	温度/℃	节流效应转变氢气浓度/%
12	-5	92
	0	92
	40	87
35	-5	91
	0	90
	45	85

续表

压力/MPa	温度/℃	节流效应转变氢气浓度/%
70	-5	89
	0	88
	60	81
200	-10	81
	-5	81
	0	80

表2-22所示为某一天然气混合物组分构成和摩尔分数，采用BWRS状态方程计算不同温度和压力条件下不同掺氢比的掺氢天然气混合气体的节流效应系数，见图2-10。

表2-22 某天然气组分和摩尔分数

组分	CH_4	C_2H_6	C_3H_8	$i-C_4$	$n-C_4$	$i-C_5$	$n-C_5$	$n-C_6$	$n-C_7$	$n-C_8$	N_2	CO_2
摩尔分数/%	92.45	3.64	1.37	0.16	0.13	0.20	0.05	0.05	0.09	0.02	1.30	0.54

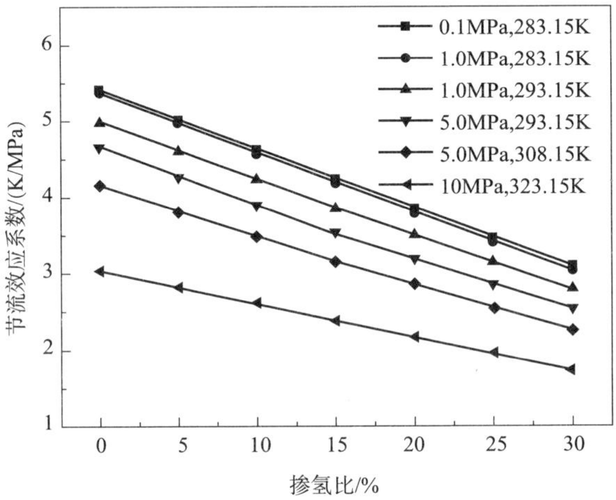

图2-10 BWRS状态方程计算不同掺氢比的掺氢天然气节流效应系数

为方便工程计算，表2-23～表2-25所示为不同掺氢比的氢气-甲烷混合气体在不同温度和压力下的节流效应系数。

表2-23 275K下氢气-甲烷混合气体的节流效应系数 K/MPa

压力/MPa	掺氢比(摩尔分数)					
	5%	10%	15%	20%	25%	30%
0.5	4.76	4.38	4.00	3.64	3.28	2.95
1.0	4.74	4.35	3.97	3.60	3.25	2.91
2.0	4.69	4.28	3.89	3.52	3.16	2.82
3.0	4.61	4.20	3.80	3.42	3.06	2.72

续表

压力/MPa	掺氢比(摩尔分数)					
	5%	10%	15%	20%	25%	30%
5.0	4.39	3.96	3.57	3.19	2.84	2.50
7.5	3.96	3.56	3.19	2.84	2.51	2.20
10.0	3.39	3.06	2.75	2.45	2.16	1.89
12.5	2.78	2.54	2.30	2.06	1.82	1.59
15.0	2.23	2.07	1.89	1.71	1.52	1.33
17.5	1.78	1.68	1.55	1.41	1.25	1.10
20.0	1.43	1.36	1.27	1.16	1.03	0.91

表2-24 300K下氢气-甲烷混合气体的节流效应系数 K/MPa

压力/MPa	掺氢比(摩尔分数)					
	5%	10%	15%	20%	25%	30%
0.5	3.97	3.64	3.33	3.02	2.73	2.44
1.0	3.95	3.62	3.30	2.99	2.69	2.40
2.0	3.89	3.55	3.23	2.91	2.61	2.33
3.0	3.82	3.48	3.15	2.83	2.53	2.24
5.0	3.63	3.28	2.95	2.64	2.34	2.06
7.5	3.31	2.98	2.66	2.37	2.09	1.82
10.0	2.92	2.62	2.34	2.07	1.82	1.58
12.5	2.50	2.25	2.01	1.78	1.56	1.34
15.0	2.09	1.90	1.70	1.51	1.32	1.13
17.5	1.74	1.59	1.43	1.27	1.11	0.95
20.0	1.44	1.32	1.19	1.06	0.93	0.80

表2-25 350K下氢气-甲烷混合气体的节流效应系数 K/MPa

压力/MPa	掺氢比(摩尔分数)					
	5%	10%	15%	20%	25%	30%
0.5	2.84	2.60	2.37	2.14	1.92	1.71
1.0	2.81	2.57	2.34	2.11	1.89	1.68
2.0	2.76	2.52	2.28	2.05	1.83	1.62
3.0	2.70	2.45	2.22	1.99	1.77	1.55
5.0	2.56	2.31	2.07	1.85	1.63	1.42
7.5	2.35	2.11	1.88	1.66	1.50	1.25
10.0	2.11	1.89	1.67	1.46	1.27	1.08

续表

压力/MPa	掺氢比(摩尔分数)					
	5%	10%	15%	20%	25%	30%
12.5	1.87	1.66	1.47	1.28	1.10	0.93
15.0	1.63	1.45	1.27	1.10	0.94	0.78
17.5	1.41	1.25	1.09	0.95	0.80	0.66
20.0	1.21	1.07	0.94	0.81	0.68	0.55

习题

1. 正氢和仲氢之间的异同点有哪些？

2. 氢气的主要物理性质和化学性质有哪些？

3. 气体的标准状态有哪些？

4. 什么是掺氢比？

5. 什么是掺氢天然气的虚拟临界参数？

6. 气体压缩因子的物理意义是什么？

7. 掺氢对天然气爆炸极限有何影响？

8. 根据理想气体状态方程，推导组分 i 的质量分数和摩尔分数之间的关系，并给出详细推导过程。

9. 推导以压缩因子为变量的 PR 状态方程的立方型表达式。

10. 根据热力学稳定判据，推导 RK、SRK、PR 状态方程中参数 a、b 的表达式。

11. 编程求解以压缩因子为待求变量的 RK、SRK、PR 状态方程。

12. 根据热力学关系，推导采用 RK、SRK、PR、BWRS 状态方程计算掺氢天然气焓和熵的计算公式。

13. 根据热力学关系，推导采用 RK、SRK、PR、BWRS 状态方程计算掺氢天然气节流效应系数的计算公式。

14. 比较不同状态方程对掺氢天然气管输工艺计算的适应性。

15. 已知某掺氢天然气管道内气体平均压力为 4MPa，温度为 10℃，气体组成的体积分数为：甲烷 85.26%，氢气 10%，乙烷 2.747%，丙烷 0.563%，氮气 1.28%，水 0.15%。试求：

(1)掺氢天然气的平均相对分子质量；

(2)掺氢天然气的视临界温度和视临界压力；

(3)标准状态下掺氢天然气的密度和相对密度；

(4)管输条件下掺氢天然气的压缩因子、黏度、比定压热容和节流效应系数。

16. 编写 AGA8－92DC 计算压缩因子的程序，并将计算结果与题表 1 所示气体组成的 GERG－2008 压缩因子计算结果题表 2 进行对比。

题表 1　以摩尔分数表示的气体组成　　%

气体组成	气体 1	气体 2	气体 3	气体 4	气体 5	气体 6
CH_4	92.45	87.83	83.21	78.58	73.96	69.34
C_2H_6	3.64	3.46	3.28	3.09	2.91	2.73
C_3H_8	1.37	1.30	1.23	1.16	1.10	1.03
$i-C_4$	0.16	0.15	0.14	0.14	0.13	0.12
$n-C_4$	0.13	0.12	0.12	0.11	0.10	0.10
$i-C_5$	0.20	0.19	0.18	0.17	0.16	0.15
$n-C_5$	0.05	0.05	0.05	0.04	0.04	0.04
$n-C_6$	0.05	0.05	0.05	0.04	0.04	0.04
$n-C_7$	0.09	0.09	0.08	0.08	0.07	0.07
$n-C_8$	0.02	0.02	0.02	0.02	0.02	0.02
N_2	1.30	1.24	1.17	1.11	1.04	0.98
CO_2	0.54	0.51	0.49	0.46	0.43	0.41
H_2	0.00	5.00	10.00	15.00	20.00	25.00

题表 2　GERG－2008 压缩因子计算结果

温度/℃	压力/MPa	气体 1	气体 2	气体 3	气体 4	气体 5	气体 6
10.00	0.10	0.99755	0.99781	0.99807	0.99831	0.99854	0.99876
10.00	1.00	0.97545	0.97816	0.98075	0.98323	0.98555	0.98772
20.00	1.00	0.97829	0.98074	0.98308	0.98532	0.98742	0.98938
20.00	5.00	0.89363	0.90677	0.91907	0.93067	0.94138	0.95123
35.00	5.00	0.91280	0.92384	0.93422	0.94407	0.95320	0.96162

第 3 章　氢气的车船输送

从制氢车间完成制氢后，需要将氢输送、转运到加氢站、化工厂、分布式发电站等用氢场所。按照输运氢时氢所处状态的不同，可以分为气氢输送、液氢输送、有机液氢输送和固态氢输送 4 种，本章对上述 4 种输氢方式及其工艺流程进行介绍。

3.1　气态氢的拖车输送

采用长管拖车以气态形式输送高压氢气是现阶段最成熟、使用最广泛的一种氢气输送方式，适合输送距离较短、用户比较分散的场景。如图 3－1 所示，气态氢的长管拖车输送流程为：将氢气压缩至高压储氢瓶中，然后利用长管拖车通过公路运输到加氢站，到站后装有氢气的高压储氢瓶与车头分离，通过卸气柱，将高压管束内的氢气卸入加氢站不同压力级别的储氢罐中进行分级储存。

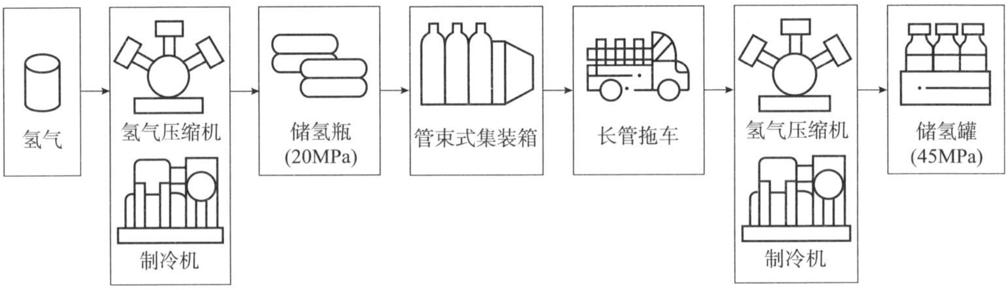

图 3－1　气态氢的长管拖车输送工艺流程示意

3.1.1　氢气的压缩与储氢容器

长管拖车输送的高压氢气一般采用氢气压缩机对氢气进行压缩得到。氢气压缩机有往复式、隔膜式、离心式、回转式、螺杆式等多种类型。选取氢气压缩机时应综合考虑氢气的流量、吸气及排气压力等参数。

氢气的压缩方式主要有两种：一是直接用压缩机将氢气压缩至储氢容器所需的压力后存储在储氢容器中；二是先将氢气压缩至较低的压力存储起来，需加注时，先引入一部分气体充压，然后启动氢气压缩机进行增压，使储氢容器达到所需的压力。

采用长管拖车运输氢气时，高压氢气通常存储在圆柱形高压储气罐或储气瓶内，这类高压容器的结构细长且壁厚，表 3－1 所示为一般氢气管束式集装箱的参数。在运输、装卸过程中难以避免产生振动、冲击等现象，为了保护储氢容器的功能和形态，一般需要做防振设计和防撞击设计。

表 3－1　一般氢气管束式集装箱参数

项目	数据	项目	数据
公称工作压力/MPa	20	钢瓶规格(外径×长度)/mm	559×10975
环境工作温度/℃	－40～60	单瓶公称容积/m^3	2.25
钢设计厚度/mm	16.5	钢瓶数量/只	10
瓶体材料	4130	集装管束公称容积/m^3	22.5
水压试验/MPa	33.4	充装介质	氢气
气密性试验压力/MPa	20	充装氢气体积/m^3	3965(20MPa、20℃)

3.1.2　氢气长管拖车

(1)长管拖车类型

氢气长管拖车是短距离运送高压气态氢的重要交通工具，主要分为集装管束(框架)式长管拖车和捆绑式长管拖车，如图 3－2 所示。其中，集装管束式长管拖车在国内最为常见。与集装管束式长管拖车相比，捆绑式长管拖车的钢瓶组被直接固定于半挂车底盘上，在一定程度上降低了长管拖车的装载重量，使得整车更加轻量化，提高了运输效率。因此，对于相同重量的长管拖车，捆绑式运输量更大、效率更高、成本更低。但捆绑式长管拖车只能在公路上运输，对公路要求较高，而集装管束式长管拖车因其更为灵活的结构特性，可方便实现不同运输方式之间的灵活结合。

(a)集装管束式长管拖车

(b)捆绑式长管拖车

图 3－2　长管拖车分类

(2)长管拖车主体结构

氢气长管拖车的主体结构包括动力车头、整车拖盘和储氢管束三个部分。动力车头提供动力，储氢管束安装在整车托盘上并提供氢气存储空间，一般由 6～10 个压力为 20MPa、长约 10m 的大容积无缝高压钢瓶通过瓶身两端的支撑板固定在框架中构成，气瓶排列如图 3－3 所示。两端瓶口内螺纹分别与前后端塞旋紧，并在端塞上连接管件，通过配管和阀门将这些钢瓶联通在一起，可充装 3500～4500Nm^3 氢气。长管拖车在到达加氢站后车头和储氢管束可分离。表 3－2 所示为两种不同型号的集装管束式长管拖车的参数。

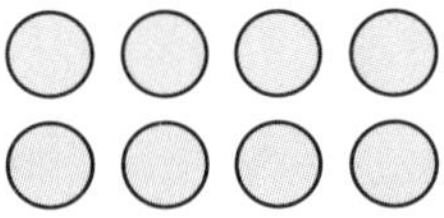

(a)八瓶车

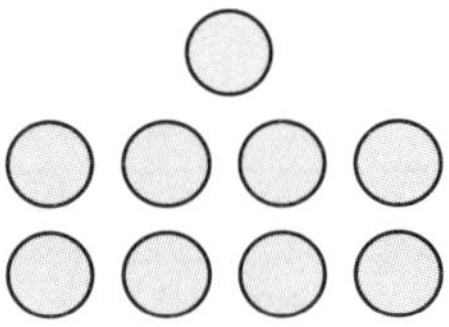

(b)九瓶车

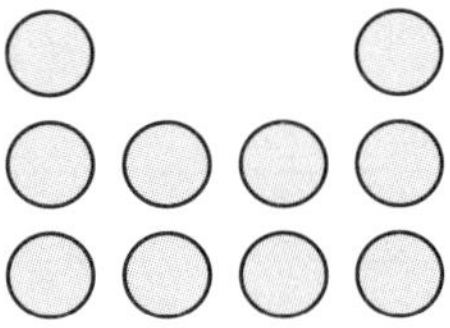

(c)十瓶车

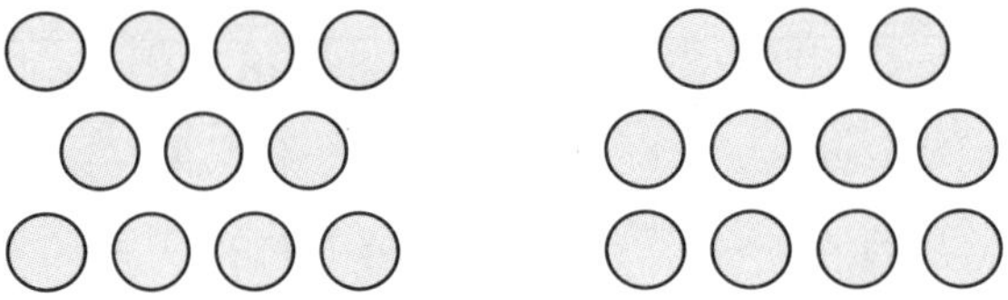

(d)十一瓶车

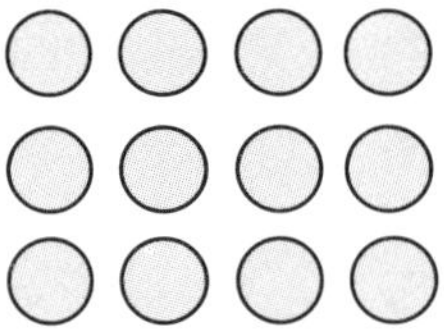

(e)十二瓶车

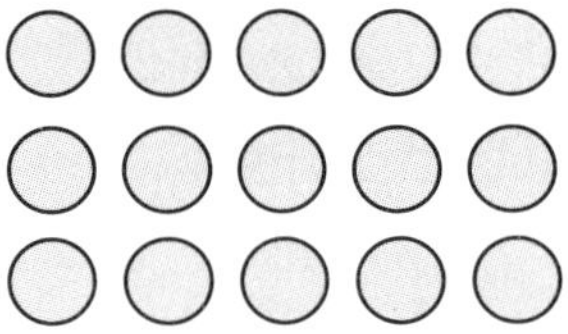

(f)十五瓶车

图 3-3　长管拖车气瓶排列示意

表 3-2　集装管束式长管拖车参数

产品型号	型号 1	型号 2
储气瓶数量/个	7	6
储气瓶水容积/m^3	26.88	26.88
箱体质量/kg	34505	31170
充装质量/kg	398	356
额定质量/kg	34900	31526
充气量/Nm^3	4767	4264
外形尺寸/mm	12192 × 2438 × 2275	12192 × 2438 × 1730
设计使用寿命/a	20	20

在长管拖车的前端配置有安全仓，后端配有操作仓，如图 3-4 所示。前端安全仓装配有安全泄放装置，后端操作仓不仅装配有安全泄放装置，还装配有阀门、管路和安全附件。其中，安全泄放装置由放空管和爆破片构成，阀门包括球阀和针型阀，管路包括充卸气总管路和排污管路，安全附件包括温度计、压力表、导静电装置、安全联锁装置等。

(a)前端安全仓

(b)后端操作仓

图 3-4　长管拖车前、后仓示意

氢气长管拖车运输技术成熟，规范较完善，加氢站用的氢气目前多采用此类方式运输。但由于常规的高压储氢管束本身很重，而氢气密度又很小，所以装运的氢气质量只占总运输质量的1% ~2%，适用于将制氢厂的氢气运输给距离不太远而同时用氢量不大的用户。在满足安全性的前提下，未来可以通过材料和结构的改进来提高管束的储氢压力以增大储氢密度。

3.1.3 长管拖车定期检验

作为一种移动式压力容器，长管拖车往往行驶于人口密集的城市公路，一旦发生事故将对事故区域的人民生命和财产安全构成严重威胁和损害。因此，对在役长管拖车须按照相应法规进行定期检验，排除安全隐患。

氢气长管拖车的定期检验主要包括气瓶、连接管路、安全附件与固定装置(框架或绑带)的检验，具体检验项目及方法如下。

(1)定期检验法规与标准

国内外气瓶定期检验的直接依据为各国的气瓶定期检验专项标准，如表3－3所示。

表3－3 国内外气瓶定期检验主要标准

国家或机构	标准名称
中国	TSG R7001—2013《压力容器定期检验规则》
美国	《美国联邦规章》第49篇《运输》第178.34节
欧盟	EN1968：2002《钢制无缝气瓶的定期检验与试验》

(2)定期检验项目

1)气瓶检验。气瓶检验是长管拖车定期检验的核心部分，可依据是否拆卸气瓶将气瓶检验分为拆卸检验和不拆卸检验。检验项目主要包括宏观检查、全自动超声检测、壁厚测定、磁粉检测、渗透检测、水压试验、声发射检测等。对定期检验过程中所发现的缺陷，需根据具体情况进行安全状况评定并给出检验结论。在气瓶检验时，瓶口外螺纹磨损严重的现象非常普遍，形成了安全隐患。首先，外螺纹磨损可能造成气瓶防转动结构失效，在惯性载荷作用下引起瓶体的环向转动，导致前后仓阀门及管路连接部位松动。其次，外螺纹磨损将使依靠螺纹啮合而支撑气瓶的两端约束结构松动，在长管拖车行驶过程中瓶体前后窜动距离增大，引起长管拖车整体运行不稳定并产生漏气。因此，气瓶外螺纹磨损需要定期检验来排查和修复。

2)管路检验。长管拖车管路系统是连接气瓶组与外部气源或用气终端的通路，同时还可以具有流量、温度、压力的显示和调节功能。管路系统不仅要承受内压载荷，还要承受充卸气过程中气流的冲刷、气流脉动引起的振动、气流温度变化引起的热应力以及管路变形引起的挠性力等。管路既要具有足够的强度、稳定性、耐久性，也需要具有足够的韧性。由于管路的压力高、接头多，容易发生泄漏，必须保证管路具有良好的密封性能。管路的检验项目主要包括宏观检查、表面无损检测、阀门密封试验、整体水压试验。

3)安全附件检验。长管拖车安全附件检验主要包括对安全阀、压力表、易熔塞、爆破片及导静电装置等进行检验。

4）固定装置检验。对气瓶的固定装置主要通过目视法进行检验。对于框架式长管拖车，须检查框架有无裂纹、显著变形或其他损坏，框架与车辆部分的连接装置是否完好。对于捆绑式长管拖车，须检查捆绑带是否有损伤、腐蚀，斜拉杆紧固连接螺栓是否腐蚀、松动、弯曲变形。

3.1.4 长管拖车安全使用与维护

除定期检验外，对长管拖车进行日常管理与维护也是保障其安全运行的重要途径。因此，需明确影响长管拖车气瓶安全使用的因素与维护重点。

（1）影响安全运行的因素

1）充装介质：氢气气源质量参差不齐，需注意控制气体中硫化氢与水的含量；

2）充装、卸气过程；

3）环境：沿海区域、雨量充沛地区气瓶腐蚀情况严重，路况较差区域易造成气瓶转动和气瓶两端瓶口螺纹磨损；

4）维护与保养不及时；

5）修理、改造；

6）爆破片提前爆破。

（2）安全使用维护重点

1）气瓶外观检查与维护。重点检查瓶体外表面是否存在裂纹、腐蚀、油漆剥落和变形情况。对于沿海或潮湿区域，应加强对气瓶表面漆层的检查，发现漆层剥落时及时补漆。两端瓶口是否松动、瓶体是否有转动，定期对螺纹连接面进行肥皂水气密性检查，及时修补脱落的油漆、标示、销钉或螺钉，并经常拧紧各处紧固螺栓。

2）安全附件与附件检查。安全附件是否失准或超期，静电接地带是否有效接地，放空管路是否腐蚀、变形、损伤，防水帽是否破损或丢失，爆破片上方是否积水、结冰，管路与阀门是否有变形和裂纹。

3）安全运行。长管拖车应平稳行驶，忌超速、急停或急转；不得将长管拖车置于热源附近，夏季严禁暴晒；加、卸气作业前注意释放行驶时产生的静电；不得超压充气；每月至少一次排污，对充装含水量较多气源的气瓶，建议每半月一次排污处理。

4）维修与改造。长管拖车的用途、结构方式有变化时，应提出改造申请，由有资质的单位依据相关法规与标准实行改造。不允许在瓶体上焊接作业。未经授权或许可时，不得擅自更改长管拖车气瓶的瓶体钢印和颜色标记。气瓶安装时重心向下，以减小瓶口与法兰螺纹连接处发生转动的可能。

3.1.5 高压氢气充装站工艺设计

（1）氢气充装选址要求

氢气为易燃易爆气体，在选址时最好将氢气充装布置在常年最小频率风向的下风侧，并应远离有明火或火花的位置。不得布置在人员密集地段和主要交通要道。氢气压缩机厂房宜独立布置，严禁与其他建筑物混建。所建装置最好设置不燃烧的实体围墙，其高度不应低于2.5m。

（2）氢气压缩机的选型要求

压缩机的选择需考虑气体种类、容积排量、吸气及排气压力、安全性等。对于高压（20MPa及以上）的氢气，只能采用隔膜式和活塞式压缩机。活塞式氢气压缩机的技术优点是效率高，机组控制系统相对简单，气量调节时排气压力几乎不变，可靠性高。隔膜式压缩机具有压缩比大、压力范围广、密封性好的特点，由于气腔不需要任何润滑，可保证压缩气体的纯度，适合高纯度气体的压缩、输送和罐装。

（3）工艺管道设计

1）管道连接。由于氢气易泄漏，因此氢气管道采用焊接方式连接。压力大于2.5MPa的法兰宜采用凸凹或梯形槽结构，压力小于10MPa的垫片宜采用聚四氟乙烯或金属缠绕式，压力大于10MPa的垫片宜采用硬钢纸板或退火紫铜板。

2）管道流速。氢气在管道内流动时，当流速大时与管壁摩擦增强，特别是管道内含有铁锈杂质时，可形成静电火花，容易发生爆炸。因此氢气管道流速一般控制在8～15m/s。

3）氢气充装系统安全要求。在氢气管道上应设置超压泄放用安全阀。为了平衡氢气压缩机入口压力，防止喘振发生，应设置氢气回流阀。氢气系统应设置氮气吹扫放空阀，系统停车排氮放空管应接至室外安全处。设置气瓶内余气及含氧量测试仪表。所装的长管拖车与接管之间应加设拉断阀，防止长管拖车事故滑动时拉坏管道阀门。另外，若氢气中水含量较高，对隔膜式压缩机的膜片会产生一定影响，宜在压缩机入口前增加水除雾器和干燥器，防止因氢气含水过多导致长管拖车汇流排放阀门在冬季冻裂。

（4）氢气长管拖车充装、运输及卸车工艺

1）氢气长管拖车充装典型工艺如图3－5所示，具体的充装操作过程如下。

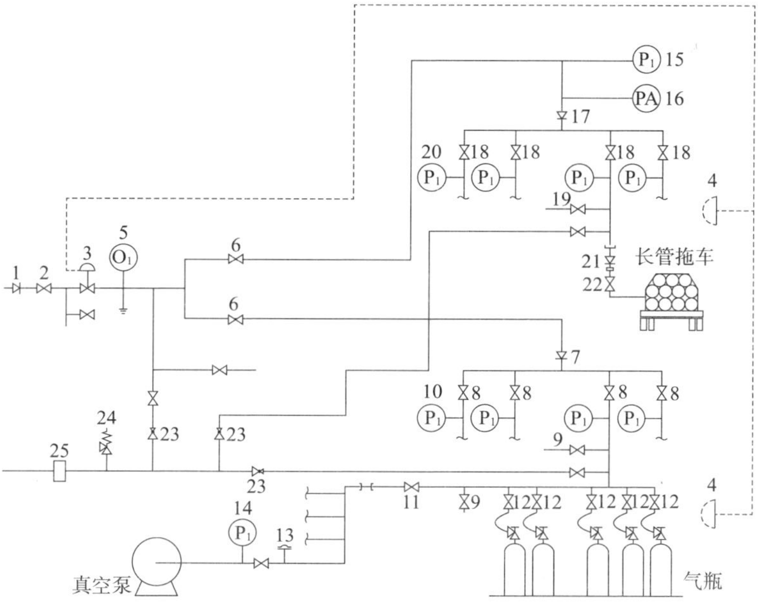

图3－5 氢气长管拖车充装典型工艺示意

1，7，17，21—逆止阀；2—主截止阀；3—遥控切断阀；4—紧急停止按钮；5—氧分析仪；6，8，11，12，18，22—截止阀；10，15，20—压力表；16—压力报警；9，19—排放/置换阀；13，24—安全阀；14—真空表；23—压力调节阀；25—分析仪器充装作业前应检查确认氢气长管拖车符合以下要求：①使用氢气检漏仪对气瓶、管路、阀门、安全装置等各螺纹、焊接连接处检漏，无泄漏；②车体或箱体外观完好，无明显变形破损；③非首次充装的加氢站用氢气长管拖车气瓶压力宜不低于2MPa，其他氢气长管拖车气瓶压力不低于0.5MPa；④阀门处于关闭状态，压力表、爆破片等附件完好并在有效期内；⑤随车配备应急器材、防护用品及专用工具、备品备件齐全且符合要求。

充装作业前应落实以下安全保障措施：①支腿按要求就位稳固，保证氢气长管拖车驻车处于良好稳定状态；②停车制动装置处于制动状态；③作业区设置防拖拽警示牌与作业警示牌；④装卸软管连接前有效连接静电接地线；⑤作业前稳固连接装卸软管的防拉断装置。

充装作业前应检查确认装卸软管安全状况，软管接头应无变形、丝牙应无破损，软管处于有效检验期内。新制造或者改造、维修、检验检测后的首次充装氢气前，长管拖车气瓶应完成置换。置换后达到合格要求。

充装中应确保压力、温度变化处于正常范围，并应符合以下要求。①应控制充装速度，气瓶瓶体温度一般不应高于60℃；②各气瓶应按照操作顺序逐支充装，不得出现长管拖车各分瓶通过主汇流管路均压的情况；③严格控制储氢气瓶充装量，充分考虑充装温度对充装压力的影响，20℃时气瓶压力不得超过气瓶公称工作压力。

充装后应采用便携式氢气探测仪进行泄漏检测。启动车辆前，应确认符合以下要求，否则不得移走防拖拽警示牌及作业警示牌。①卸下装卸软管之前，氢气长管拖车氢气主控阀、分瓶阀已关闭；②氢气长管拖车与半挂牵引车连接前，装卸软管已断开；③牵引销与牵引座连接良好，支腿已收起；④防静电接地连接已解除；⑤停车制动装置处于开启状态。

2）氢气长管拖车的运输。

应按规定踏勘运输线路，做好运输方案、风险评估报告。高风险路段应至少每年进行1次风险评估，其他路段每3年进行1次风险评估。运输线路应避开闹市区和人口稠密区。运输前、后应检查确认氢气长管拖车及相关设备处于良好状态。运输前后及停车时，应检查车辆安全状况，确认主控阀、分瓶阀、气动切断阀处于关闭状态，氢气长管拖车气瓶压力正常，管路连接牢固无变形泄漏。

运输中应严格控制行车速度，恶劣或极端天气应按有关规定执行，充装站、加氢站站内限速应为5km/h，高速公路上行驶速度不得超过80km/h，其他道路上行驶速度不得超过60km/h。车辆行驶速度不得高于限速标志、标线标明的速度。

遵守国家和行业主管部门有关道路运输和危化品运输的有关规定定点停车，不得在人员密集地区、政府办公地点、学校及幼儿园、商超等地停车。定点停车时应选择专用停车场或具有严格管控停放车辆和人员进出、严格执行防火有关规定有专人负责24h巡逻监控的停车场，停车场应保持道路畅通，且符合消防通道的相关要求，不得堆放杂物、废弃物，以及其他影响通行的阻碍物。停车场应场地平整、排水畅通、通风良好、远离火源至少50m、防潮湿、消防安全符合要求、停车安全监管处于可靠状态及周边环境友好。停车启动前应检查氢气长管拖车符合有关安全要求。如果运输中需要临时停车，应确保安全，不得停在山体滑坡危险、交通事故频发、坡度超过10%、距离火源小于50m的地带，驾驶人员、押运人员至少应留1人值守、设置警戒带，采取防止溜车、碰撞、倾覆等安全防护措施。车辆重新启动前应检查氢气长管拖车符合有关安全要求，雷雨天气、能见度小于5m的大雾天气不得沿路边临时停靠。

3)氢气长管拖车供氢的典型工艺流程如图3-6所示，具体操作步骤如下。

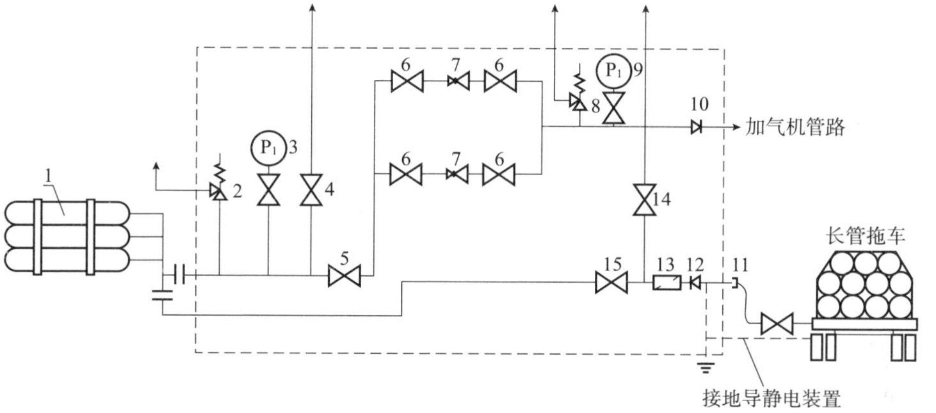

图3-6　氢气长管拖车供氢典型工艺流程示意

1—储存容器；2，8—安全阀；3，9—压力表；4，14—置换阀；5，6，15—截止阀；7—压力调节阀；10，12—逆止阀；11—充气接头；13—过滤器

卸气前的安全及检查确认内容应按照充装操作过程的规定执行。卸气柱、卸气管道应符合GB 50156—2010(2021年版)中10.2.3、10.2.4的规定，氢站卸气端还应符合GB 50156—2010(2021年版)中5.0.7的相关规定。应按照操作程序卸气，不得出现氢气长管拖车各分瓶通过汇流主管均压的情况。卸气时温度不得低于-40℃，加氢站用氢气长管拖车气瓶卸氢后压力宜不低于2MPa，其他氢气长管拖车气瓶卸氢后压力应不低于0.5MPa。卸气后的要求和充装后需要执行的操作一致。

3.2　液态氢的车船输送

当用氢量较大时，如果都采用长管拖车运输，会造成车辆调配困难。液态氢(LH_2)，俗称液氢，是由氢气经降温而得到的液体。液氢在标准沸点下的密度为70.78kg/m^3，体积能量密度为8.5MJ/L。当液氢生产地与用户相距较远时，可把液氢装在专用的低温绝热槽罐内用车船输送。液态氢的体积是标准大气压下气态氢的1/800，可满足大规模、经济的运氢需求。

3.2.1　氢气的液化

液态氢的车船输送需依托氢气液化工艺。氢气液化和其他气体液化最大的区别就是氢分子存在正氢和仲氢两种状态，液氢会自发进行正、仲氢平衡并放出大量热量。1892年英国物理学家、化学家杜瓦发明了真空瓶(也称为杜瓦瓶)后才开始进行液氢生产。氢气液化主要有以下 4 种典型工艺。

(1) 节流液化循环

节流液化循环(又称预冷型林德-汉普森系统)是工业上最早采用的氢气液化循环系统，先将氢气用液氮预冷至转换温度以下，然后通过焦耳-汤姆孙节流效应实现氢气液化。采用节流液化循环时，须借助外部冷源如液氮预冷气氢，经压缩机压缩后，再通过高温换热器、液氮槽、主换热器换热降温，节流后进入液氢槽，部分被液化的氢积存在液氢槽内，未液化的低压氢气返流复热后回压缩机，工艺流程见图 3-7。

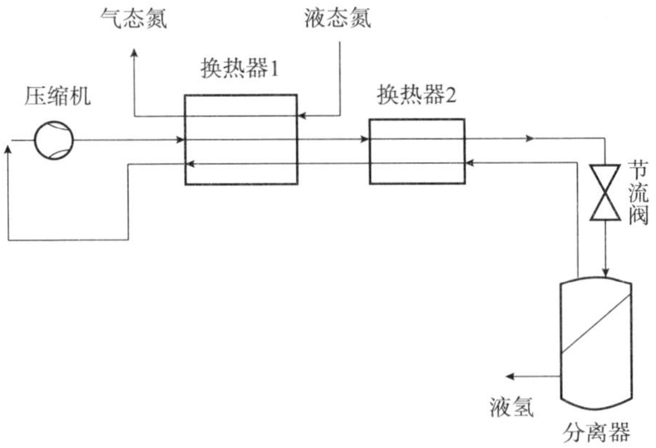

图 3-7 节流液化循环工艺流程

(2) 带膨胀机液化循环

带膨胀机液化循环工艺(预冷型 Claude 系统)通过气流对膨胀机做功来实现液化。其中，一般中高压系统采用活塞式膨胀机，低压系统采用透平膨胀机。压缩气体通过膨胀机对外做功可比焦耳-汤姆孙节流效应获得更多的冷量，因此带膨胀机液化循环的效率比节流液化循环高。目前运行的大型液化装置多采用此种液化流程，其工艺流程见图 3-8。

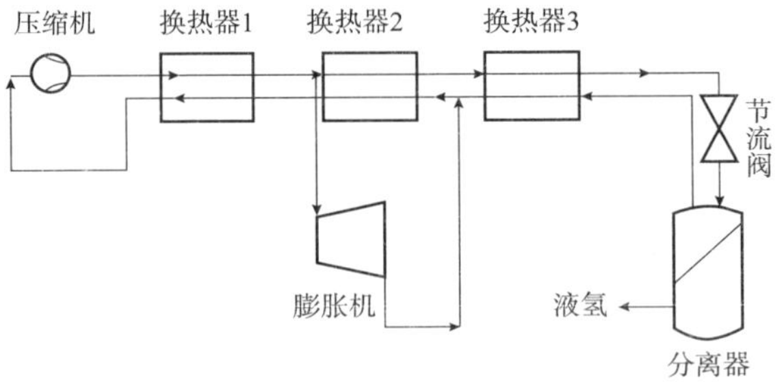

图 3-8 带膨胀机液化循环工艺流程

(3) 氦制冷液化循环

氦制冷液化循环包括氢液化和氦制冷循环两部分。氦制冷循环为 Claude 循环系统，这一过程中氦气并不液化，但达到比液氢更低的温度(20K)。在氢液化流程中，被压缩的氢气经液氮预冷后，在热交换器内被冷氦气冷凝为液体。该循环的压缩机和膨胀机内的流体为惰性氦气，对防爆有利，可全量液化供给的氢气，易得到过冷液氢，能够减少后续工艺的闪蒸损失。

（4）磁制冷液化循环

磁制冷即利用磁热效应制冷。磁热效应是指磁制冷工质在等温磁化时放出热量，而绝热去磁时温度降低，从外界吸收热量。磁制冷效率较高，且无须低温压缩机，使用固体材料作为工质，结构简单、体积小、重量轻、无噪声、便于维修。磁制冷液化循环目前尚未商业化。

在液氢储罐内，正－仲氢需要催化转换达到平衡值，否则正－仲氢自发进行转换，在储罐内放出的热量会使液氢汽化，从而不时地消耗液氢。常压下液氢的沸点为20.27K，暴露在常温下液氢极易汽化，所以必须采用保温极好的多层绝热真空杜瓦容器储存液氢。因此，液氢输运的一个关键问题是减少漏热损失。液氢储罐材料、结构设计及加工工艺要求严苛。

3.2.2　液态氢的输送方式

（1）液态氢的车辆输送

液氢槽罐车输送流程（图3－9）是首先将氢气进行液化，然后通过液氢泵将液氢装入保温的液氢槽罐车（图3－10）中运输至加氢站，在加氢站内将液氢气化，气化后的氢气进入加氢站不同压力级别的储氢罐中进行分级储存。液氢槽罐车是液氢输送的关键工具，常采用水平放置的圆筒形低温绝热槽罐，容量可达$100m^3$，可容纳约6000kg氢气。液氢槽罐车氢气容量高，一些国家已将其作为加氢站运氢的重要方式。

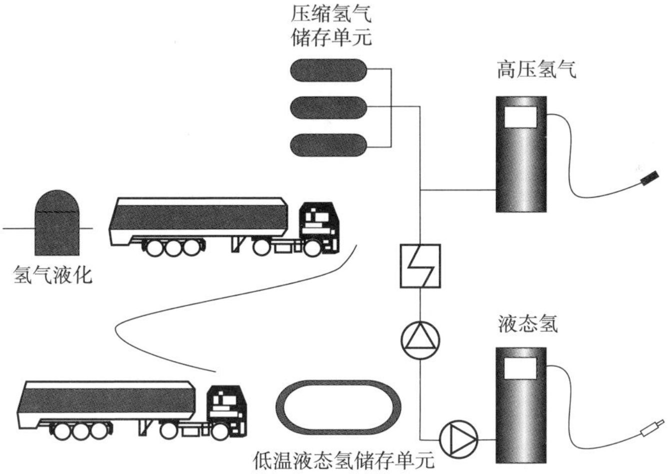

图3－9　液氢槽罐车公路输送路线示意

图3－10　液氢槽罐车

深冷铁路槽车可长距离运输液氢，常采用水平放置的圆筒形杜瓦槽罐储存液氢，单罐液氢容量可达 100m^3，部分特殊的扩容铁路槽车单罐容量可达 120 ~ 200m^3。目前国内外仅有非常少量的氢气铁路运输路线(图 3 – 11)。

图 3 – 11　中国军民两用液氢运输火车

(2)液态氢的船舶输送

与运输液化天然气类似，液氢长距离运输可采用船运。一般是专门建造输送液氢的大型驳船，驳船上装载有大容量的液氢存储容器。这种大容量液氢的海上运输要比陆上的铁路或高速公路上运输经济，安全性更好。图 3 – 12 所示为日本建造的大型液氢运输船。

图 3 – 12　日本建造的大型液氢运输船

3.2.3　液氢损耗机理

在储运过程中部分液氢会不可避免地汽化，造成损耗。导致液氢蒸发损耗的因素有多种，包括正 – 仲氢转化、漏热、热分层、晃动和闪蒸等。

(1)正 – 仲氢转化

正 – 仲氢的平衡组成仅是温度的函数，常温下普通氢含 75% 的正氢和 25% 的仲氢。由于正氢的能级高于仲氢，因此其总是自发地向仲氢转化，使仲氢的平衡浓度增加，并释放转化热。正氢到仲氢转化产生的热量大于液氢汽化潜热，引起液氢的汽化。为减少液氢储存蒸发损失，可在氢液化过程中使用催化剂提高正 – 仲氢转化率。

(2)漏热

虽然液氢储存在绝热良好的容器中，但无法完全隔绝外界环境的热量输入，尤其在温差很大的情况下。在固定式液氢储罐中，漏热造成的液氢损失占比最大。漏热损失通常与容器表面积和体积的比值成正比，因而随着容器尺寸的增大，液氢损失可以有效减少。液氢储罐最佳的形状是球形，其具有最小的表面积和体积比值。为减少液氢储罐漏热，可从导热、对流和辐射三方面进行遏制，例如采用导热系数低的材料降低导热，增加容器内壁和外壁间的真空度以减小对流换热，通过安装多层隔热层可以减少辐射传热。

(3)热分层

由于漏热、晃动和闪蒸等因素影响，储罐内的液氢会吸收热量而出现温度分布不均，温度较高的部分由于密度较低上浮，导致了沿储罐轴向的温度梯度。而液氢的导热性较差，使得热分层比较稳定。随着时间的推移，液氢上层和下层的温差越来越大，最终导致顶层液氢温度达到饱和温度，加速了液氢的蒸发并使罐内压力增大。为减少由热分层造成的蒸发损失，可以在储罐中垂直安装导热板来减小液氢顶部和底部间的热阻，以此来减小温度梯度。此外，在大型液氢储罐的内圆柱面上增加横向壁肋，也能够降低热分层程度。还可以采用主动制冷的方式将热量排出，使液氢处在过冷或饱和状态以减少蒸发。

(4)晃动和闪蒸

晃动是指液氢在储罐内由于运输过程中的加速、减速和振动等而发生的运动。晃动产生的冲击能会转化成热能，进而增加液氢的蒸发损失。可通过插入横向的防晃动挡板来限制液氢的运动并降低冲击力，减小晃动造成的液氢损失。

闪蒸现象发生在液氢从高压罐向低压罐转移过程中，是较大压力差导致的快速蒸发。为降低闪蒸的影响，可在大气压下进行液氢的运输。

3.2.4　液氢槽车充装工艺

(1)充装液氢槽车的置换方法

新启用的或被其他气体污染的槽车，在充装液氢前首先应进行置换处理。置换处理采用抽空置换与正压通气置换相结合的方法。先用氮气充压0.2MPa，保压5min后放压并抽空车内气体，直至氧含量不大于1×10^{-6}，然后改用超纯氢置换直至达到超纯氢质量指标。置换合格后，槽车内应充50kPa的超纯氢，保存到开始加注液氢。对新置换需预冷的槽车，应对槽车进行预冷。预冷时，应以不大于槽车容积5%的液氢先注入槽车降温，随温度降低逐步加大预冷液氢的加注量，直至槽车内温度接近液氢温度时开始加注液氢。预冷过程中汽化的氢气应予以回收利用。对原装过液氢或留有部分液氢的槽车，加注前亦需对槽车内的气体进行检测，符合超纯氢质量指标时，不必再作置换处理，不符合的，按照上述方法重新进行置换。

(2)液氢罐车及罐式集装箱的运输及充装要求

液氢罐车出发前，应确认罐车的运输时间和运输距离，并制定紧急情况排放措施，以确保运输过程中不在公路上排放液氢。罐车、罐式集装箱运输液氢时，要经常监视压力表的读数，不应超过压力规定值。当压力表读数异常升高时，罐车应开到人稀、空旷处，打开放空阀排气泄压。液氢罐车压力接近安全阀起跳压力时，应将罐车行驶到空旷处排放，并设警戒线。

在工业企业厂区内，液氢的运输应按 GB 4387 的规定执行，液氢罐车或载有液氢罐式集装箱的车辆行驶速度不应超过 10km/h，不应用手推行驶，禁止溜放。应露天停放，不得停放在靠近桥梁、隧道或地下通道的场所。液氢罐车、罐式集装箱的拖车停放间距不小于 3m。液氢罐车及罐式集装箱应有导静电接地装置，接地装置应符合 GB 50169 的规定。

液氢罐车、罐式集装箱只有在得到有关人员同意后方可进入充灌场所进行充灌。充灌前，应对充灌的连接管道进行置换，直至管道内气体中杂质含量符合液氢容器的置换要求。充灌时操作人员应在现场，充灌操作应按操作规程进行，并防止液氢外溢。罐车的液氢接收口应安装 10μm 的过滤器，滤芯采用与氢相容性材料，连续固定使用的氢过滤器宜采用可切换式。罐车拖车尾部在进入加注、转注场所前应安装汽车防火帽。罐车、罐式集装箱在连接充灌输液管前应处于制动状态，防止移动，并应设置防滑块。在充装过程中应采取相应安全措施，配置防拉脱装置，汽车发动机应熄火关闭，驾驶员不得驻留车内。充灌结束后应将输液管置换至非氢气环境，确认安全后再脱开输液管，方可离开。罐车、罐式集装箱内液氢不宜长期储存，更不得混装其他液体，漆色标志应符合相关规定。液氢加注、转注期间，应对管道连接处再次进行检查确认，防止泄漏。

(3)液氢容器充装操作安全规定

液氢容器在使用前应检查阀门、仪表、安全装置是否齐全有效、灵敏可靠、在检验有效期内。液氢容器应配置禁油压力表、手动或自动泄放阀、安全阀、爆破片。液氢容器的充装量应符合要求，液氢容器卸出后剩余量一般不应少于总容积的 5%。液氢容器常温充灌时，加注口阀门的开度应不大于 20%，缓慢充灌预冷，预冷时间不少于 30min。当液氢容器上的阀门和仪表、管道连接接头等处被冻结时，不应用铁锤敲打或明火加热，宜用 70～80℃洁净无油的热氮气或温水进行融化解冻。

(4)事故处置方法

罐车、罐式集装箱容器管路系统有微小泄漏时应及时检修处理。有严重泄漏时应将罐车、罐式集装箱移到人稀、空旷安全处排放，并应严格监护。排放时，人、车应处在上风向，排放液体时，应关闭汽车发动机，人员不得滞留车内，排放液氢波及区域内应禁止明火。当在运输途中发生事故时，应及时报告当地有关部门进行处理，同时应按规定采取应急措施。

3.2.5 液氢加注及排放系统的传热分析

液氢加注排放系统通常由加注管、加注阀、加注连接器及过滤器等组成，其原理如图 3－13 所示。在加注过程中，液氢通过液氢管路、进口阀、涡轮流量计和加注球阀经过滤器向液氢容器进行加注。加注结束后，关闭加注球阀。若遇到危急情况，则打开紧急泄出阀，经紧急泄出箱气化并向放空管排放。

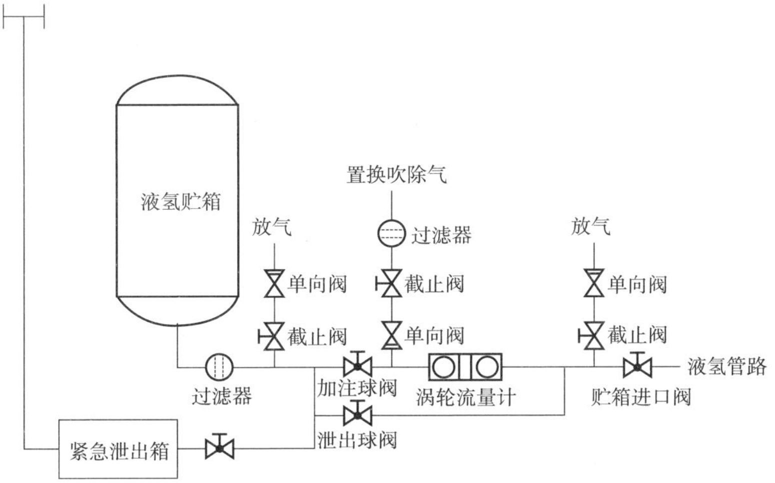

图 3-13 液氢加注排放系统原理

加注过程中液氢消耗主要包括预冷管道消耗的液氢、克服管道流阻消耗的液氢以及外界漏热消耗的液氢。

(1) 预冷管道消耗的液氢

典型的液氢加注管路结构包括内外不锈钢管、热桥、复合绝热层、内外波纹补偿器、支撑等部分，如图 3-14 所示。

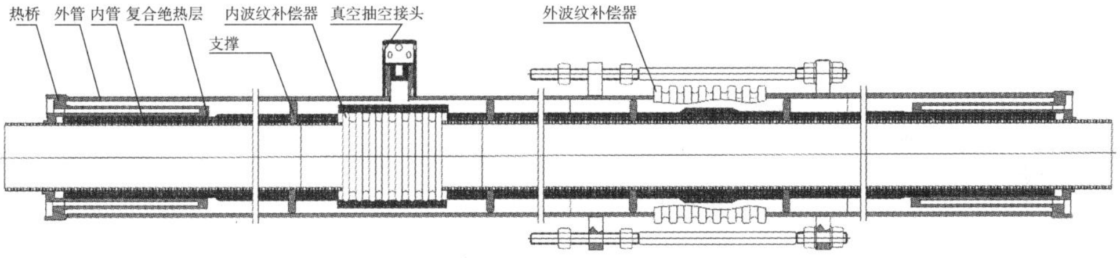

图 3-14 液氢加注管路结构

预冷时，液氢进入加注管道，吸收管道和外界传入的热量而汽化，汽化后的低温氢气进一步吸收热量升温，管道进一步降温。如果预冷过程换热充分，则离开系统的氢气温度为系统出口温度，此时预冷液氢的汽化热和汽化后气体的比热完全用于热交换，预冷消耗液氢量最小，定义为最小耗液量；如果预冷仅利用液氢的汽化热，此时预冷液氢消耗量定义为最大预冷消耗量。

(2) 克服管道流阻消耗的液氢

由于液体具有黏性，液氢在管道内流动时产生内摩擦使部分机械能转化为热能，而热能会使部分液氢转化为气态氢，从而消耗液氢量。

(3) 外界漏热消耗的液氢

液氢管道的绝热形式为真空绝热，液氢稳态输送时的传热途径包括辐射传热、对流传热、热传导传热、绝缘挠性软管传热。

1) 辐射传热。影响辐射传热的主要因素为材料的发射率、吸收系数、散射系数、厚度等。为了降低管道的辐射效率，可将真空绝热夹层的外管内壁、内管的外壁进行抛光，在夹层之间设置辐射屏。

2)对流传热。气体导热对多层绝热性能的影响是指夹层内气体的真空度或绝对压强对夹层绝热性能的影响。多层绝热表观热导率随真空度变化的典型情况是当压强低于某一值时，热导率也趋于一恒定值。

3)热传导传热。真空管道的热传导传热主要包括热桥传热和支撑件传热两部分。热桥是指连接内、外管之间的金属结构，决定热桥导热率的因素主要有热桥的长度和热桥的壁厚。对于支撑内管的非金属支架，决定其导热率的因素主要有支撑的材料、传热途径和传热截面积。

4)绝缘挠性软管传热。绝缘挠性软管也会传热，一般进行简化处理。

工程上通常对加注过程中液氢消耗进行估算。对于固定的液氢储罐，背压为大气压，液氢消耗量可按储罐容积(容积 $>20m^3$)的经验公式计算：

$$Q = (0.11 \sim 0.18)Q_e \tag{3-1}$$

式中，Q 为液氢储罐冷却实际液氢消耗量，m^3；Q_e 为液氢储罐有效容积，m^3。

加注过程中，液氢平均输送效率的计算如下：

$$\eta = \frac{m_{加注}}{m_{总量}} \tag{3-2}$$

3.3 有机液体氢化物的车船输送

在较低压力和相对高的温度下，某些有机液体可作为储氢介质，达到储存和输送氢的目的，这一方法称为有机加氢化合物法(Organic Chemical Hydride method，OCH)。该方法中氢气储运不需要耐压容器和低温设备，需要释放时可通过催化剂进行脱氢反应产生氢气，脱氢后的有机液体可再次加氢，实现多次循环使用。

3.3.1 有机液体储氢介质的储放氢原理

有机液体储氢介质是 OCH 的核心，理论上含有不饱和键的有机物都可以作为储氢介质，但受储氢密度、催化剂、脱氢反应条件、可重复利用性、节能环保等因素制约，目前只有少数有机液体材料被商业化应用，主要分为 3 类：①碳环化合物，例如苄基甲苯和二苄基甲苯；②杂环化合物，例如 N－乙基咔唑；③其他材料，例如萘、吩嗪、咔唑锂、苯酚钠。常用有机液体储氢介质的主要性能如表 3－4 所示。

表 3－4　常用有机液体储氢介质的主要性能

有机液体氢载体	分子量	密度/($\times 10^3 kg/m^3$)	发生氢气的摩尔数	储 20kL 氢的质量/kg	脱氢反应的吸热量/(kJ/mol)	与氢的燃烧热[2]的比值/%
环己烷	84.16	0.779	3	1120	68.7	24.0
甲基环己烷	98.19	0.769	3	950	68.3	23.9
萘烷[1]	138.25	0.897	5	1290	64.0	22.4

注：1)顺式萘烷的值；2)氢的燃烧热：285.8kJ/mol(HHV)。

OCH 由加氢反应和脱氢反应两部分组成。典型的加氢/脱氢反应对包括甲基环己烷型、环己烷型和十氢萘型，如图 3-15 所示。

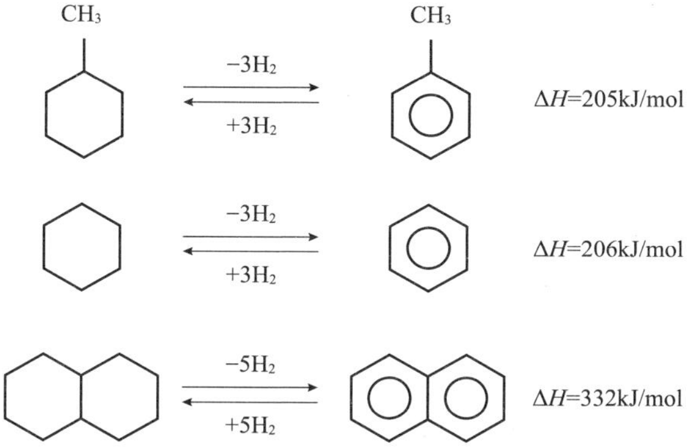

图 3-15 典型的加氢/脱氢反应对

上述加氢/脱氢反应具有较高的质量储存密度和体积储存密度。图 3-16 所示为不同储氢和运输方式的质量储存密度和体积储存密度，甲基环己烷体系的储氢密度为 6.1% 和 47.0kg/m^3，环己烷体系的储氢密度为 7.1% 和 55.5kg/m^3，十氢萘体系的储氢密度高达 7.3% 和 64.7kg/m^3。美国能源部的发展目标值为 6.5%、62.0kg/m^3。表 3-5 所示为几种典型的有机液态储氢介质的加氢/脱氢特性。

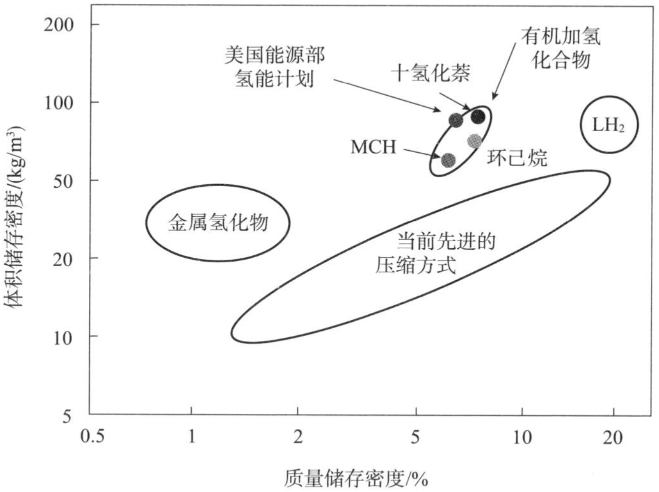

图 3-16 典型有机液体氢载体的质量储存密度和体积储存密度比较

表 3-5 典型有机液体储氢介质的加氢/脱氢特性

种类	毒性	质量储氢密度/%	体积储氢密度/（kg/m^3）	加氢条件（温度、压力）	脱氢条件（温度、压力）	催化剂种类	循环特性
环己烷	低毒类	7.2	56	300~370℃ 2.5~3MPa	400℃ 101kPa	$Pt-Mo/SiO_2$	
甲基环己烷	低毒类	6.2	47	90~150℃ 约 11MPa	300~400℃ 101kPa	Ni/Al_2O_3	

续表

种类	毒性	质量储氢密度/%	体积储氢密度/(kg/m^3)	加氢条件(温度、压力)	脱氢条件(温度、压力)	催化剂种类	循环特性
十氢萘	低毒类	7.3	64.7	120~280℃ 2~15MPa	210~280℃ 101kPa	加氢：Ni/Al_2O_3 脱氢：5% Pt/C	
N-2-乙基吲哚	低毒类	5.23	48	160~190℃ 9MPa	160~190℃ 101kPa	加氢：5% Ru/Al_2O_3 脱氢：5% Pd/Al_2O_3	
2-甲基吲哚	低毒类	5.76	52	120~170℃ 7MPa	160~200℃ 101kPa	加氢：5% Ru/Al_2O_3 脱氢：5% Pd/Al_2O_3	
N-乙基咔唑	低毒类	5.8	54	200℃ 6MPa	230℃ 101kPa	加氢：20% Ni/Al_2O_3 脱氢：20% Ni-0.5% Cu/Al_2O_3	10个循环后仍有很好的催化能力

采用甲苯作为有机液体储氢介质时的脱氢反应和加氢反应见图3-17。在脱氢反应中，使用质量分数为10%的Pt/C活性碳铂催化剂促使甲基环己烷的C—H键断裂，氢原子解离，产生甲苯，同时生成氢气。在加氢反应中，通常使用镍或钯作为催化剂。

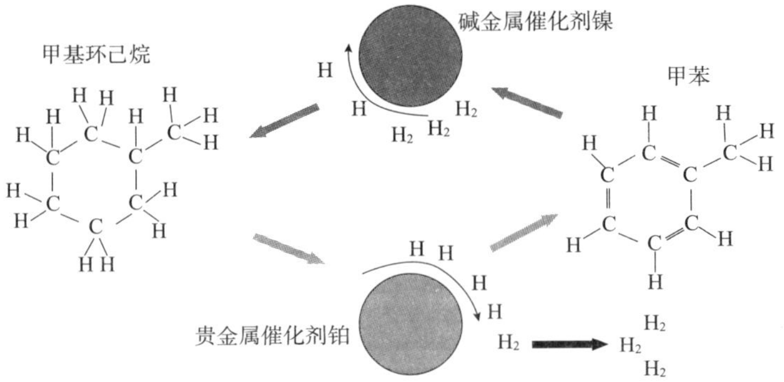

图3-17　脱氢反应和加氢反应示意

与传统的储氢方法相比，有机液体氢储运有以下特点：

(1)储氢量大、储氢密度高。例如，苯和甲苯的理论质量储氢密度分别为7.19%和6.16%，体积储氢密度分别为56.0kg/m^3和47.4kg/m^3，高于现有的金属氢化物储氢和高压压缩储氢的储氢密度。

(2)储氢效率高。以环己烷为储氢介质的储氢循环系统为例，假定苯加氢反应放出的热量可以回收，整个循环过程的效率达90%以上。

(3)绝大多数有机液体储氢介质在室温下呈液态，如环己烷和甲基环己烷，与汽油类似，在常温常压下可采用车船运输，可以方便地利用现有化石燃料储存和运输设备，安全性高。

(4)加氢、脱氢反应高度可逆，污染小，有机液体储氢介质可反复循环使用。

3.3.2　有机液体储氢介质加/脱氢工艺流程

有机液体储放氢是通过可逆的加氢与脱氢反应实现循环的，因此两者工艺流程中的各单元操作十分相似，主要流程如图3－18所示。在加氢流程中，氢气与不饱和芳烃加压加热后进入反应器中进行催化加氢反应，之后产物进入气液分离器，未反应的氢气和不饱和芳烃分离后循环，加氢产物(Liquid Organic Hydrogen Carrier，LOHC)进入储罐。在脱氢流程中，LOHC在加热条件下进行催化脱氢反应，产物氢气用于供氢，液相产物经分离后，不饱和芳烃被运回加氢反应工段。具体的反应工况条件与混合分离方式由储放氢体系组成的不同而确定。表3－6所示为典型有机液体的加/脱氢工艺的主要操作单元设备及操作条件。

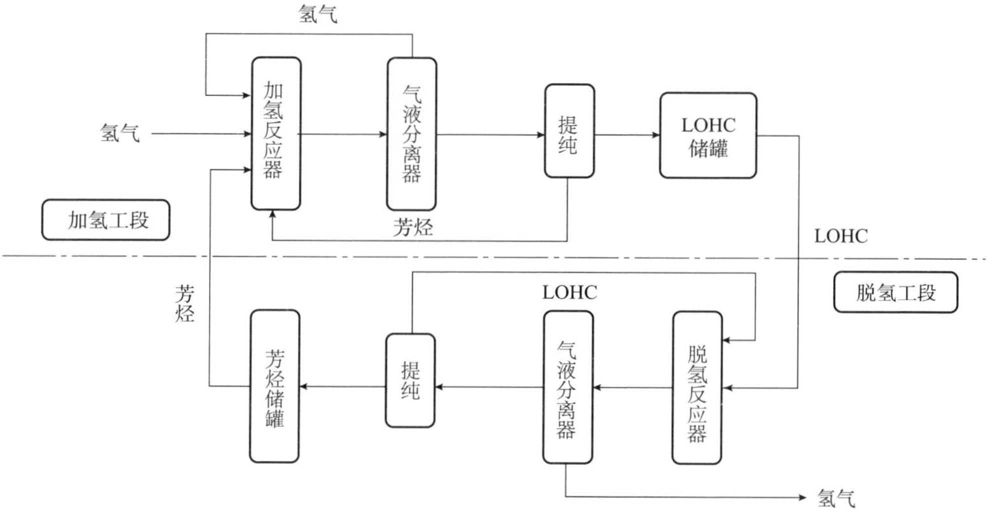

图3－18　有机液体加/脱氢循环流程

表3－6　有机液体加/脱氢工艺主要操作单元设备及操作条件

操作单元	甲苯/甲基环己烷	苯/环己烷	萘/十氢萘
加氢原料泵	4MPa	3MPa	3MPa
氢气压缩机	4MPa	3MPa	3MPa
加氢反应器	100℃，4MPa	200℃，3MPa	230℃，3MPa
加氢气液分离器	25℃，0.8MPa	25℃，0.8MPa	25℃，0.8MPa
脱氢原料泵	0.4MPa	0.4MPa	0.4MPa
脱氢反应器	325℃，0.4MPa	330℃，0.4MPa	320℃，0.4MPa
脱氢气液分离器	25℃，0.2MPa	25℃，0.2MPa	25℃，0.2MPa
液体产物分离	萃取精馏	萃取精馏	结晶

3.3.3　有机液体氢化物输送流程

有机液态氢化物可逆储放氢系统由有机液体储氢介质的加氢反应、有机液态氢化物的储存和运输、有机液态氢化物的脱氢反应3个过程组成。利用催化加氢装置，将氢气储存在有机液体储氢介质中，形成有机液态氢化物。由于有机液态氢化物在常温、常压下通常呈液态，储存和运输简单易行。将有机液体氢化物输送到目的地后，通过催化脱氢装置，在脱氢催化剂的作用下有机液体氢化物释放出被储存的氢气，供用户使用；有机液体储氢介质则经过冷却后储存、运输，循环再利用。

下面以甲基环己烷－甲苯－氢气储氢输送系统(图3－19)为例介绍有机液体氢化物输送流程。首先在制氢厂通过甲苯和氢气的催化加氢反应合成甲基环己烷，然后往加氢站输送甲基环己烷，输送方法与汽油输送类似，输送过程在室温及空气中稳定操作，输送安全性好。将甲基环己烷运送到目的地后，通过催化脱氢装置，在脱氢催化剂的作用下甲基环己烷释放出被储存的氢气供用户使用，甲苯则经过冷却后储存、运输、循环再利用。在加氢站内，需要设置盛装回收甲苯的储罐，而且需要利用返程油罐车来输送。需要注意的是，所生成的氢气中含有作为脱氢生成物的芳香族化合物，需根据对氢气纯度的要求决定是否需要对氢气进行纯化处理。

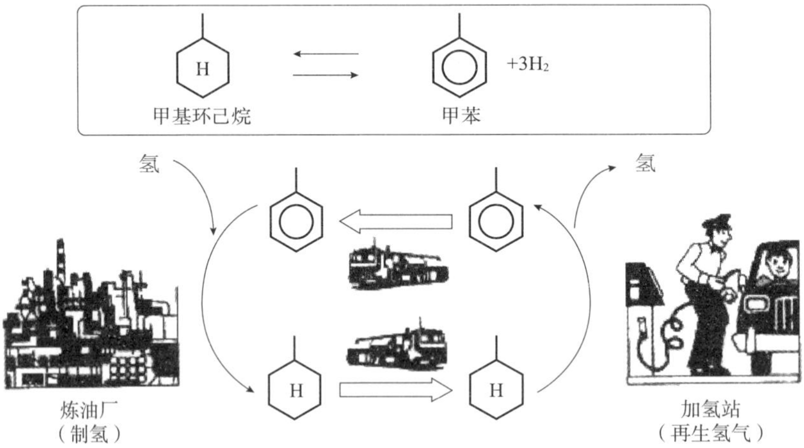

图3－19　有机液体氢化物输送流程

3.3.4　有机液态氢化物输送技术的问题

目前，有机液态氢化物的车船输送仍面临很多问题有待解决，主要有：

(1)有机液体储氢介质的性能下降和毒性。有机液体储氢介质在多次循环使用后，尤其在高温脱氢过程中环链容易发生断裂并逐渐累积，造成储氢性能下降，难以长期使用。此外，甲基环己烷、咔唑等有机液体具有毒性。

(2)加/脱氢条件苛刻，能耗高。催化脱氢温度一般较高、能耗较大，当应用于汽车等移动工具时须增设加热装置，增加了系统的复杂性，降低了系统的储氢密度。脱氢反应效率较低，而且发生副反应会导致氢气纯度不高。

(3)催化剂价格昂贵、性能不稳定。要达到优异的加氢/脱氢特性，通常需要采用贵金属催化剂，增加成本。催化剂容易在高温下结焦失活，存在活性下降、寿命短等问题。

(4)长途运输的经济性。尽管有机液体氢化物的理论质量储氢密度可以超过5%，体积储氢密度可以超过50kg/m^3，但采用有机液态氢化物运输氢没有像汽油、液氢那样返空车的概念，使用完的脱氢有机液体必须随车返厂加氢，往返均为重载运输，降低了运输经济性。

3.4 固态氢的车船输送

固态氢的车船输送是指用固体储氢材料通过物理或化学吸附储氢，然后利用车船运输装有储氢材料的容器。固态氢输送技术解决了高压气态储氢和低温液态储氢面临的高压、低温等问题，体积储氢密度高、安全性好，是一种有前景的储氢方式。

3.4.1 固态储氢原理

根据氢气与固体储氢材料结合方式不同，固态储氢可以分为物理吸附储氢和化学吸附储氢。

(1)物理吸附储氢

物理吸附的原理是利用固体储氢材料对氢分子的物理吸附作用，使其固定在吸附材料表面，氢分子主要以范德华力与固体材料表面结合。常见的物理吸附储氢材料主要有金属有机骨架、碳纳米管、沸石等比表面积较大的多孔材料。物理吸附储氢的储氢容量整体较小，且大多数材料目前只能在超低温或超高压环境下实现氢气的大量储存，使其在日常应用中受到限制。

(2)化学吸附储氢

化学吸附储氢是利用固体储氢材料与氢气发生化学反应，从而形成氢化物将氢气储存。目前研究较多的化学吸附储氢材料包括金属氢化物和轻质金属化合物。

1)金属氢化物储氢

金属氢化物储氢材料通过氢气与金属或合金发生化学吸附反应储存氢气，反应过程如图3-20所示。金属氢化物储氢的主要步骤为：①氢分子物理吸附在金属或合金表面；②氢分子在金属或合金表面解离为氢原子；③材料表面的氢原子扩散至金属或合金内部，形成固溶体(α相)；④材料内部的氢原子与金属原子发生化学吸附生成氢化物(β相)。生成氢化物的稳定性由氢化物的基态能和晶格弹性能决定。

$LaNi_5$是早期发现的较成熟的可生成金属氢化物的合金，质量储氢密度为1.4%(质量分数)。锆基和钛基金属是另一类典型的金属储氢材料，其基本组成为AB型，质量储氢密度略高于AB_5型材料，达到1.8%~2.4%。Ti-Fe合金是AB型储氢材料的典型代表，质量储氢密度可达到1.86%，此类材料在室温下即可实现可逆吸放氢反应，且原料价格较低。此外，在一定条件下纯金属和氢气可以直接反应，生成二元金属氢化物，如MgH_2、LiH、AlH_3、CuH_2等，二元金属氢化物的储氢密度相对较高，反应过程简单，但脱氢温度较高，如MgH_2质量储氢密度高达7.6%，但脱氢温度高达290℃。

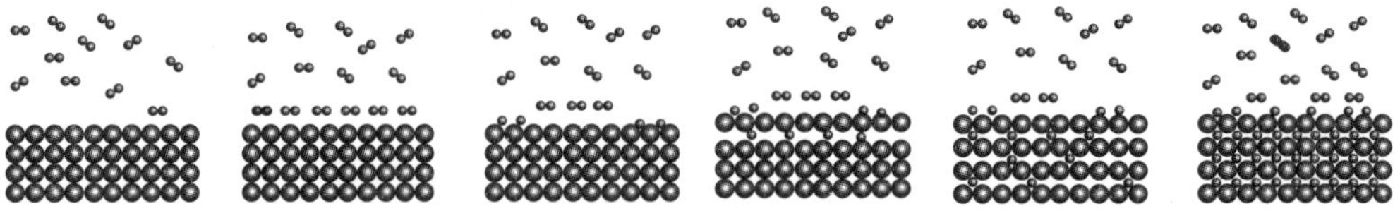

图3-20　金属氢化物储氢机理

2)轻质金属化合物储氢

轻质金属化合物主要由原子质量相对较小的金属元素和非金属元素组成。与金属氢化物中氢主要占据金属或合金材料的晶格间位不同，轻质金属化合物中氢原子更倾向于以离子键或共价键的形式与轻质金属元素结合。

常见的轻质金属化合物有铝氢化合物、硼氢化合物和氮氢化合物。铝氢化合物主要由Li、Na、K、Ca、Mg等元素与铝的氢配位体形成的配合物，如$LiAlH_4$、$NaAlH_4$、Li_3AlH_6、Na_3AlH_6、$LiNa_2AlH_6$等。其中，$LiAlH_4$的理论储氢密度较高(7.9%)，脱氢温度在铝氢化合物中最低(120℃左右)，但其脱氢不完全可逆，虽然$NaAlH_4$可实现完全可逆吸放氢，但存在熔点低于脱氢温度、脱氢动力学差、吸氢过程在高压下才能完成等问题。硼氢化合物以Li、Na、Mg、Ca等元素与硼氢配位体结合形成，如$LiBH_4$、$NaBH_4$、$Mg(BH_4)_2$、$Ca(BH_4)_2$等，这类材料是现有储氢化合物中储氢密度最高的，但同样存在脱氢温度高、可逆性差等问题。研究广泛的硼氢化合物$Mg(BH_4)_2$，其脱氢温度为230~530℃，质量储氢密度为14.9%。氮氢化合物由Li、Ca、Mg等金属元素与氨基或亚氨基结合形成，如Li_2NH、$Mg(NH_2)_2$等。这类材料储氢密度高、脱氢温度较低，但具有吸氢动力学性能较差、脱氢时又含杂质气体等缺点。

3.4.2　固态氢的车船输送技术特点

固态氢的车船运输具有体积储氢密度高的优点，储氢容器工作条件温和，无须高压容器和热绝缘容器，因此无须配置高压加氢站。固态氢输送系统的安全性较好，几乎没有爆炸危险，可实现多次可逆吸放氢，运输方便。但固态氢的车船运输主要缺点是常温下储氢材料质量储氢密度不高，储氢合金价格较高，放氢速率较慢，还需要加热，储氢合金本身很重，长距离运输的经济性较差。

3.5　氢能输送方式的经济评价

虽然氢气运输方式众多，但从发展趋势来看，我国以长管拖车输送、液氢输送、管道运输三种运氢方式为主。本节主要对前两种氢输送方式的经济性进行简要分析。

3.5.1　长管拖车运氢成本测算

为测算长管拖车运氢的成本，基本假设如下：

(1)加氢站规模为500kg/d，距离氢源100km。

(2)长管拖车满载氢气质量为350kg，管束中氢气残余率为20%，每日工作时间15h。

(3)长管拖车平均时速50km/h，百公里耗油量25L，柴油价格7元/L。

(4)动力车头价格40万元/台，以10年进行折旧；管束价格120万元/台，以20年进行折旧，折旧方式均为直线法。

(5)长管拖车充卸氢气时长为5h。

(6)氢气压缩过程耗电1kW·h/kg，电价0.6元/(kW·h)。

(7)每台长管拖车配备两名司机，充装、卸气各配备一名操作人员，工资10万元/(人·年)。

(8)车辆保险费用1万元/年，保养费用0.3元/km，过路费0.6元/km。

根据以上假设，可测算出规模为500kg/d、距离氢源100km的加氢站，运氢成本为6.93元/kg。测算过程如表3-7所示。

表3-7　长管拖车运氢成本测算

项目		数据/(元/kg)
固定成本	设备折旧	1.10
	人工费	3.29
	车辆保险	0.05
变动成本	油费	1.25
	压缩过程中的电费	0.60
	车辆保养	0.21
	过路费	0.43
合计成本		6.93
运输价格(毛利率20%)		8.66

随着运输距离的增加，长管拖车运输成本和价格逐渐上升。当运输距离为50km时，氢气的运输价格为5.43元/kg，运输距离500km时运输价格达到20.18元/kg(图3-21)。考虑经济性问题，长管拖车一般适用于200km内的短距离运输。

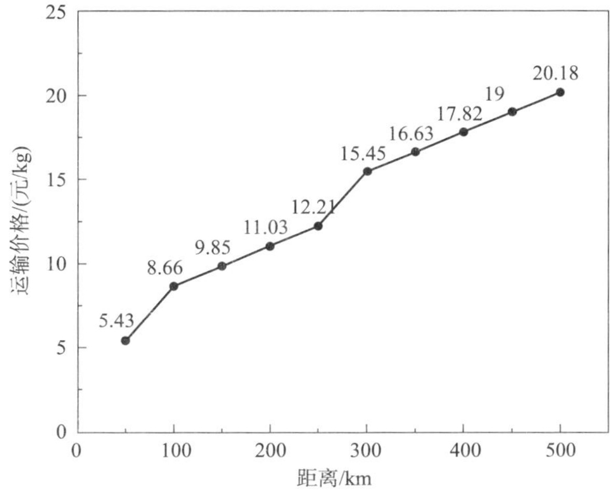

图3-21　长管拖车运氢价格与距离的关系曲线

结合表 3－7 和图 3－21 来看，人工费与油费是推动成本上升的主要因素。固定成本占运输成本的 40% ~70%，随着距离增加，其占比逐渐下降。为保证氢气供应量，加氢站所需拖车数量随着距离的增加也相应增加，当距离小于 50km 时，仅需 1 台长管拖车便可满足当日氢气供应，50 ~300km 的距离需要 2 台长管拖车，超过 300km 后则需要 3 台长管拖车。每增加 1 台长管拖车，折旧费与人工费会有明显提升。除此之外，油费也会随距离增加显著上升，是推动成本上升的第二大因素。

由于国内标准约束，氢气长管拖车的最高工作压力限制在 20MPa，而国际上已推出 50MPa 的氢气长管拖车。若国内放宽对储运压力的标准，相同容积的管束可以容纳更多氢气，从而降低运输成本。当运输距离为 100km 时，工作压力分别为 20MPa、50MPa 的长管拖车运输成本为 8.66 元/kg、5.60 元/kg，后者仅为前者的 64.67%（图 3－22）。

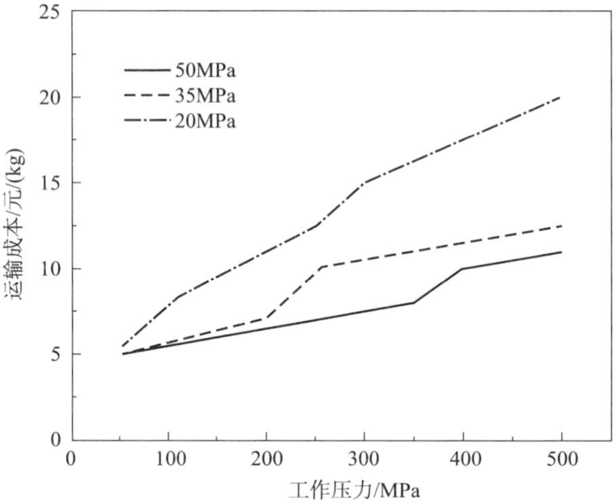

图 3－22　不同管束工作压力与成本的关系曲线

3.5.2　液氢槽车运输成本测算

为测算液氢槽车运输的成本，作如下基本假设：

(1)加氢站规模为 500kg/d，距离氢源 100km。

(2)液氢槽车装载量为 4000kg，每日工作时间 15h。

(3)液氢槽车平均时速 50km/h，百公里耗油量 25L，柴油价格 7 元/L。

(4)液氢槽车价格约为 50 万美元/辆，以 10 年进行折旧，折旧方式为直线法。

(5)液氢槽车充卸液氢时长 6.5h。

(6)氢气液化过程耗电 11kW·h/kg，电价 0.6 元/(kW·h)。

(7)每台拖车配备 2 名司机，充装、卸载各配备 1 名操作人员，工资 10 万元/(人·年)。

(8)车辆保险费用 1 万元/年，保养费用 0.3 元/km，过路费 0.6 元/km。

根据以上假设，可测算出规模为 500kg/d、距离氢源 100km 的加氢站，运氢成本为 10.85 元/kg。测算过程如表 3－8 所示。

表3-8　液氢槽车运氢成本测算

项目		数据/(元/kg)
固定成本	设备折旧	1.87
	人工费	2.19
	车辆保险	0.05
变动成本	油费	0.09
	液化过程中的电费	6.60
	车辆保养	0.02
	过路费	0.03
合计成本		10.85
运输价格(毛利率20%)		13.57

液氢槽车运氢成本对运输距离不敏感(图3-23)。当加氢站距离氢源50~500km时，液氢槽车的运输价格只在13.51~14.01元/kg范围内小幅提升。这是因为成本中占比最大的一项为氢气液化消耗的电费(占60%左右)仅与载氢量有关，与运输距离无关。而与运输距离呈正相关的油费、路费等占比并不大，液氢槽车在长距离运输下更具成本优势。

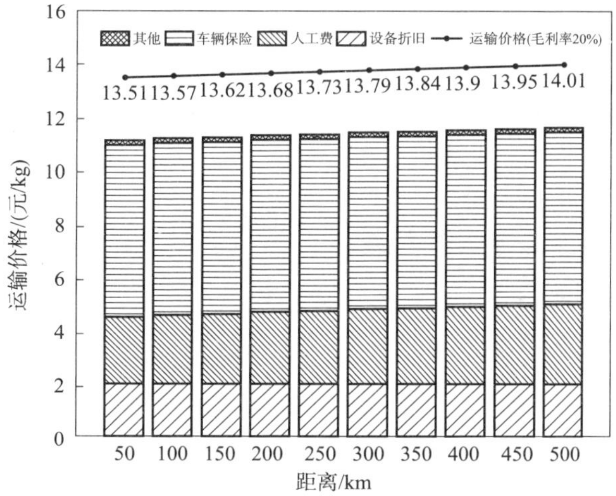

图3-23　液氢槽车运输价格与运输距离的关系

3.5.3　不同氢气输送方式比较

表3-9对比了我国当前技术条件下不同的氢能输送方式的特点。可知：不同的输送方式适用于不同的输送距离，载氢量及技术成熟度也不相同。目前，我国氢能示范应用主要围绕工业副产氢和可再生能源制氢产地附近布局，氢能主要以高压气态方式输送。随着氢能产业的发展，氢能的输送将更多以高压长管拖车、低温液氢、纯氢管道、掺氢天然气管道输送等方式，因地制宜，多种输送方式协同发展。

表3-9 不同氢能输送方式比较

储运状态	输送方式	压力/MPa	载氢量/(kg/车)	体积储氢密度/(kg/m^3)	经济距离/km	技术成熟度
气态	长管拖车	20	300~400	14.5	≤150	成熟
	管道	1~4	—	3.2	≥500	不成熟
液态	液氢槽车	0.6	6000~7000	70.78	≥200	不成熟
有机液体	槽罐车	常压	2000	73.7(咔唑)	≥200	不成熟
固态	货车	0.5~4	300~400	106(MgH_2)	≤150	不成熟

习题

1. 氢气长管拖车按其结构分为哪两类，各有何特点？
2. 氢气长管拖车定期检验包括哪些检验？
3. 简述影响长管拖车气瓶安全使用的因素与维护重点。
4. 简述氢气长管拖车充装的操作过程。
5. 简述氢气液化的基本原理。
6. 氢气液化的工艺有哪些，各有何特点？
7. 液氢的运输方式包括哪些？简要说明其特点。
8. 简要说明液氢槽罐车及罐式集装箱的运输及充装要求。
9. 液氢加注过程中如何产生两相流？
10. 什么是有机加氢化合物法？
11. 简要说明有机液体储氢的基本原理。
12. 与传统的储氢方法相比，有机液体氢化物储氢具有哪些特点？
13. 简要分析利用有机液体氢化物输送的具体流程。
14. 简要介绍有机液体氢化物在车船运输及应用中的关键问题。
15. 固态氢储氢材料的分类包括哪些？
16. 简要分析固态储氢的原理。
17. 简要说明固态氢车船输送的优缺点，分析影响固态氢车船输送的关键问题。
18. 对比分析长管拖车运氢成本和液氢槽车运输成本各受哪些因素影响，并结合书中运氢成本测算方法预测各种运氢方法在中、远期氢能发展中的成本。

第4章 纯氢与掺氢天然气管道输送

与天然气管道输送类似，将氢气通过管道的方式进行输送，是实现氢能大规模、长距离、高效经济输送的重要方式。氢气管道分为纯氢管道和掺氢天然气管道。本章简要介绍纯氢与掺氢天然气管道输送中涉及的管流基本方程、水力计算和热力计算等。

4.1 气体在管道中流动的基本方程

纯氢与掺氢天然气在管道中的流动可视为一元流动，满足质量守恒、动量守恒和能量守恒定律，由此可建立描述纯氢与掺氢天然气的压力、密度、流速、温度等物理量之间的数学关系。下面给出纯氢与掺氢天然气在管道中流动的基本方程。

4.1.1 连续性方程

由质量守恒定律，可推导得到纯氢及掺氢天然气在管道内流动的连续性方程：

$$\frac{\partial(\rho A)}{\partial t}+\frac{\partial(\rho wA)}{\partial x}=0 \tag{4-1}$$

式中，ρ 为气体的密度，kg/m^3；A 为管道横截面的面积，m^2；w 为气体的流速，m/s；t 为时间，s；x 为管道长度，m。

对于稳态流动，气体的流动参数不随时间变化，式(4-1)可以简化为：

$$\frac{\partial(\rho wA)}{\partial x}=0 \tag{4-2}$$

4.1.2 动量方程

根据牛顿第二定律，可推导得到纯氢及掺氢天然气在管道内流动的动量方程：

$$\frac{\partial(\rho wA)}{\partial t}+\frac{\partial(\rho w^2A)}{\partial x}=-\frac{\partial(pA)}{\partial x}-\frac{\lambda}{D}\frac{\rho Aw^2}{2}-g\rho A\sin\theta \tag{4-3}$$

式中，D 为管道内径，m；p 为管道压力，Pa；θ 为管道与水平面的倾斜角，rad；g 为重力加速度，m/s^2；λ 为水力摩阻系数。

对于稳态流动，式(4-3)中左端第一项为0，可以简化为：

$$\frac{\partial(\rho w^2A)}{\partial x}=-\frac{\partial(pA)}{\partial x}-\frac{\lambda}{d}\frac{\rho Aw^2}{2}-g\rho A\sin\theta \tag{4-4}$$

4.1.3 能量方程

由能量守恒定律，可推导得到纯氢及掺氢天然气在管道内流动的能量方程：

$$\frac{\partial}{\partial t}\left[\rho A\left(e+\frac{w^2}{2}+gs\right)\right]+\frac{\partial}{\partial x}\left[\rho wA\left(h+\frac{w^2}{2}+gs\right)\right]=-\frac{\partial Q}{\partial x}\rho wA \tag{4-5}$$

式中，s 为管道高程，m；e 为气体的单位内能，J/kg；h 为气体的单位焓，J/kg；Q 为单位质量气体向外界放出的热量，J/kg。

对于稳态流动，式(4－5)左端第一项为0，可以简化为：

$$\frac{\partial}{\partial x}\left[\rho wA\left(h+\frac{w^2}{2}+gs\right)\right]=-\frac{\partial Q}{\partial x}\rho wA \tag{4-6}$$

联立式(4－2)且不考虑管道截面的变化，式(4－6)可变形为：

$$\frac{dh}{dx}+w\frac{dw}{dx}+g\sin\theta=-\frac{dQ}{dx} \tag{4-7}$$

根据热力学关系：

$$dh=\left(\frac{\partial h}{\partial T}\right)_p dT+\left(\frac{\partial h}{\partial p}\right)_T dp \tag{4-8}$$

将式(4－8)代入式(4－7)，可进一步得：

$$\left(\frac{\partial h}{\partial T}\right)_p\frac{dT}{dx}+\left(\frac{\partial h}{\partial p}\right)_T\frac{dp}{dx}+w\frac{dw}{dx}+g\sin\theta=-\frac{dQ}{dx} \tag{4-9}$$

4.1.4 纯氢及掺氢管道水力和热力计算的基本假设

在进行纯氢及掺氢天然气管道工艺计算和运行分析时，管道的压力、密度、流量、温度等参数是相互关联和相互影响的。工程实际表明，当管道温度变化相对较小时，对压力、流量等影响不明显。因此为了方便计算和分析，通常将水力计算和热力计算进行解耦处理，分开计算。在本章后续章节中讨论水力计算时，为了简化本节给出的纯氢及掺氢天然气在管道中流动的基本方程，假设纯氢及掺氢天然气在管道内为等温、稳态流动，且水力摩阻系数沿管道长度方向为常数。此外，对于掺氢天然气管道，本章假设氢气与天然气已经均匀掺混，即掺氢天然气为均匀混合气体，不考虑掺氢天然气混合气体各组分的计算。

4.2 纯氢及掺氢管道的水力计算

4.2.1 平坦地区输气管道的基本公式

当纯氢与掺氢天然气管道的高程为零或者高程(通常在200m以下)不会对计算结果产生明显影响时，可认为是平坦地区的输气管道，管道与水平面间倾角假设为0，因此式(4－4)可简化为：

$$-\frac{dp}{\rho}=\lambda\frac{dx}{D}\frac{w^2}{2}+\frac{dw^2}{2} \tag{4-10}$$

式(4－10)表明，平坦地区输气管道的压降由摩阻消耗的压降和流速增大引起的压降两部分组成。为了求解式(4－10)中的 p、w 和 ρ 三个变量，需联立连续性方程和气体状态方程进行求解。由连续性方程式(4-2)和如下气体状态方程：

$$\rho = \frac{p}{ZRT} \tag{4-11}$$

最终可推导得到平坦地区纯氢及掺氢天然气管道的质量流量公式：

$$M = \sqrt{\frac{(p_Q^2 - p_Z^2)A^2}{ZRT\left(\lambda \frac{L}{D} + 2\ln\frac{p_Q}{p_Z}\right)}} = \frac{\pi}{4}\sqrt{\frac{(p_Q^2 - p_Z^2)D^4}{ZRT\left(\lambda \frac{L}{D} + 2\ln\frac{p_Q}{p_Z}\right)}} \tag{4-12}$$

式中，M 为气体的质量流量，kg/s；p_Q 为管道起点压力，Pa；p_Z 为管道终点压力，Pa；D 为管道内径，m；λ 为水力摩阻系数；Z 为气体的压缩因子；R 为气体常数，8314.3/气体摩尔质量，$m^2/(s^2 \cdot K)$；T 为气体的平均温度，K；L 为管道长度，m；A 为管道流通面积，m^2。

值得注意的是，式(4-12)中 $2\ln\frac{p_Q}{p_Z}$ 项表示输气管道沿线动能的增加对流量 M 的影响。对于距离长、压降小的纯氢及掺氢天然气管道，$2\ln\frac{p_Q}{p_Z}$ 与 $\lambda\frac{L}{D}$ 相比很小，可以忽略该项的影响；但对于距离短、压降大的纯氢及掺氢天然气管道，须考虑该项的影响，否则会引起较大的计算误差。因此，若忽略动能变化的影响，对于平坦地区长距离输气管道，式(4-12)可简化为：

$$M = \frac{\pi}{4}\sqrt{\frac{(p_Q^2 - p_Z^2)D^5}{\lambda ZRTL}} \tag{4-13}$$

式(4-13)为平坦地区长距离输气管道的质量流量计算公式。在工程设计和实际生产中，常采用标准状态($p_0 = 1.01325 \times 10^5$Pa、$T_0 = 293.15$K)下的体积流量。将式(4-13)换算成标准状态下的体积流量为：

$$Q = C\sqrt{\frac{(p_Q^2 - p_Z^2)D^5}{\lambda Z\Delta TL}} \tag{4-14}$$

式中，Q 为纯氢或掺氢天然气在标准状态下的体积流量，m^3/s；C 为常数，$C = \frac{\pi}{4}\frac{\sqrt{R_a}T_0}{p_0}$，具体数值与所采用的单位有关；$R_a$ 为空气的气体常数，$m^2/(s^2 \cdot K)$；Δ 为气体的相对密度。

4.2.2 起伏地区输气管道的基本公式

当纯氢及掺氢天然气管道上有高于或低于起点高程 200m 以上的地形起伏时，应考虑高差和地形起伏对管道输气能力的影响。这样的输气管道可以看作由不同坡度的直管段连接而成的(图4-1)。

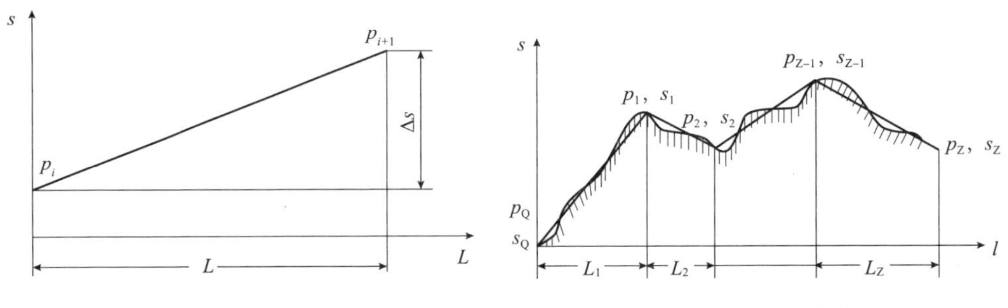

图 4-1　起伏地形输气管道的示意

(1)终点与起点高程差的影响

每一直管段的起点和终点就是管线上地形起伏较大的特征点，特征点之间的微小起伏可忽略。对于任一坡度的直管段，若不考虑气体流速增加的影响，式(4-4)可写为：

$$-\frac{\mathrm{d}p}{\rho}=\lambda\frac{\mathrm{d}x}{D}\frac{w^2}{2}+g\mathrm{d}s \tag{4-15}$$

已知$\rho=\dfrac{p}{ZRT}$、$w=\dfrac{4MZRT}{\pi D^2 p}$、$\mathrm{d}s=\dfrac{\Delta s}{L}\mathrm{d}x$，代入式(4-15)整理得：

$$-2p\mathrm{d}p=\left(M^2 b+a\frac{\Delta s}{L}p^2\right)\mathrm{d}x \tag{4-16}$$

式中，$a=\dfrac{2g}{ZRT}$；$b=\dfrac{16ZRT}{\pi^2 D^5}\lambda$；$\Delta s$ 为终点和起点的高程差。

将式(4-16)在长度为 L、起终点压力分别为 p_Q、p_Z 的输气管段上进行积分，并对积分中的指数函数展开成幂级数并保留前两项，最终整理得考虑终点和起点高程差时的管道输气计算公式：

$$M=\frac{\pi}{4}\sqrt{\frac{\left[p_Q^2(1-a\Delta s)-p_Z^2\right]D^5}{\lambda ZRTL\left(1-\dfrac{a\Delta s}{2}\right)}} \tag{4-17}$$

当 Δs 趋于 0 时，式(4-17)可简化为平坦地区输气管道计算公式(4-13)。

(2)沿线高程的影响

不仅起终点的高程差影响管道的流量和压力分布，纯氢及掺氢天然气管道沿线的地形起伏对管道也产生影响。为便于分析[图 4-1(b)]，将起伏地区长度为 L 的管道简化为由若干不同起终点高程差、坡度均匀的直管段组成。假设各管段的长度分别为 L_1、L_2、L_3、…、L_Z，起终点压力分别为 p_Q、p_1、p_2、…、p_Z，高程分别为 s_Q、s_1、s_2、…、s_Z，最终推导可得起伏地区输气管道的计算公式：

$$M=\sqrt{\frac{p_Q^2-p_Z^2(1+as_Z)}{bL\left[1+\dfrac{a}{2L}\sum\limits_{i=1}^{Z}(s_i+s_{i-1})L_i\right]}} \tag{4-18}$$

相应的标准状况下的起伏地区输气管道的体积流量计算公式为：

$$Q = C\sqrt{\frac{[p_Q^2 - p_Z^2(1 + as_Z)]D^5}{\lambda Z\Delta TL\left[1 + \frac{a}{2L}\sum_{i=1}^{Z}(s_i + s_{i-1})L_i\right]}} \tag{4-19}$$

式中，C 为常数，$C = \frac{\pi}{4}\frac{\sqrt{R_a}T_0}{p_0}$。

与平坦地区纯氢及掺氢天然气管道计算公式(4－14)相比，式(4－19)的分子上多了 as_Z 项，表示管道终点和起点的高程差对输气能力的影响，管道终点比起点位置越高，则输气能力越低。在分母上多了 $\frac{a}{2L}\sum_{i=1}^{Z}(s_i + s_{i-1})L_i$ 项，表示沿线地形起伏对输气能力的影响，即线路纵断面特征对输气能力的影响。由此可见，不仅管道的起终点高程差影响管道的输气能力，而且沿线地形也影响输气管道的能量损失和流量，这是由于管道沿线压力变化，气体的密度也跟随变化，压力高，则密度大；压力低，则密度小。因此，消耗于克服上坡管段的能量损失不能由下坡管段中气体获得的位能所补偿。

从几何意义上讲，$\frac{1}{2}\sum_{i=1}^{Z}(s_i + s_{i-1})L_i$ 表示线路纵断面线与从起点开始所画的水平线之间所包含面积的代数和，见图4－2。纵断面线高于水平线的地方，面积取正值；低于水平线的地方，面积取负值。

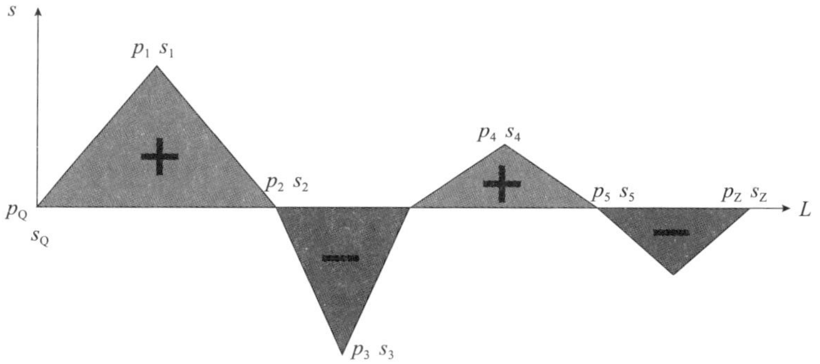

图4－2　几何意义

当忽略式(4－18)和式(4－19)中的 as_Z 和 $\frac{a}{2L}\sum_{i=1}^{Z}(s_i + s_{i-1})L_i$ 项时，即为平坦地区输气管道计算公式(4－14)。

4.2.3　水力摩阻系数的计算

上面推导了平坦地区和地形起伏地区纯氢及掺氢天然气管道的基本理论计算公式，但在工程计算中还有很多不同形式的计算公式，这些公式的区别在于代入了不同的水力摩阻系数计算公式。气体在管道中流动的水力摩阻系数与流动状态、管内壁的粗糙度等有关，学者们提出了不同的水力摩阻系数计算公式。下面进行介绍。

气体在管道中流动的雷诺数：

$$Re = \frac{4M}{\mu\pi D} = \frac{4\rho_a Q\Delta}{\mu\pi D} \tag{4-20}$$

式中，M 为气体的质量流量，kg/s；Q 为气体的体积流量，m^3/s；ρ_a 为空气的密度，kg/m^3；Δ 为气体的相对密度；μ 为气体动力黏度，Pa·s；D 为管道内径，m。

和液体类似，气体在管道内的流态划分为层流($Re < 2000$)、过渡流($2000 \leqslant Re \leqslant 3000$)和湍流($Re > 3000$)，而湍流又分为3个区。

(1)水力光滑区

当雷诺数满足 $3000 < Re < Re_1$ 时流动状态为水力光滑区，靠近管壁处有较薄的层流边界层存在，能盖住管壁上的粗糙凸起。Re_1 为水力光滑区和混合摩擦区的临界雷诺数，又称为第一临界雷诺数：

$$Re_1 = \frac{59.7}{\left(\frac{2k}{D}\right)^{8/7}} \tag{4-21}$$

式中，k 为管道壁面的绝对当量粗糙度，mm。

(2)混合摩擦区

当雷诺数满足 $Re_1 < Re < Re_2$ 时流动状态为混合摩擦区，管壁上的部分粗糙凸起露出层流边界层。Re_2 为混合摩擦区和阻力平方区的临界雷诺数，又称为第二临界雷诺数：

$$Re_2 = \frac{11}{\left(\frac{2k}{D}\right)^{1.5}} \tag{4-22}$$

(3)阻力平方区

当雷诺数满足 $Re > Re_2$ 时流动状态为阻力平方区，层流边界层很薄，管壁上的粗糙凸起几乎全部露出层流边界层。一般而言，中高压纯氢及掺氢天然气管道中气体流动的雷诺数通常达 $10^6 \sim 10^7$，一般处于混合摩擦区和阻力平方区，干线管道基本上处于阻力平方区。低压纯氢及掺氢天然气管道可能处于层流或水力光滑区，城市及居民区的管道多在水力光滑区。

下面介绍不同流态下的水力摩阻系数的计算。

(1)层流区

在层流区，水力摩阻系数仅与雷诺数有关，计算公式如下：

$$\lambda = \frac{64}{Re} \tag{4-23}$$

(2)过渡区

在过渡区，水力摩阻系数仅与雷诺数有关，可采用扎依琴柯公式计算：

$$\lambda = 0.0025\sqrt[3]{Re} \tag{4-24}$$

(3)湍流区

在水力光滑区，水力摩阻系数的计算公式如下：

$$\lambda = \frac{0.1844}{Re^{0.2}} \tag{4-25}$$

或采用 AGA 公式：

$$\frac{1}{\sqrt{\lambda}} = 2\lg(Re\sqrt{\lambda}) - 0.6 \tag{4-26}$$

或采用普朗特公式：

$$\frac{1}{\sqrt{\lambda}} = 2\lg(Re\sqrt{\lambda}) - 0.8 \tag{4-27}$$

在混合摩擦区，水力摩阻系数的计算可采用苏联天然气研究所近期公式：

$$\lambda = 0.067\left(\frac{158}{Re} + \frac{2k}{D}\right)^{0.2} \tag{4-28}$$

或采用阿里特苏里公式：

$$\lambda = 0.11\left(\frac{68}{Re} + \frac{k}{D}\right)^{0.25} \tag{4-29}$$

在阻力平方区，因为长距离管道中气体的流态大多在阻力平方区，因此研究人员对输气管道水力摩阻系数计算公式的研究也主要集中在这一区域。下面介绍在工程计算中常采用的计算公式。

①威莫斯(Weymouth)公式：

$$\lambda = \frac{0.009407}{\sqrt[3]{D}} \tag{4-30}$$

式中，管道内径 D 的单位为 m。

②潘汉德尔(Panhandle)A 式：

$$\lambda = \frac{1}{11.81\,Re^{0.1461}} \tag{4-31}$$

式(4-31)适用于管径为 168.3～610mm、Re 为 5×10^6～14×10^6 的输气管道。

③潘汉德尔(Panhandle)B 式：

$$\lambda = \frac{1}{68.03\,Re^{0.0392}} \tag{4-32}$$

式(4-32)适用于管径大于 610mm 的输气管道。

式(4-31)和式(4-32)把钢管看作“光滑管”，因此水力摩阻系数仅表示为雷诺数的函数，可理解为钢管内壁表面很光滑，绝对当量粗糙度很小，因此可不考虑其影响。

④苏联天然气研究所早期公式：

$$\lambda = \frac{0.383}{\left(\frac{D}{2k}\right)^{0.4}} \tag{4-33}$$

式中，D 的单位为 mm；苏联早期(二十世纪五六十年代)在输气管道的工艺计算中取管内壁绝对当量粗糙度 $k = 0.04$mm。

⑤苏联天然气研究所后期公式：

$$\lambda = 0.067\left(\frac{2k}{D}\right)^{0.2} \tag{4-34}$$

式中，D 的单位为 mm；对于新设计的输气管道，苏联后期取 $k = 0.03$mm。

⑥尼古拉兹公式：

$$\lambda = \frac{1}{\left[2\lg\left(\frac{3.7D}{k}\right)\right]^2} \tag{4-35}$$

⑦科尔布鲁克公式：

为了方便对湍流区水力摩阻系数的计算，研究人员提出了适用于湍流三个区的科尔布鲁克公式，它实际上是普朗特公式和尼古拉兹公式的数学组合：

$$\frac{1}{\sqrt{\lambda}} = -2\lg\left(\frac{2.51}{Re\sqrt{\lambda}} + \frac{k}{3.7D}\right) \tag{4-36}$$

一般而言，在阻力平方区，苏联后期公式、尼古拉兹公式和科尔布鲁克公式与莫迪图最为接近；科尔布鲁克公式有较宽适应性，能够适用于湍流的三个区域，且具有较高的精度。因此，在计算纯氢及掺氢天然气管道的水力摩阻系数时，在不能准确判断流态的情况下，建议采用科尔布鲁克公式。但是，该公式是隐式方程，需要迭代求解。

4.2.4 常用的输气公式

为方便工程计算，下面给出常用的输气管道计算公式。

(1)将威莫斯公式(4-30)代入式(4-14)和式(4-19)，可得平坦地区和起伏地区的输气管道计算公式分别为：

$$Q = C_1 D^{8/3}\left(\frac{p_Q^2 - p_Z^2}{ZTL\Delta}\right)^{0.5} \tag{4-37}$$

$$Q = C_1 D^{8/3}\left\{\frac{p_Q^2 - p_Z^2(1 + a\Delta s)}{ZTL\Delta\left[1 + \frac{a}{2L}\sum_{i=1}^{n}(s_i + s_{i-1})L_i\right]}\right\}^{0.5} \tag{4-38}$$

(2)将潘汉德尔A式(4-31)代入式(4-14)和式(4-19)得：

$$Q = C_2 E D^{2.6182}\left(\frac{p_Q^2 - p_Z^2}{Z\Delta^{0.8539}TL}\right)^{0.5394} \tag{4-39}$$

$$Q = C_2 E D^{2.6182}\left\{\frac{p_Q^2 - p_Z^2(1 + a\Delta s)}{Z\Delta^{0.8539}TL\left[1 + \frac{a}{2L}\sum_{i=1}^{n}(s_i + s_{i-1})L_i\right]}\right\}^{0.5394} \tag{4-40}$$

(3)将潘汉德尔B式(4-32)代入式(4-14)和式(4-19)得：

$$Q = C_3 E D^{2.53}\left(\frac{p_Q^2 - p_Z^2}{Z\Delta^{0.961}TL}\right)^{0.51} \tag{4-41}$$

$$Q = C_3 E D^{2.53}\left\{\frac{p_Q^2 - p_Z^2(1 + a\Delta s)}{Z\Delta^{0.961}TL\left[1 + \frac{a}{2L}\sum_{i=1}^{n}(s_i + s_{i-1})L_i\right]}\right\}^{0.51} \tag{4-42}$$

(4)将苏联早期公式(4-33)代入式(4-14)和式(4-19)得：

$$Q = C_4 D^{2.7}\left(\frac{p_Q^2 - p_Z^2}{ZTL\Delta}\right)^{0.5} \tag{4-43}$$

$$Q = C_4 D^{2.7} \left\{ \frac{p_Q^2 - p_Z^2(1 + a\Delta s)}{ZTL\Delta\left[1 + \frac{a}{2L}\sum_{i=1}^{n}(s_i + s_{i-1})L_i\right]} \right\}^{0.5} \tag{4-44}$$

(5)将苏联后期公式(4-34)代入式(4-14)和式(4-19)得：

$$Q = C_5 \alpha\varphi E D^{2.6} \left(\frac{p_Q^2 - p_Z^2}{ZTL\Delta}\right)^{0.5} \tag{4-45}$$

$$Q = C_5 \alpha\varphi E D^{2.6} \left\{ \frac{p_Q^2 - p_Z^2(1 + a\Delta s)}{ZTL\Delta\left[1 + \frac{a}{2L}\sum_{i=1}^{n}(s_i + s_{i-1})L_i\right]} \right\}^{0.5} \tag{4-46}$$

式中，φ 为管道接口的垫环修正系数，无垫环时 $\varphi=1$，垫环间距为12m时 $\varphi=0.975$，垫环间距为6m时 $\varphi=0.95$；α 为流态修正系数，当流态处于阻力平方区时 $\alpha=1$，如偏离阻力平方区 α 按式(4-47)计算：

$$\alpha = 1/\left(1 + 2.92\frac{D^2}{Q}\right)^{0.1} \tag{4-47}$$

式中，D 为管道内径，m；Q 为输气量，$10^6 m^3/d$。

上述5组公式中 C_1、C_2、C_3、C_4、C_5 的值随公式中参数的单位不同而不同，详见表4-1。

表4-1 C_i 的取值

		法定计量单位(1)	千克·米·秒制	混合单位制(1)	混合单位制(2)	法定计量单位(2)
系数	C_1	0.3967	3.8870	493.4011	1.0629×10^{-6}	1.0825×10^{-6}
	C_2	0.3144	3.0802	514.0325	5.2759×10^{-6}	5.3730^{-6}
	C_3	0.3931	4.0315	1077.58	4.1910^{-6}	4.2697^{-6}
	C_4	0.4102	4.0191	437.5637	0.8730^{-6}	0.8890^{-6}
	C_5	0.3930	3.8502	664.3641	1.6686^{-6}	1.6694^{-6}
参数单位	Q	m^3/s	m^3/s	m^3/d	Mm^3/d	Mm^3/d
	D	m	m	cm	mm	mm
	L	m	m	km	km	km
	p	N/m^2(Pa)	kgf/m^2	kgf/m^2	kgf/m^2	$10^5 Pa$

在美国和苏联的后期公式中都引入了输气管道效率系数，这是因为在管道长期运行过程中水力摩阻会由于腐蚀等原因不断增大，使输气管道效率随时间不断地降低。为了说明运行中的输气管道的工作状况、管道的脏度，在工程上引入了输气管道效率系数 E，用以表示输气管道流量被减少的程度或输气管道的效率：

$$E = \frac{Q_r}{Q} = \sqrt{\frac{\lambda}{\lambda_r}} \tag{4-48}$$

式中，Q_r 为输气管道的实际流量，m^3/d；Q 为输气管道的设计流量，m^3/d；λ_r 为实测的水力摩阻系数；λ 为设计中采用的水力摩阻系数。

E 一般小于1，E 越小表示输气管道越脏，管内沉积物越多，流量也就越小。因此必须定期测定 E 值以确定是否需要采取相应的清管措施，以维持输气管道的正常输量。

4.3 管道基本参数对输气能力的影响

第4.2节中分析了管道起终点高程差及地形起伏对输气管道流量的影响。本节以威莫斯公式(4-37)为例，分析纯氢及掺氢天然气管道直径D、长度L、温度T、起点压力p_Q和终点压力p_Z等基本参数对输气流量的影响。

4.3.1 管道直径对流量的影响

当输气管道的其他条件相同时，根据式(4-37)，对于直径分别为D_1和D_2的管道，其输气流量分别为：

$$Q_1 = CD_1^{8/3}\left(\frac{p_Q^2 - p_Z^2}{ZTL\Delta}\right)^{0.5} \tag{4-49}$$

$$Q_2 = CD_2^{8/3}\left(\frac{p_Q^2 - p_Z^2}{ZTL\Delta}\right)^{0.5} \tag{4-50}$$

两式相除，可得：

$$\frac{Q_1}{Q_2} = \left(\frac{D_1}{D_2}\right)^{8/3} \tag{4-51}$$

式(4-51)表明，管道的输气能力与管道直径的8/3次方成正比。若直径增大1倍，即$D_2 = 2D_1$，则流量为：

$$Q_2 = 2^{8/3}Q_1 \approx 6.35Q_1 \tag{4-52}$$

即流量变为原来的6.35倍。因此增大管径可显著增加管道的输气量，因此未来管道输送向大口径发展。

4.3.2 管道长度对流量的影响

当输气管道的其他条件相同时，根据式(4-37)，对于长度分别为L_1和L_2的管道(或站间距)，其输气流量分别为：

$$Q_1 = CD^{8/3}\left(\frac{p_Q^2 - p_Z^2}{ZTL_1\Delta}\right)^{0.5} \tag{4-53}$$

$$Q_2 = CD^{8/3}\left(\frac{p_Q^2 - p_Z^2}{ZTL_2\Delta}\right)^{0.5} \tag{4-54}$$

两式相除，可得：

$$\frac{Q_1}{Q_2} = \left(\frac{L_2}{L_1}\right)^{0.5} \tag{4-55}$$

式(4-55)表明，管道的输气能力与长度(或站间距)的0.5次方成反比。若长度缩小一半，例如在两个压气站之间增设一个压气站，$L_2 = 0.5L_1$，则流量为：

$$Q_2 = \sqrt{2}Q_1 \approx 1.414Q_1 \tag{4-56}$$

即增加一个压气站，管道输气量提升了41.4%。虽然增加压气站可以增加管道的输气量，但同时会增加建设投资，需综合考虑。

4.3.3 输气温度对流量的影响

当输气管道的其他条件相同时，根据式(4－37)，对于输气温度分别为 T_1 和 T_2 的管道，其输气流量分别为：

$$Q_1 = CD^{8/3}\left(\frac{p_Q^2 - p_Z^2}{ZT_1L\Delta}\right)^{0.5} \tag{4-57}$$

$$Q_2 = CD^{8/3}\left(\frac{p_Q^2 - p_Z^2}{ZT_2L\Delta}\right)^{0.5} \tag{4-58}$$

两式相除，可得：

$$\frac{Q_1}{Q_2} = \left(\frac{T_2}{T_1}\right)^{0.5} \tag{4-59}$$

式(4－59)表明，管道的输气能力与气体绝对温度的0.5次方成反比。即输气温度越低，输气量越大。因此，冷却气体也是增加管道输气量的一种方法。但由于式(4－59)中的温度是指气体的绝对平均温度，因此在正常的输气温度范围内，T_2/T_1 变化并不明显。例如，当输气温度从20℃降低到5℃时：

$$Q_2 = \left(\frac{273.15 + 20}{273.15 + 5}\right)^{0.5} Q_1 = 1.026Q_1 \tag{4-60}$$

即管道的输气量只增加了2.6%，因此通过改变输气温度的方法增加输气量并不显著。

4.3.4 起、终点压力对流量的影响

由式(4－37)可知，管道的输气量与起终点压力平方差的0.5次方成正比，因此改变起、终点压力会影响管道的输气量，下面分别进行分析。

假设起点压力增加 Δp，压力平方差为：

$$(p_Q - \Delta p)^2 - p_Z^2 = p_Q^2 + 2p_Q\Delta p + \Delta p^2 - p_Z^2 \tag{4-61}$$

假设终点压力降低 Δp，压力平方差为：

$$p_Q^2 - (p_Z - \Delta p)^2 = p_Q^2 - p_Z^2 + 2p_Z\Delta p - \Delta p^2 \tag{4-62}$$

式(4－61)减去式(4－62)得：

$$2\Delta p(p_Q - p_Z) + 2\Delta p^2 = 2\Delta p(p_Q - p_Z + \Delta p) > 0 \tag{4-63}$$

式(4－63)说明，提高起点压力后的压力平方差大于终点压力降低同样压差后的压力平方差，即提高起点压力比降低终点压力的增加管道输气量的效果更明显。

此外，起、终点压力平方差还可写为：

$$p_Q^2 - p_Z^2 = (p_Q + p_Z)(p_Q - p_Z) = (p_Q + p_Z)\Delta p \tag{4-64}$$

式(4－64)说明，在相同的压差 Δp 下，同时提高起、终点压力，也可以增大管道输气量。

4.4 纯氢及掺氢管道的热力计算

工程实际中长距离输气管道等温流动为理想情况，纯氢及掺氢天然气在管道流动过程

中温度逐步发生变化。由于管道的水力和热力计算是相互耦合和相互影响的，为了给水力计算提供正确的温度参数，需要进行热力计算，获得管道的温度分布和变化规律。

4.4.1 输气管道的温度计算

纯氢及掺氢天然气管道的温度分布及变化规律是由气体运动以及气体与周围介质的热交换决定的。对于稳态流动，若忽略能量方程式(4－9)中流速变化$\left(w\dfrac{\mathrm{d}w}{\mathrm{d}x}\right)$和高差($g\sin\theta$)的影响，式(4－9)可简化为：

$$\left(\frac{\partial h}{\partial T}\right)_p\frac{\mathrm{d}T}{\mathrm{d}x}+\left(\frac{\partial h}{\partial p}\right)_T\frac{\mathrm{d}p}{\mathrm{d}x}=-\frac{\mathrm{d}Q}{\mathrm{d}x} \tag{4-65}$$

式中，T 为气体的温度，K 或℃；h 为气体的焓，J/kg；p 为气体的压力，Pa；Q 为单位质量气体通过管道向外界放出的热量，J/kg。

由热力学基本关系：

$$\left(\frac{\partial h}{\partial p}\right)_T=-\left(\frac{\partial h}{\partial T}\right)_p\left(\frac{\partial T}{\partial p}\right)_h=-c_pD_i \tag{4-66}$$

式中，c_p为气体的比定压热容，J/(kg·K)；D_i 为焦耳－汤姆孙系数，K/Pa 或℃/Pa。

将式(4－66)结果代入式(4－65)中，整理得：

$$c_p\mathrm{d}T-c_pD_i\mathrm{d}p=-\mathrm{d}Q \tag{4-67}$$

式中，dQ 项可由传热学基本原理求得：

$$\mathrm{d}Q=\frac{K\pi D(T-T_0)}{M}\mathrm{d}x \tag{4-68}$$

式中，K 为总传热系数，W/(m^2·K)；D 为管道内径，m；T_0为管道周围介质的温度，K(或℃)；M 为气体的质量流量，kg/s。

将式(4－68)代入式(4－67)得：

$$-\frac{K\pi D(T-T_0)}{M}\mathrm{d}x=c_p\mathrm{d}T-c_pD_i\mathrm{d}p \tag{4-69}$$

将上式两端除以 $c_p\mathrm{d}x$，并令 $a=\dfrac{K\pi D}{Mc_p}$，整理得：

$$\frac{\mathrm{d}(T-T_0)}{\mathrm{d}x}+a(T-T_0)=D_i\frac{\mathrm{d}p}{\mathrm{d}x} \tag{4-70}$$

假设管道起点处($x=0$)处，$T=T_Q$(起点温度)，对式(4－70)进行积分并整理得：

$$T=T_0+(T_Q-T_0)\mathrm{e}^{-ax}+D_i\mathrm{e}^{-ax}\int_0^x\frac{\mathrm{d}p}{\mathrm{d}x}\mathrm{e}^{ax}\mathrm{d}x \tag{4-71}$$

式(4－71)即为计算纯氢及掺氢天然气管道温度分布的基本公式。需要指出的是，式(4－71)的最后一项表示焦耳－汤姆孙效应对管道温度分布的影响。为了求解式(4－71)，假设压力沿管道长度方向是线性分布的，即式中最后一项$\dfrac{\mathrm{d}p}{\mathrm{d}x}=-\dfrac{p_Q-p_Z}{L}$，则式(4－71)可写为：

$$T = T_0 + (T_Q - T_0)e^{-ax} - D_i\frac{p_Q - p_Z}{aL}(1 - e^{-ax}) \tag{4-72}$$

值得注意的是，与天然气管道中焦耳－汤姆孙效应引起温降不同，对于纯氢管道，焦耳－汤姆孙效应会引起温升，对于掺氢天然气管道，随着掺氢比的增加，焦耳－汤姆孙效应的温降作用会减弱。如果忽略焦耳－汤姆孙效应的影响，式(4－72)可以简化为著名的苏霍夫公式：

$$T = T_0 + (T_Q - T_0)e^{-ax} \tag{4-73}$$

式(4－73)表明，当 $x \to \infty$ 时，可求得管道末端的温度为：

$$T = T_0 - D_i\frac{p_Q - p_Z}{aL} \tag{4-74}$$

式(4－74)说明，若不考虑焦耳－汤姆孙效应，$T \to T_0$，即管道温度不低于周围介质温度。若考虑了焦耳－汤姆孙效应，纯氢管道温度可能高于周围介质温度，掺氢天然气管道的温度虽然不低于周围介质温度，但是温降幅度会减小。

4.4.2 输气管道的平均温度

输气管道的平均温度是管输工艺计算的重要参数，可由式(4－75)计算：

$$T_{av} = \frac{1}{L}\int_0^L T\mathrm{d}x \tag{4-75}$$

将式(4－72)和式(4－73)分别代入式(4－75)，可分别得到考虑和忽略焦耳－汤姆孙效应的输气管道平均温度计算公式：

$$T_{av} = T_0 + (T_Q - T_0)\frac{(1 - e^{-aL})}{aL} - D_i\frac{p_Q - p_Z}{aL}\left[1 - \frac{(1 - e^{-aL})}{aL}\right] \tag{4-76}$$

$$T_{av} = T_0 + (T_Q - T_0)\frac{(1 - e^{-aL})}{aL} \tag{4-77}$$

以上两式表明，管道周围介质温度 T_0 越高，输气管道的平均温度 T_{av} 也越高。在计算输气量时，T_{av} 越高，管道流量就越小，因此在管道工艺设计时，应选择夏季的 T_0 作为水力计算的依据。

4.4.3 总传热系数的计算

在对纯氢及掺氢天然气管道进行热力计算时，需给定总传热系数和管道周围介质温度。其中，管道周围介质温度一般可根据管道的敷设方式，进行实测或查阅当地气候温度数据获得，而总传热系数需要计算给出。

总传热系数是指当气体与周围介质的温差为1℃时，单位时间内通过单位传热表面积所传递的热量。物理意义表示气体向周围介质传热的强弱程度。对于输气管道，其传热过程一般由三部分组成：管内气体至管道内壁的对流换热，管壁、绝缘层、防护层等的导热，管道至周围介质的对流换热。根据传热学知识，管内气体与周围介质间的总传热系数可由式(4－78)确定：

$$\frac{1}{KD_j}=\frac{1}{\alpha_1 D_n}+\sum_{i=1}^{n}\frac{\ln\frac{D_{i+1}}{D_i}}{2\lambda_i}+\frac{1}{\alpha_2 D_w} \tag{4-78}$$

式中，K 为总传热系数，W/(m² · K)；D_j 为确定总传热系数的计算管径，m；α_1 为管内气体至管道内壁的对流换热系数，W/(m² · K)；D_n 为管道的内径，m；D_i 为第 i 层(管壁、绝缘层、防护层等)的外径，m；λ_i 为第 i 层(管壁、绝缘层、防护层等)的导热系数，W/(m · K)；α_2 为管道外表面至周围介质的对流换热系数，W/(m² · K)；D_w 为管道的外径，m。

对于直径较大的管子，可采用式(4-79)进行简化计算：

$$\frac{1}{K}\approx\frac{1}{\alpha_1}+\sum_{i=1}^{n}\frac{\delta_i}{\lambda_i}+\frac{1}{\alpha_2} \tag{4-79}$$

式中，δ_i 为管壁、绝缘层、防护层等的厚度，m。

(1)管道内壁对流换热系数 α_1 可根据下列准则方程求得：

$$Nu=0.021\,Re^{0.8}\,Pr^{0.43} \tag{4-80}$$

式中，Nu 为努塞尔数，$Nu=\alpha_1 D_n/\lambda$；Re 为雷诺数；Pr 为普朗特数，$Pr=\mu c_p/\lambda$，μ、c_p、λ 分别为平均温度下气体的动力黏度、比定压热容和导热系数。

(2)管道外表面对流换热系数 α_2 取决于管道铺设方式。

若输气管道为埋地敷设管道，管道外表面对流换热系数由式(4-81)计算：

$$\alpha_2=\frac{2\lambda_1}{D_w\ln\left[\frac{2H}{D_w}+\sqrt{\left(\frac{2H}{D_w}\right)^2-1}\right]} \tag{4-81}$$

式中，H 为管道中心埋置深度，m；λ_1 为土壤的导热系数，它取决于土壤的种类和含水量，W/(m · K)。

若输气管道为地上管道，管道外表面对流换热系数由辐射换热系数和对流换热系数两部分组成：

$$\alpha_2=\alpha_f+\alpha_d \tag{4-82}$$

式中，α_f 为辐射换热系数，由式(4-83)计算；α_d 为对流换热系数，由式(4-84)计算：

$$\alpha_f=C\frac{\left(\frac{T}{100}\right)^4-\left(\frac{T_a}{100}\right)^4}{T-T_a} \tag{4-83}$$

$$\alpha_d=\begin{cases}1.16\left(\frac{T-T_a}{D_w}\right)^{0.25} & \text{无风时}\\ 11.6+7\sqrt{v} & \text{有风时}\end{cases} \tag{4-84}$$

式中，C 为管壁辐射系数，$C\approx4.4\sim5.5$W/(m² · K)；T 为管道表面温度，K；T_a 为空气温度，K；v 为风速，m/s。

一般情况下，管道内部对流换热系数 α_1 的值一般在 50～400W/(m² · K)，要比外部对流换热系数 α_2 大一两个数量级，且钢管管壁的导热系数很大，此时式(4-79)可化简为：

$$\frac{1}{K} \approx \frac{\delta_i}{\lambda_i} + \frac{1}{\alpha_2} \tag{4-85}$$

式中，δ_i 、λ_i 分别为绝缘层的厚度与导热系数。

4.4.4 掺氢天然气水合物的生成条件预测及防止措施

(1)天然气水合物

与天然气类似，由于节流效应等，在管道中输送时掺氢天然气可能在管道阀门处等形成掺氢天然气水合物。天然气水合物是由碳氢化合物和水组成的一种复杂不稳定的白色结晶体，分子式一般用 $M \cdot nH_2O$ 表示，M 表示水合物中的气体分子，n 表示水分子数。常见的天然气水合物的结构形式有多种，例如Ⅰ型水合物、Ⅱ型水合物、H 型水合物、S 型水合物等。每种结构类型的水合物都有其特定的稳定条件和分布环境，例如Ⅰ型水合物在自然界中分布最广，而Ⅱ型和 H 型水合物更加稳定。

(2)掺氢天然气水合物生成条件的预测

掺氢天然气在管道输送过程中形成水合物是不利的，容易造成管道堵塞。虽然掺氢有利于缓解天然气的节流温降效应，但仍需要注意抑制水合物的生成。掺氢天然气水合物的生成条件与天然气水合物的生成条件类似，涉及多个因素，其中温度、压力以及气体成分等是主要影响因素。首先，水合物的形成需要适宜的温度和压力条件，高压环境对水合物的形成有利。对于掺氢天然气，虽然氢气本身的特性会对水合物的形成条件产生影响，但基本的温度和压力条件仍然适用。其次，气体吸附是水合物形成的关键步骤。在适宜的温度和压力下，气体分子与水分子之间发生吸附作用，形成水合物晶体结构。这种吸附作用是通过气体分子与水分子之间的氢键相互作用实现的，掺氢可能会改变气体分子与水分子之间的相互作用，从而影响水合物的生成条件和稳定性。再次，水合物的生长涉及晶核的形成过程和晶体的生长过程，掺氢天然气中氢含量可能会影响晶核形成和晶体生长的速率。此外，除了基本的温度和压力条件，其他因素如气体成分、溶解度以及气流状态等也可能对掺氢天然气水合物的生成有影响。

总的来说，掺氢天然气水合物和天然气水合物在成因、结构等方面具有共性，但在成分、形成条件和性质等方面存在差异，未来仍需对掺氢天然气水合物进行深入研究。

(3)掺氢天然气水合物的防止措施

为防止管输过程中形成掺氢天然气水合物，需考虑诸多因素。首先，控制合理的掺氢比例，降低掺氢对水合物生成的影响。其次，提高输送温度，使掺氢天然气的温度高于水合物的生成温度，从而防止水合物的形成。此外，降低输送压力，使掺氢天然气的输送压力低于水合物生成的临界压力，可以有效防止水合物的形成。同时，脱除掺氢天然气中的水分也是防止水合物生成的重要措施。除了以上措施，向掺氢天然气中加入抑制剂也是防止水合物生成的常用方法。抑制剂可以降低水合物的生成温度或改变其他生成条件，从而防止水合物的形成。

在工程上，可以通过实时监测管道内的温度、压力、气体成分等参数，及时发现水合物生成的迹象，并采取相应的措施进行干预。同时，建立预警系统，对可能出现的水合物生成风险进行预测和评估，提前做好防范准备。

4.5 纯氢及掺氢管道数值仿真方法简介

本章4.1～4.4节在稳态流动和其他一些简化假设的基础上，得出了一系列便于工程计算的水力、热力计算公式，并得到广泛应用。但由于这些公式经过简化，计算结果具有一定的适用范围。工程实践和计算分析表明，当管道的压力较低时，这些公式的计算结果较准确；但管道的压力和温度较高时，计算结果的误差较大。为了获得更准确的计算结果，满足复杂工程的计算需要，需要采用数值仿真方法对输气管道的基本方程进行求解。

在纯氢及掺氢天然气管道的设计、工况运行过程中，为了获得管道的运行参数，需采用数值方法求解管道的控制方程，称为对输气管道的数值仿真。根据管道内气体流动状态的不同，输气管道的数值仿真分为稳态仿真和非稳态仿真。稳态数值仿真较简单，但非稳态数值仿真在工程实际中更常用。输气管道的非稳态流动可分为两种：由于分输点及输气终点的用气量变化引起，并且用气量随昼夜、月份、季节而变化，这种非稳态流动称作缓变流(慢瞬变流)；由于缓冲用户的切断和接通、压缩机的开启和关闭、截流阀门的关闭、发生事故性漏气或断裂等原因引起的非稳态流动称为瞬变流(快瞬变流)。瞬变流是相对于缓变流而言的，流动变化过程要比缓变流快得多。

输气管道中常用的非稳态水力、热力计算数值仿真方法主要有变分法和有限差分法。变分法是从泛函理论出发的一种方法(例如伽辽金法)，该方法既具有解析解法的特点，又具有数值解法的特点，在计算精度和稳定性上具有一定优越性。有限差分法可分为直接差分法和特征线网格差分法。根据差分格式的不同，直接差分法又分为显式差分法和隐式差分法。显式差分法避免了求解大型方程组的麻烦，可在时层上直接进行显式推进，但是时间步长需要取较小值以保证计算的稳定。此外，显式差分法忽略了惯性的影响，对较剧烈的瞬变流不再适用。隐式差分法能够选取较大的时间步长，节约了计算时间，但在计算的每一步都需联立求解方程组，所以在进行大型管网的动态仿真时，需要较大的计算机存储量和较快的计算速度。特征线网格差分法利用原数学模型的特征，将偏微分方程化为沿特征线上的全微分问题。该方法对方程未作简化处理，随着惯性因子的引入，特征线网格差分法对时间步长的限制也放宽了，减少了计算时间，管网规模越大，计算速度上的优越性也就越明显。在目前纯氢及掺氢天然气管道输送工艺的水力热力计算通用程序开发上，一般有限差分法应用较广泛。

习题

1. 掺氢天然气管道输送和天然气管道输送相比，在工艺上有何区别？
2. 掺氢天然气管道的输气能力受哪些因素影响？影响规律如何？
3. 试说明氢气管道中间某站停运后，沿线各站压力、流量的变化规律。
4. 试说明掺氢天然气管道有多个掺氢点和分输站时，沿线各站压力、流量的变化规律。

5. 常用的水力摩阻系数有哪些？适用范围如何？

6. 引入输气管道效率系数的原因是什么？

7. 焦耳－汤姆孙效应对天然气管道、掺氢天然气管道、纯氢管道的影响如何？

8. 下图为一输气管道温度沿程变化曲线，试问曲线1和曲线2哪条表示天然气管道、哪条表示掺氢天然气管道？

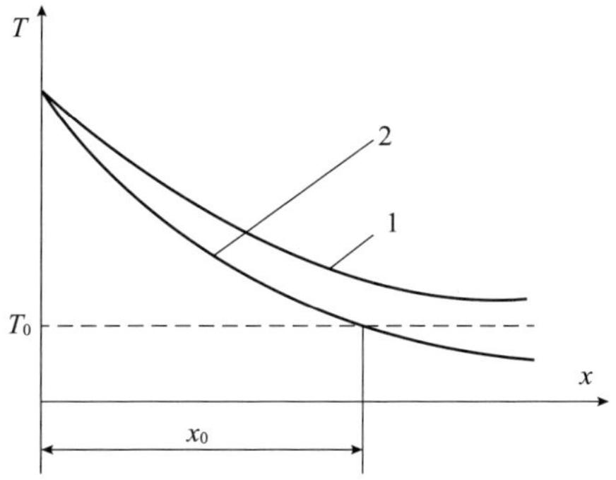

9. 什么是总传热系数？受哪些因素影响？

10. 纯氢及掺氢天然气管道常用的数值仿真方法有哪些？各有何不同？

第5章　天然气掺氢混气站

与纯氢和天然气管道输送不同，掺氢天然气管道输送一般需要在掺氢点设置掺氢混气站。本章简要介绍天然气掺氢混气站的基本概念、基本规定、主要工艺设备及选址原则、消防与给水排水、电气仪表控制、验收与运维的基本要求。

5.1　天然气掺氢混气站简介

掺氢天然气是指将一定比例的氢气掺入天然气中得到的混合气体，天然气掺氢混气站是得到掺氢天然气的主要场所。下面简要介绍天然气掺氢混气站涉及的基本概念及基本规定。

5.1.1　基本概念

天然气掺氢混气站是指采用专用的混气装置实现天然气和氢气两种气体按比例混合的场所。混气装置是天然气掺氢混气站的主要设备，一般指将阀门、管道、混气设备、仪器仪表和控制系统等集成并固定在同一底座上，实现两种或多种气体按照一定掺混比例均匀混合的装置。此外，天然气掺氢混气站还涉及氢气工艺装置，包括用于氢气装卸、过滤净化、计量、调压等氢气输送的工艺设备，不包含以氢气储存为目的的储氢容器以及氢气集中放散装置。

目前，天然气管道掺氢输送技术仍处于发展阶段，现有天然气掺氢混气站技术规范一般适用于储氢总容量不大于8000kg、掺氢比例不超过20%（体积分数）、掺氢天然气压力不超过4MPa的天然气掺氢混气站的设计、施工、验收及运行维护。现行天然气掺氢混气站的等级依据站内储氢容器容量划分为4个等级，具体划分如表5－1所示。

表5－1　天然气掺氢混气站的等级划分

级别	储氢容器容量/kg	
	总容量 G	单罐容量 G_0
一级	$5000 < G \leqslant 8000$	$1500 < G_0 \leqslant 2000$
二级	$3000 < G \leqslant 5000$	$800 < G_0 \leqslant 1500$
三级	$0 < G \leqslant 3000$	$0 < G_0 \leqslant 800$
四级	$G = 0$	$G_0 = 0$

注：表中的级别划分应同时满足总容量和单罐容量的要求，不满足时应取较高级别。

5.1.2 基本规定

天然气掺氢混气站可与城镇燃气门站、储配站、压缩天然气供应站、液化天然气供应站、燃气调压站、加氢站、制氢厂等合建。天然气掺氢混气站的气体压力、掺混比例应根据用户需求和下游管网的情况确定。

在掺氢气体要求方面，天然气掺氢混气站应结合天然气和氢气来源进行设计。氢气来源有多种，例如可为自备制氢系统产生的氢气、氢气管线输送的氢气、氢气长管拖车运输的高压氢气或液氢气化调压后的氢气等。氢气流量根据天然气流量和掺氢比例确定，混气前掺氢管线的压力宜比天然气输送压力高 0.05 ~0.1MPa，输送温度为 -20 ~50℃。此外，进站氢气质量需符合规定，不得低于表 5 -2 的要求，且与混气站内设备和管路系统相适应。作为城镇燃气的掺氢天然气，加臭剂的质量及添加量应符合 CJJ/T 148 的有关规定，偏离基准气的波动范围宜按 GB/T 13611 的规定采用。总硫、硫化氢和二氧化碳含量应符合 GB 17820—2018 二类气的要求。

表 5 -2 氢气质量要求

项目	指标
氧(O_2)的体积分数	≤0.40×10^{-2}
氮加氩(N_2+Ar)的体积分数	≤0.60×10^{-2}
游离水	≤100mL/40L 瓶
总硫(以硫计)	≤100mg/m^3

在安全设计方面，天然气掺氢混气站站内爆炸危险区域等级和范围划分应符合 GB 50058 和 GB 50028 的有关规定。天然气掺氢混气站设计时应采取有效措施，减少噪声、废气等对环境的影响，噪声应符合 GB 12348 的有关规定，当设置在居民区附近时，还应符合 GB 3096 的有关规定。天然气掺氢混气站的抗震设计应符合 GB 50032、GB 50011 和 GB 50191 的有关规定，防洪标准应根据建站规模、城镇的自然条件等因素确定，并应符合国家现行标准的有关规定，且不得低于站址所在区域防洪标准的要求。天然气掺氢混气站内危险场所和其他相关位置应设置明显的标志，并应符合 CJJ/T 153 的有关规定。此外，天然气掺氢混气站的设计、施工、验收和运行维护应符合国家现行有关标准的规定。

5.2 天然气掺氢混气站选址及平面布置

5.2.1 站址选择

天然气掺氢混气站宜位于所在地区全年最小频率风向的上风侧，在山区或丘陵地区，站址应避免选在窝风地段，应选地势平坦、开阔的地段，且避开地质灾害多发区，避免洪水、潮水和内涝威胁。站场周边应具备交通、供电、给排水和通信等条件。一、二、三级天然气掺氢混气站内的氢气工艺设施与站外建筑物和构筑物的防火间距不应小于表 5 -3

的规定，四级不应小于站内同压力级制的天然气工艺装置与站外建筑物和构筑物的防火间距。站内掺氢天然气工艺装置、天然气工艺装置与站外建筑物和构筑物的防火间距应符合GB 50028、GB 51102 中的有关规定。

表 5－3　氢气工艺设施与站外建筑物和构筑物的防火距离　m

<table>
<tr><th colspan="2" rowspan="2">项目名称</th><th colspan="3">储氢容器</th><th rowspan="2">氢气工艺装置</th><th rowspan="2">集中放散装置的放散管口</th></tr>
<tr><th>一级</th><th>二级</th><th>三级</th></tr>
<tr><td colspan="2">重要公共建筑</td><td>50</td><td>50</td><td>50</td><td>50</td><td>50</td></tr>
<tr><td colspan="2">明火或散发火花地点</td><td>40</td><td>35</td><td>30</td><td>20</td><td>30</td></tr>
<tr><td rowspan="3">民用建筑物保护类别</td><td>一类保护物</td><td>35</td><td>30</td><td>25</td><td>20</td><td>25</td></tr>
<tr><td>二类保护物</td><td>30</td><td>25</td><td>20</td><td>14</td><td>20</td></tr>
<tr><td>三类保护物</td><td>30</td><td>25</td><td>20</td><td>12</td><td>20</td></tr>
<tr><td rowspan="3">生产厂房、库房耐火等级</td><td>一、二级</td><td>25</td><td>20</td><td>15</td><td>12</td><td rowspan="3">25</td></tr>
<tr><td>三级</td><td>30</td><td>25</td><td>20</td><td>14</td></tr>
<tr><td>四级</td><td>35</td><td>30</td><td>25</td><td>16</td></tr>
<tr><td colspan="2">甲类物品仓库，甲、乙、丙类液体储罐，可燃材料堆场</td><td>35</td><td>30</td><td>25</td><td>18</td><td>25</td></tr>
<tr><td colspan="2">室外变配电站</td><td>35</td><td>30</td><td>25</td><td>18</td><td>30</td></tr>
<tr><td rowspan="2">铁路</td><td>正线</td><td>35</td><td>35</td><td>35</td><td>30</td><td>30</td></tr>
<tr><td>其他线</td><td>25</td><td>25</td><td>25</td><td>25</td><td>30</td></tr>
<tr><td rowspan="2">城市道路</td><td>快速路、主干路</td><td colspan="3">15</td><td>6</td><td>15</td></tr>
<tr><td>次干路、支路</td><td colspan="3">10</td><td>5</td><td>10</td></tr>
<tr><td colspan="2">架空通信线</td><td colspan="5">不应跨越，且不得小于杆高的 1 倍</td></tr>
<tr><td colspan="2">架空电力线路</td><td colspan="5">不应跨越，且不得小于杆高的 1.5 倍</td></tr>
</table>

站内氢气的工艺设施与郊区公路的防火间距应按城市道路确定，高速公路、Ⅰ级和Ⅱ级公路应按城市快速路、主干路确定，Ⅲ级和Ⅳ级公路应按城市次干路、支路确定。此外，氢气长管拖车固定车位与站外建筑物、构筑物的防火距离应按表 5－3 储氢容器的防火距离确定。

5.2.2　站内布置

天然气掺氢混气站内总平面布置应按生产区和辅助区进行分区布置。生产区工艺设施宜布置在站内辅助区主要建筑物及明火或散发火花地点的全年最小频率风向的上风侧，氢气工艺设施与站内建筑物和构筑物的防火间距不应小于表 5－4 的规定。

氢气长管拖车固定车位与站内建筑物和构筑物的防火距离应按表 5－4 中储氢容器的防火距离确定。四级天然气掺氢混气站内氢气工艺装置与站内建、构筑物的防火间距不应小于站内同压力级制的天然气工艺装置与站内建、构筑物的防火间距。天然气掺氢混气站内天然气工艺装置、掺氢天然气工艺装置与站内建筑物、构筑物的防火间距应符合

GB 50028、GB 51102 的有关规定。天然气掺氢混气站与城镇燃气厂站合建站站内天然气储罐与储氢容器应布置在不同的罐区，两类储存设施球形储罐区之间的防火间距不应小于相邻较大罐直径，且不应小于20m，卧式储罐组之间的防火间距不应小于相邻较大罐长度的1/2。混气站内天然气工艺设施与氢气工艺设施间的防火间距不应小于表5-5的规定，站内建筑物和构筑物的防火间距还应符合 GB 50016 的有关规定。氢气长管拖车固定车位与天然气工艺装置的防火距离应按表5-5中储氢容器的防火距离确定。

表5-4 氢气工艺设施与站内建筑物和构筑物的防火间距 m

项目	防火间距			
	储氢容器一级	储氢容器二、三级	氢气工艺装置	集中放散装置的放散管口
明火、散发火花地点	35	30	30	30
控制室、变配电室、汽车库、值班室等辅助建筑	12	12	12	25
机修间、燃气热水炉间	14	12	12	30
消防泵房、消防水池取水口	30	20	20	20
站内道路	5	4	3	4
围墙	5	5	5	5
氢气工艺装置	—	—	—	20

表5-5 站内工艺设施间的防火间距 m

设施名称	储氢容器	氢气集中放散装置的放散口	氢气工艺装置	掺氢天然气工艺装置
天然气工艺装置	12	20	4	—
天然气集中放散装置的放散口	20	3	20	12
掺氢天然气工艺装置	12	20	仅需满足安装、操作及维修要求	仅需满足安装、操作及维修要求

天然气掺氢混气站的生产区应采用高度不低于2.5m的不燃烧体实体围墙，辅助区根据安全保障情况和景观要求，可设置不燃烧体非实体围墙，生产区与辅助区之间宜采用隔墙或栅栏隔开。混气站的生产区和辅助区应至少设置1个对外出入口，出入口应便于通行和紧急事故时人员的疏散。一、二级站场的生产区应设置2个对外出入口，其间距不应小于30m，对外出入口的宽度不应小于4m，且生产区和辅助区宜分别设置对外出入口。天然气掺氢混气站的生产区应设有满足生产、运行、消防等需要的道路和回车场地，一、二级站场生产区应设置环形消防车道，其他规模场站的生产区可设置尽头式消防车道和面积不小于12m×12m的回车场地。消防车道宽度不应小于4.0m，消防回车场地及消防车道应满足消防车辆最小转弯半径的要求。混气站的竖向设计应符合 GB 50187 的有关规定。

天然气掺氢混气站生产区内不得种植油性植物，工艺装置区、储罐区与周围消防车道之间不应种植树木，站内绿化不得影响生产、消防操作及设施安全。混气站内氢气长管拖车停车位不应设置坡度，氢气长管拖车的储气瓶卸气端应设钢筋混凝土实体墙，其高度不得低于长管拖车的高度，长度不应小于长管拖车车宽的2倍，可作为站区围墙的一部分。此外，氢气长管拖车的进出路线通道不宜与消防通道有干涉。

5.3 天然气掺氢混气站工艺及设施

5.3.1 天然气掺氢工艺

为保证燃烧稳定性和终端用气安全，防止掺氢天然气混合气体中氢气和天然气局部浓度差异过大，在氢气进入天然气管道之前，通常需要将氢气和天然气按设定的比例在混气设备中掺混均匀。常见的气体混合方式有文丘里引射法、高压比例混气法和随动流量定比调节法等。文丘里引射法的基本原理是将高压气体从拉伐尔超音速喷嘴中喷出，并在喷嘴附近形成负压，将所需掺混的低压气体吸入，在文丘里管中扩散后形成均匀的混合气体。在高压比例混气法中，两种气体通过调压器调压后进入混气设备内，并通过调压器控制两种气体以相同的压力按给定的掺混比例进入混气室进行掺混。虽然文丘里引射法和高压比例混气法可以实现天然气和氢气的掺混，但是掺混比例固定或需要手动调节，无法满足终端用户用气量随时间动态变化的需求。

为了适应管道输量及用户用气量的变化，现有掺氢工艺多采用随动流量定比调节掺混方法。如图5－1所示，在随动流量定比掺氢方法中，以天然气为主动气源、以氢气为随动气源，通过控制随动气源管路上的调节阀开度来实时响应主动气源的变化，使得随动气源流量按预先设定的比例跟随主动气源流量的变化而变化，从而达到即使天然气流量发生变化或终端用气量发生变化时也可以将天然气和氢气按固定比例进行掺混的目的。其中，随动流量掺氢精度的调控是该方法的关键技术之一。现有随动流量掺氢方法中多直接通过天然气管路和氢气管路的流量调控掺氢精度，即通过天然气和氢气管路上流量计数值进行调控。为了提高掺氢调控精度，可以在掺氢天然气混合气管路出口处增设氢气浓度分析仪、热值仪或采样后通过色谱分析仪等检测氢组分浓度，然后将检测到的氢组分浓度信息反馈到掺混控制系统并调节氢气管路的流量调节阀开度，以适应天然气管路流量的变化，从而实现动态调节和维持固定的掺氢比例。图5－2所示为具有代表性的随动流量定比掺氢工艺原理。

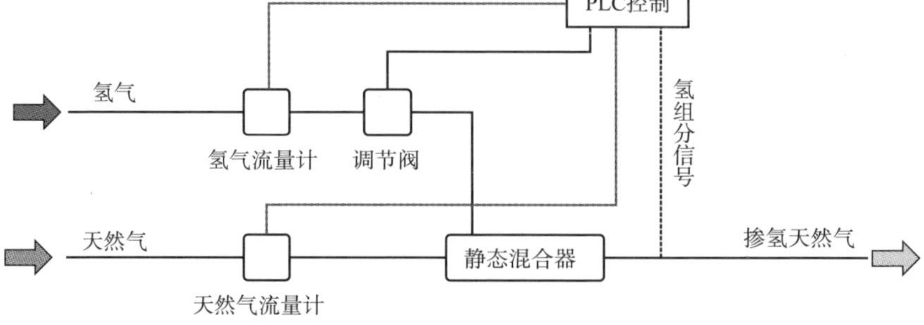

图5－1　随动流量定比掺氢原理

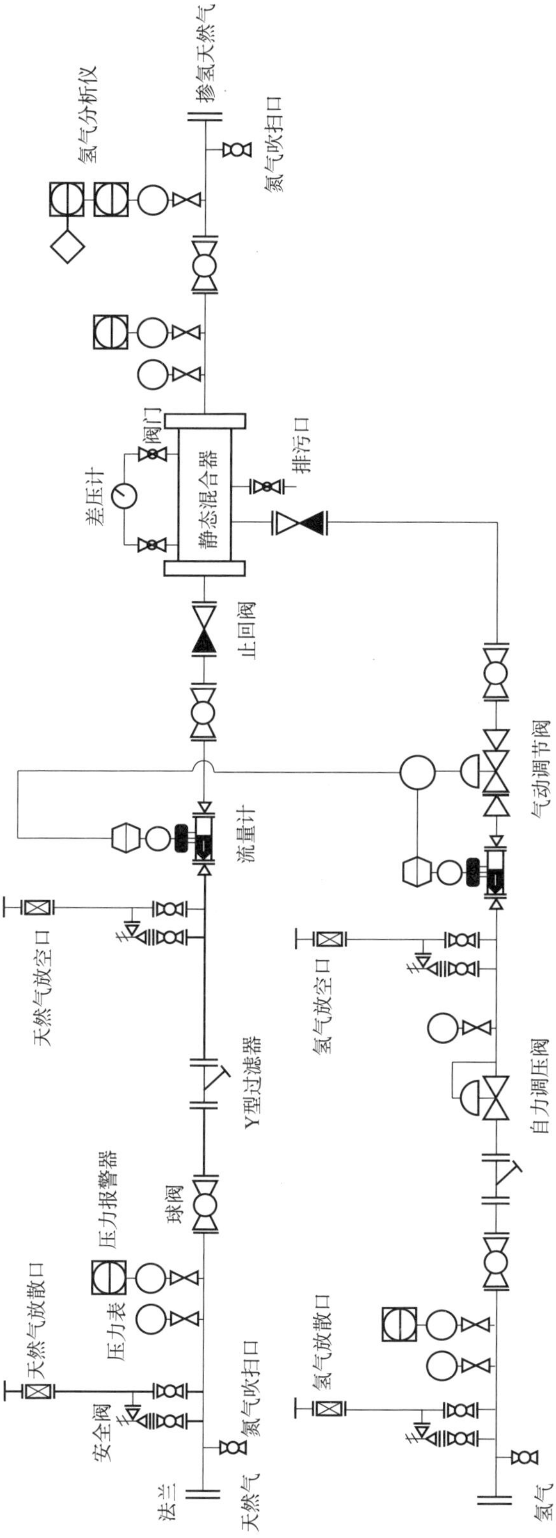

图5-2 随动流量定比掺氢工艺

5.3.2 随动流量掺氢装置

天然气随动流量掺氢装置宜为整体橇装，超过运输尺寸可以分橇，现场拼装。随动流量掺氢装置管线进出口界面为法兰连接，橇体上所有远传仪表接线汇总于橇边防爆接线箱，各安全放散阀和排污阀出口汇总于一个独立接口。天然气和氢气入口管线均应设置氮气吹扫装置，所有氮气吹扫口前应配置切断阀、止回阀，吹扫氮气中含氧量不得大于0.5%（体积分数）。随动流量掺氢装置内所有管道、阀门、管件的设计压力应为最大工作压力的1.10倍以上，并不得低于安全阀的泄放压力。装置内所有电器元件防爆等级不应低于GB 3836规定的ExdIICT4，防护等级不应低于GB/T 4208规定的IP65。随动流量掺氢装置可露天放置，或者放置于箱体内。如果放置于箱体中，箱体门窗应向外开启，门开启时不影响人员通过与操作，箱体上方应有自然通风口，通风面积不小于4%箱体底面积。体积大于1.5m^3的混气橇箱体应有爆炸泄压口，爆炸泄压口不得小于上盖或最大箱壁面积的50%（以较大者为准），爆炸泄压口宜设置在顶盖上，通风口面积可包括在计算爆炸泄压口面积内。橇体内接管法兰螺栓应按要求做静电跨接，远传仪表做接地，天然气管线和氢气管线对接点应采用法兰形式连接。放空管应引至集中排放装置，并应高出屋面或操作平台2m以上，且应高出所在地面5m以上，放空管应设置阻火器，并采取防止雨水侵入和杂物堵塞的措施。

图5－3所示为深圳市燃气集团股份有限公司燃气掺氢科技试验平台中的随动流量掺氢混气装置，该装置露天放置于深圳市龙华新区观澜街道牛湖社区求雨岭站场，设计掺氢天然气流量为100Nm^3/d，掺氢比例为5%～20%（体积分数）。

图5－3 求雨岭站场的随动流量掺氢装置

（1）天然气管线

天然气管线是指随动流量掺氢装置中的天然气管路，管线上设置切断阀、过滤器、调压器、流量计、止回阀等。管线进出口应设有压力和温度现场显示和信号远传装置，调压器前后应设有安全放散阀和手动排空旁通阀，过滤器应配有差压表和排污阀。如果天然气入口前端管线已设有上述所列的相关部件和仪器仪表，且能将远传信号接入混气控制系统，可不重复设置。管线材质和附件应符合GB 50028—2006的有关规定。稳压精度应确保在设计全量程范围内≤±2.5%，流量计量精度应确保在设计全量程范围内≤±1.5%，测量仪表精度等级不低于1.0级。天然气在管道内流速不宜超过20m/s。此外，可根据用气需求设置备用路。

(2)氢气管线

氢气管线是指随动流量掺氢装置中的氢气管路，管线上应设置接驳或卸气单元、切断阀、过滤器、调压器、流量计、流量调节阀、止回阀等。管线进出口应设有压力和温度现场显示和信号远传装置，各级调压器前后应设有安全放散阀和手动排空旁通阀，过滤器应配有差压表和排污阀，管线上部应设置氢气气体泄漏报警器等。管线材质和附件应符合GB 50516的有关规定。管线管道外径大于28mm时宜采用焊接连接，管道与设备阀门的连接宜采用法兰连接，法兰应符合HG/T 20592~20635的相关规定，小于或等于28mm的氢气管道与设备、阀门的连接可采用双卡套接头、焊接或锥管螺纹连接，双卡套接头应符合GB/T 3765的相关规定，管接头的复合密封材料和垫片应选用聚四氟乙烯等适应氢气的材料。管线稳压精度应确保在设计全量程范围内≤±2.5%，流量计量精度应确保在设计全量程范围内≤±1.5%，测量仪表精度等级不低于1.0级。氢气在管道内流速不宜超过15m/s。此外，可根据用气需求设置备用路。

(3)静态混合器

静态混合器是氢气和天然气掺混的主要场所，是随动流量掺氢装置的核心部件。与动态混合器和喷射式混合器相比，静态混合器是一种内部没有运动部件的混合设备，通过内置的静止混合元件改变流体的流动状态，使流体发生扭转、剪切和合流等，以实现不同流体之间的良好分散和充分混合，如图5-4所示。

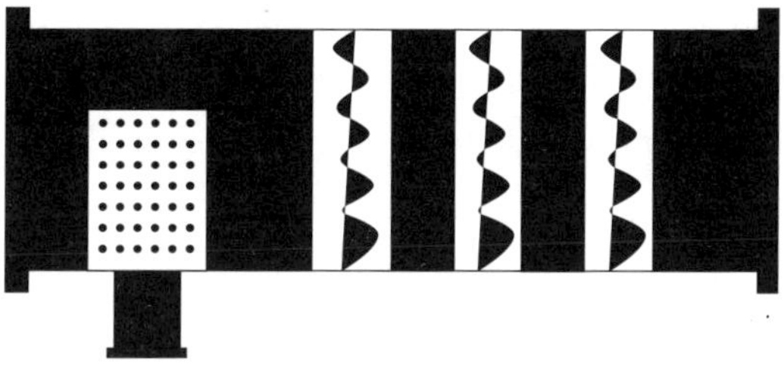

图5-4 静态混合器示意

根据扰流元件的结构类型，常见的静态混合器有很多种，如KSM型、SMX型、LPD型等，如图5-5所示。

(a) KSM型 (b) SMX型 (c) LPD型

图5-5 不同静态混合器扰流元件结构示意

除了扰流元件，静态混合器进口处的导流单元同样对掺混效果产生影响。常见的导流单元上通常开有多排小孔，使氢气更加分散地射入天然气气流中，提升混合效果。根据氢气进入静态混合器时入射方式的不同，常见的导流元件有氢气直管入射和弯管入射，如图5－6所示。

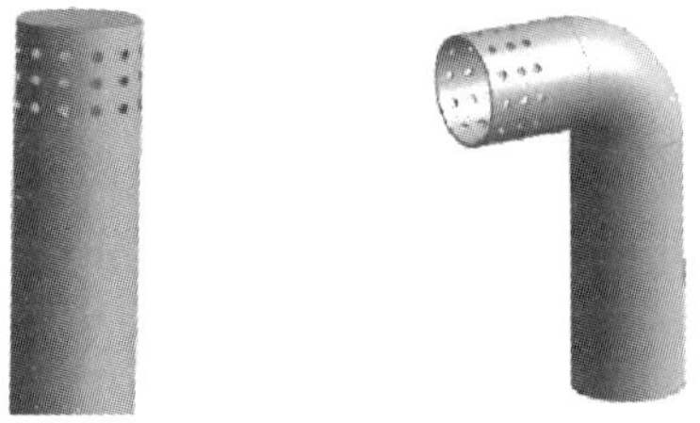

(a) 直管结构　　(b) 弯管结构

图5－6　不同静态混合器导流元件结构示意

衡量静态混合器掺混性能的主要指标是气体的混合均匀程度，目前广泛采用气体浓度样本体积分数的变异系数(COV)来量化这一指标，COV 越小，表示不同气体组分混合越均匀。静态混合器应能确保天然气和氢气的掺混均匀度不低于 95%，即 COV <0.05。此外，天然气和氢气在静态混合器内掺混时，会产生一定的压损，静态混合器应配有差压表，以指示掺氢时的压损大小。静态混合器底部还应设置排污阀，当压损较大时，应及时检查静态混合器是否需要排污。

(4)掺氢天然气管线

掺氢天然气管线设置在静态混合器末端，一般设置出口切断阀和测量仪表等。管线出口应设有压力和温度现场显示和信号远传装置，管线上一般设有甲烷浓度分析仪、氢气浓度分析仪等。管线材质和附件应符合 GB 50028 的有关规定。管线稳压精度应确保在设计全量程范围内≤ ±2.5%，测量仪表精度等级不低于 1.0 级。掺氢天然气在管道内流速不宜超过 20m/s。

(5)加臭及计量

天然气掺氢混气站内的调压计量和加臭装置宜露天设置，与周围建筑物和构筑物之间的距离应符合 GB 50028 的有关规定。加臭剂的质量及添加量应符合 CJJ/T 148 的有关规定。调压装置应根据工艺要求，采取防止天然气和氢气出口压力过高的安全措施。计量装置应根据工作压力、温度、流量和允许的压力降以及环境条件选择，用于贸易结算时，计量精度应满足国家有关规定和供需双方的合同约定。

5.4　天然气掺氢混气站的水电暖及安全设置

5.4.1　消防与给水排水

(1)消防

天然气掺氢混气站在同一时间内的火灾次数应按 1 次考虑，室外消防用水量应按固定式氢气储气装置、固定车位氢气长管拖车、固定车位氢气管束式集装箱的1起火灾灭火消防用水量确定。站区的消防用水量不小于表5－6的规定。表中总储气容积为固定式氢气储气装置、氢气的固定车位长管拖车或固定位置管束式集装箱的最大容积之和，按其几何容积(m^3)与最高储气压力(绝对压力)的乘积并除以压缩因子后的总和计算。当天然气掺氢混气站与其他站合建时，合建站的消防用水量应将其他固定式储罐的容积计入总储气容积后按照表5－6执行。

表5－6 站区的消防用水量

总储气容积 V/m^3	$500 < V \leqslant 10000$	$10000 < V \leqslant 50000$	$50000 < V \leqslant 100000$	$100000 < V \leqslant 200000$	$V > 200000$
消防用水量/(L/s)	15	20	25	30	35

天然气掺氢混气站内消防设施设计、建筑物消防用水量的确定应符合GB 50016和GB 50974的有关规定。表5－7所示天然气掺氢混气站内储气设施区及工艺装置区可不设置消防给水系统，但需根据储气规模配置灭火器。

表5－7 站内不设置消防给水系统的区域

序号	区域
1	总储气容积 $V \leqslant 500m^3$ 的天然气掺氢混气站
2	固定式总储气容积的几何容积之和≤$18m^3$，且总储气容积 $500m^3 < V \leqslant 4000m^3$ 的天然气掺氢混气站
3	固定式总储气容积的几何容积之和≤$18m^3$，且总储气容积 $4000m^3 < V \leqslant 15000m^3$ 的天然气掺氢混气站，长管拖车固定车位、管束式集装箱固定位置不大于1个且站址位于供水流量不小于20L/s的市政消火栓保护范围150m以内

天然气掺氢混气站内的消防水源和消防给水管网应满足GB 50974的有关规定，混气站室外消火栓宜选用地上式消火栓，混气间应按建筑面积每$50m^2$配置2只5kg手提式干粉灭火器。1台随动流量掺氢装置按建筑面积$50m^2$折合计算配置手提式干粉灭火器。地上或半地下储氢容器应配置2台不小于35kg推车式干粉灭火器，当两种介质储罐距离超过15m时，应该分别配置。地下储氢容器应配置1台不小于35kg推车式干粉灭火器，当两种介质储罐距离超过15m时，应该分别配置。其余建筑物和构筑物灭火器的配置应符合GB 50140的有关规定。

(2)给水排水

天然气掺氢混气站的生产生活用水量应按生产用水量、生活用水量、浇洒及绿化用水量之和计算，用水指标应根据生产设备要求和GB 50015的有关规定确定。站区场地应有完整、有效的雨水排水系统，宜采用暗管排水，排水系统应符合GB 50014的有关规定，排出站外的污水应符合GB 8978和GB/T 31962—2015的有关规定。

5.4.2 电气、仪表与自控

(1)供配电部分

天然气掺氢混气站的消防水泵及消防应急照明的供电系统应符合GB 50052中二级负

荷的有关规定，其他电气设备的供电系统可为三级负荷。站内通信、控制系统应设不间断供电电源。有爆炸危险环境的电气设施选型，不应低于氢气爆炸混合物的级别、组别（ⅡCT1），电气设计和电气设备、线路接地，应按 GB 50058 的规定执行。有爆炸危险房间的照明应采用防爆灯具，其光源宜采用荧光灯等高效光源，灯具宜装在较低处，并不得装在氢气释放源的正上方，且站内应设置应急照明。在有爆炸危险环境内的电缆及导线敷设，应符合 GB 50217 的规定。敷设导线或电缆用的保护钢管，应在导线或电缆引向电气设备接头部件前、相邻的不同环境之间各处做隔离密封。当采用电力电缆沟敷设电缆时，沟内应充沙填实，且电缆不得与氢气管道、天然气管道、热力管道敷设在同一地沟内。

（2）防雷与接地

天然气掺氢混气站应按 GB 50057、GB 50058 的要求设置防雷、接地设施。站内具有爆炸危险建筑的防雷设计应符合 GB 50057 中第二类防雷建筑物的有关规定，其防雷设施应防直击雷、防雷电感应和防雷电波侵入。防直击雷的防雷接闪器，应使被保护的站内建筑物、构筑物、通风风帽、放散管等突出屋面的物体均处于保护范围内。

站内接地按用途分为电气设备工作接地、保护接地、雷电保护接地、防静电接地。不同用途接地共用一个总的接地装置时，其接地电阻应采用各种接地要求的最小值，并且不得大于 10Ω。站内的设备、管道、构架、电缆金属外皮、钢屋架和突出屋面的放空管、风管等应接到防雷电感应接地装置上。管道法兰、阀门等连接处，应采用金属线跨接，跨接线可采用直径不小于 8mm 的圆钢。室外架空敷设管道应与防雷电感应的接地装置相连，距建筑 100m 内管道，每隔 20～25m 应接地 1 次，接地电阻不应超过 30Ω，埋地管道在进出建筑物处亦应与防雷电感应的接地装置相连。

有爆炸危险环境内可能产生静电危险的物体应采取防静电措施。在进出混气站处、不同爆炸危险环境边界、管道分岔处及长距离无分支管道每隔 50m 处均应设防静电接地，其接地电阻不应大于 10Ω。有爆炸危险的露天钢质封闭容器，当其壁厚大于 4mm 时可不装设接闪器，但应有可靠接地，接地点不应小于 2 处，两接地点间距不宜大于 30m，每处接地点的冲击接地电阻不应大于 30Ω。放散管的保护应符合 GB 50057 的要求。站内要求接地的设备、管道等均应设接地端子，接地端子与接地线之间可采用螺栓紧固连接，对有振动、位移的设备和管道的连接处应加挠性连接线过渡。

站内的信息系统应采用铠装电缆或导线穿钢管配线，配线电缆金属外皮两端、保护钢管两端均应接地。配电线路首末端与电子器件连接时，应装设与电子器件耐压水平相适应的过电压保护器。站内地上或管沟敷设的管道应设防静电和防感应雷的共用接地装置，其接地电阻不应大于 30Ω。

5.4.3 建（构）筑物与采暖通风

天然气掺氢混气站站内的建筑物耐火等级不应低于二级，且宜为单层建筑，有爆炸危险的房间宜采用钢筋混凝土承重的框架或排架结构。当采用钢柱承重时，钢柱应采取防火保护措施，其耐火极限不得低于 2.0h。有爆炸危险的房间应按 GB 50016 的有关规定设置泄压装置，泄压面积不得小于屋顶面积或最长一面墙面积的 1.2 倍。天然气掺氢混气站的门、窗均应向外开启，有爆炸危险的房间的门、窗应采用撞击时不产生火花的材料制作。氢气调压阀组间等宜采用半敞开或敞开式建筑物，净空高度不宜低于3.5m，当采用闭式建筑物应做好通风。站内的储氢容器与氢气调压阀组间、变配电间相邻布置，当防火间距不能满足表5-4时应采用钢筋混凝土防火墙隔开。隔墙顶部应比储氢罐或氢气储气瓶组顶部高1m及以上，隔墙长度应为储氢罐或氢气储气瓶组总长并在两端各增加2m及以上，隔墙厚度不得小于0.20m。有爆炸危险的房间上部空间，应通风良好，顶棚内表面应平整且避免死角，不得积聚氢气。有爆炸危险的房间或区域内的地坪应采用不发生火花地面。混气站内不得建设地下室和半地下室，位于爆炸危险区域内的操作井、排水井应采取防止渗漏和产生火花的措施。

混气站内有爆炸危险的房间严禁明火采暖，站内各类房间的室内采暖计算温度应符合表5-8的规定。混气站的采暖宜采用城市、小区或邻近单位的热源，如果不便也可以采用小型燃气热水锅炉作为内部热源。站区内热力管道的敷设宜采用直埋敷设，当采用地沟敷设时不得与氢气管道同沟敷设，当与其他管道同沟敷设时应满足GB 50041的相关规定。站内有爆炸危险房间的自然通风换气次数不得小于5次/h，事故通风换气次数不得小于15次/h，并应与可爆炸气体浓度报警器联锁，满足GB 50019—2015中关于事故通风的相关规定。站内空调的设计应满足GB 50019—2015中关于空调部分的相关规定。

表5-8 各类房间的室内采暖、空调计算温度 ℃

房间名称	室内采暖设计温度	室内空调设计温度
办公室、值班室、控制室、营业室等辅助用房	18~20	24~28
变配电室	5~10	≤40
机修间、燃气热水炉间	5~15	—
消防泵房、汽车库、调节阀组间	≥5	—

5.4.4 安全系统

(1)报警系统

混气站应设置可燃气体检测报警系统，站内设有卸气柱、储氢容器等设备的场所和有可燃气体泄漏的设备房间内，应设置相应种类气体检测器。可燃气体检测器应设置多级报警设定值，当空气中氢气含量达到0.4%(体积分数)时应报警，达到1%(体积分数)时应启动相应的事故排风系统。当空气中甲烷含量达到可燃气体检测器低位报警时应启动事故排风系统(低位报警设定值为≤25% LEL)，当空气中甲烷含量达到可燃气体检测器高位报警时应启动事故排风系统，同时关闭电磁阀(高位报警设定值为≤50% LEL)。氢气储罐应设置现场和远传压力表，储氢罐区应设置火焰检测装置。报警器应设置在有人值守的房间，报警系统应配有不间断电源，工作时间不小于90min，可燃气体检测器和报警器的选用和安装应符合GB/T 50493的有关规定。

(2)紧急切断系统

混气站在事故状态下应能迅速切断出入口处紧急切断阀，或切断关键设备的电源和阀门。紧急切断阀应具有失效保护功能，关键设备的电源和管道上的紧急切断阀应能由手动启动的远程控制切断系统操作关闭，切断动作应灵活、可靠，从切断阀接收到外部发出的切断电信号到阀瓣与阀座关闭的切断时间应符合表5－9的要求，并应手动复位。紧急切断系统的启动开关位置应在控制室或值班室内、在储气罐处方便现场人员操作的位置、在卸气柱处方便操作的位置等。

表5－9　切断动作时间

公称尺寸 *DN*/mm	切断动作时间/s
15～50	≤1
80～200	≤2
250～300	≤3

(3)控制系统

天然气掺氢混气站的控制系统应具有监视功能、动态调节功能、报警功能、联锁控制切断功能，信号控制点数值可调节设定。控制系统应实时监控混气系统设备中的压力、温度、流量、甲烷浓度、氢气浓度、可燃气体泄漏检测等数据，任意数据超过设定报警值时控制系统应进行声光报警提示，确保随动流量掺氢混气系统安全。

习题

1. 什么是天然气掺氢混气站？主要包含哪些工艺和设备？
2. 天然气掺氢混气站共有几个等级？划分依据是什么？
3. 掺氢天然气的加臭量和气质质量有何要求？
4. 天然气掺氢混气站选址应考虑哪些主要因素？
5. 天然气掺氢混气站站内应如何布置？防火要求如何考虑？
6. 随动流量掺氢装置的天然气和氢气入口管线为何需要设置氮气吹扫系统？
7. 随动流量掺氢装置的天然气管线、氢气管线和掺氢天然气管线一般都包含哪些工艺仪表设备？
8. 随动流量掺氢装置的天然气管线和氢气管线为何一般需要设置备用路？
9. 随动流量掺氢装置的掺氢精度如何调控？
10. 静态混合器的类型有哪些？如何提高或改善静态混合器的混气均匀度？
11. 天然气掺氢混气站的控制系统如何考虑？
12. 试设计一座二级天然气掺氢混气站，要求画出站内布置图并说明设计原则。

第6章　掺氢天然气输气站与管输工况调节

输气站是长距离掺氢天然气管道的重要组成部分，其功能是进行气体的调压、计量、净化、增压和冷却，使气体按要求沿着管道向前流动。当掺氢混气站和输气站合建时，输气站还具有掺混氢气的功能。输气站布置原理及各压气站之间压力和温度的变化如图6－1所示。

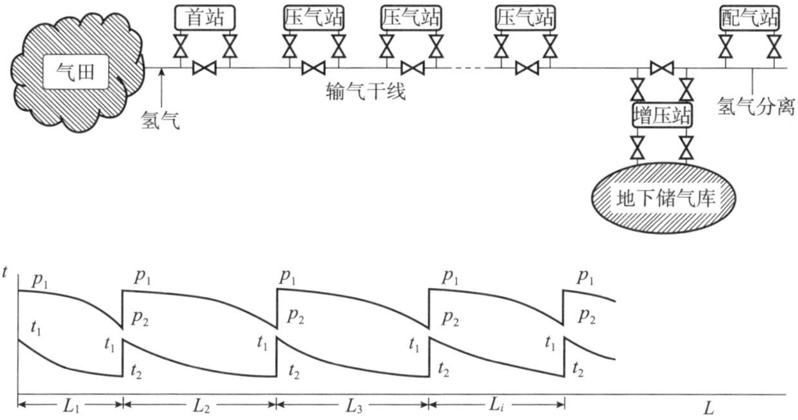

图6－1　掺氢天然气管道示意及管道沿线压气站和温度变化

压缩机和压缩机站是传统输气站的核心设备和建筑，当输气站和掺氢混气站合建时，掺氢装备也是核心设备。输气管道上第一个输气站通常建于气田附近，它是输气管道的起点，又称为首站。如果气田的地层压力足够大，首站不需加压，不设压缩机站，气体在地层的压力驱动下流向第二站，该段管道的工作压力就是管道强度允许下的压力。不需加压、不建压缩机站的输气站实质上是一个调压计量站。第二个压气站开始称为中间压气站，它的位置和站间距由工艺计算决定，站间距一般为120～250km，掺氢量不同时站间距会发生相应的变化。输气管道的最后一个输气站即干线管道的终点——城市配气站，它也是一个调压计量站，一般可以进行掺氢天然气的分离提纯。增压站建在有地下储气库的地方，其用途是从干线输气管道中把天然气压送到地下储气库或从地下储气库中将抽出的天然气送入干线输气管道或直接将天然气输送给用户，与中间压气站相比，增压站的压力比较高。

天然气掺氢后会给输气站的设备运行和安全管理带来新的挑战，例如掺氢会影响压缩机的工作特性、调压阀的调压特性、计量装置的体积流量和能量计量值的换算等，因此需要重点关注长输天然气管道掺氢之后对输气站场的影响。

6.1 压缩机的工作原理

压缩机是提高气体压力、输送气体的设备。它的种类很多，按工作原理可分为容积型和速度型两大类。容积型压缩机中，气体压力的提高是由于体积被压缩、密度增大而形成。速度型压缩机中，压力的提高是由气体的动能转化而来的，即先使气体获得一个很高的速度，然后又使速度降下来，让动能转化为压力能。

长距离掺氢输气管道上应用的压缩机主要是容积型的活塞式往复压缩机和速度型的离心式旋转压缩机。由于干线输气管的管径和流量日益增大，以及离心式压缩机本身的优点，输气干线上目前多采用离心式压缩机。

6.1.1 活塞式压缩机

活塞式压缩机中，活塞在气缸中做往复运动对气体进行加压。如图 6 - 2 所示，当活塞向右移动时，气缸中活塞左端的压力下降，当略低于吸入管道中气体的压力 p_1 时，吸气阀 8 被打开，气体进入气缸内，即为吸气过程；当活塞返行时，气体在气缸内被活塞压缩，该过程称为压缩过程，当气缸内的气体被压缩到略高于排气管道中气体的压力 p_2 时，排气阀 7 即被打开，高压气体进入排气管道，这个过程称为排气过程。至此，完成一个工作循环。活塞继续运动，上述工作循环将周而复始地进行，不断地压缩和输送气体。

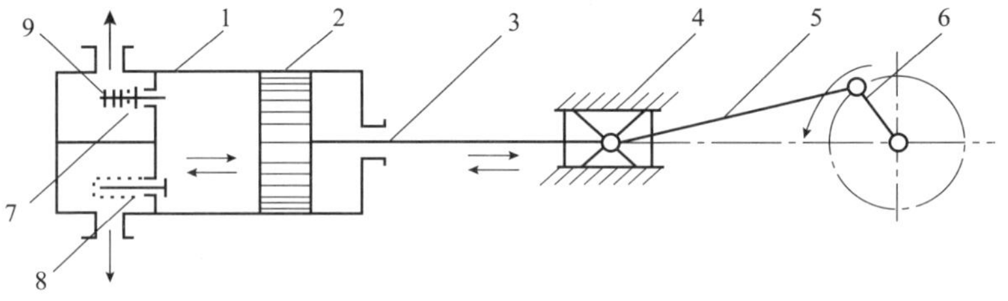

图 6 - 2　单级单作用活塞式压缩机示意

1—气缸；2—活塞；3—活塞杆；4—十字头；5—连杆；6—曲柄；7—排气阀；8—吸气阀；9—弹簧

6.1.2 离心式压缩机

在离心式压缩机中，气体从轴向进入高速旋转的叶轮，气体在叶轮中被离心力甩出而进入扩压器。在叶轮中气体获得高速而有很大的动能，进入断面逐渐扩大的扩压器后，部分动能转变为压力能，速度降低，压力提高。然后通过弯道和回流器又被第二级吸入，进一步提高压力。如图 6 - 3 所示，气体每经过一个叶轮，相当于进行一级压缩，以此逐级压缩，直到所需压力。

叶轮的叶顶速度越高，每级叶轮的压力比（排气压力与进气压力之比）就越大，压缩到额定压力所需的级数就越少。为得到较高的压力比，可将多个叶轮串联起来压缩气体。干线输气管上一个站的压缩比在 1.2 ~ 1.5，但流量却很大，往往采用单级叶轮的压缩机，如果需要则可两台串联使用或采用多级压缩。

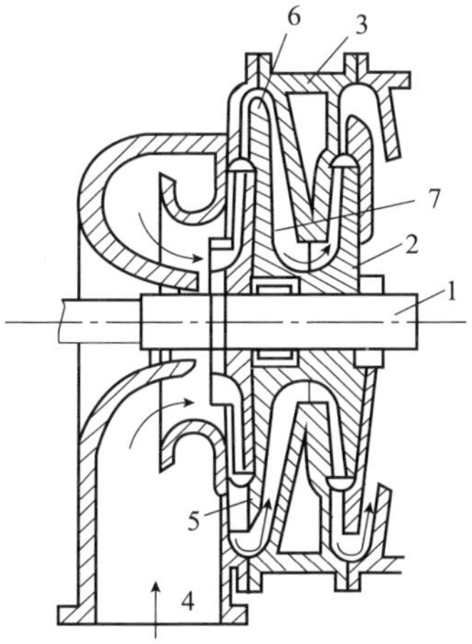

图 6-3 离心式压缩机示意

1—主轴；2—叶轮；3—外壳；4—入口；5—扩压器；6—弯道；7—回流器

6.1.3 压缩机的选型

(1)选用压缩机时，首先应满足工艺要求：①压缩介质对压缩机提出的要求，包括能否允许介质有少量的泄漏，能否允许被润滑剂污染以及排气温度的限制等；②压缩机的排气量。采用1台大的总比采用2台小的经济。备用台数也不宜多，大多数是工作3~4台，备用1台；③压缩机的入口压力。

(2)在满足工艺要求的前提下，再进一步对各种压缩机作选型比较。活塞式压缩机的优点是排出压力稳定，能够适应广泛的压力变化范围和较宽的流量调节范围，一般效率较高，对制造压缩机的金属材料要求不苛刻；但它的结构复杂，易损件多，安装及基础工作量也较大，运转中的振动和噪声也大。一般来说，往复式活塞压缩机适用于要求升压较高而输气量不大的场合。

与活塞式压缩机相比，离心式压缩机的优点有：①结构紧凑，尺寸小，重量轻；②排气均匀、连续，不需级间的缓冲，可以直接串联运行；③无往复运动部件，振动小，易损件少，不需庞大笨重的基础；④除轴承外，机件内部不需要润滑，节省油料，且不会污染所输送的气体；⑤转速高，可与蒸汽轮机或燃气轮机直接联动，便于调节流量，利于节能；⑥维修工作量小，调节方便。离心式压缩机的主要缺点是由于喘振限制，难以同时满足小流量及高压力的要求。

长距离输气管线，管道输送压力在4.0~10MPa或更高，输气量又大，选用离心压缩机为宜。对于一些中小输量的管道，离心式和活塞式皆可使用，需做综合比较全面权衡决定。图6-4所

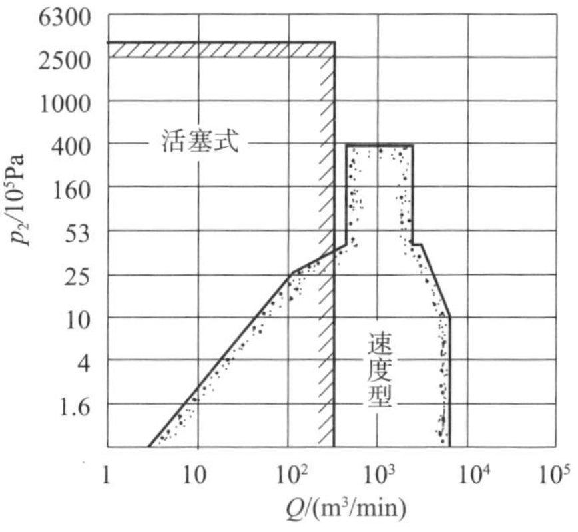

图 6-4 压缩机的应用范围

示为活塞式和离心式(速度型)压缩机的应用范围，两块面积重叠处表示两种类型压缩机都可选用。

6.1.4 压缩机理论工况的计算

(1)多变压缩功

压缩功就是气体压缩过程中静压能的提高值，故又称静压头或能量头。多变压缩功可按式(6-1)计算：

$$H_{pol}=\frac{m}{m-1}RT_1\left[\left(\frac{p_1}{p_2}\right)^{\frac{m}{m-1}}-1\right] \tag{6-1}$$

式中，p_1为进气压力；p_2为排气压力；T_1为进气温度；m为多变指数，压缩程中m是变化的，通常用一平均值来代替。

压缩机消耗的功率为：

$$W=\frac{H_{pol}G}{\eta_{pol}} \tag{6-2}$$

式中，G为压缩机的质量流量；η_{pol}为多变效率。

多变效率η_{pol}、多变指数m与气体的绝热指数k之间存在以下关系：

$$\eta_{pol}=\frac{\dfrac{m}{m-1}}{\dfrac{k}{k-1}} \tag{6-3}$$

实际上压缩机的多变效率和压缩机的制造质量、流量以及结构尺寸有关。初步计算时可按经验值选用。

(2)排气温度

离心式压缩机的排气温度可按多变过程计算：

$$T_2=T_1\varepsilon^{\frac{m}{m-1}} \tag{6-4}$$

式中，T_2为排气温度，K；T_1为进气温度，K；ε为压力比。

上述理论工况计算是以理想气体为基础的。在输气过程中，压气站的进口状态p_1、T_1和出口压力p_2是已知的，故根据理论工况计算容易求得所需其他参数。

6.1.5 压缩机实际运行工况的计算

压缩机实际工况的计算是以实际气体为基础的，可按以下公式进行。

绝热压头：

$$H_{ad}=\frac{k_v}{k_v-1}Z_1RT_1\left[\left(\frac{p_1}{p_2}\right)^{\frac{k_v}{k_v-1}}-1\right] \tag{6-5}$$

压缩机总功率：

$$W=\frac{H_{ad}G}{\eta_s} \tag{6-6}$$

出口温度：

$$T = T_1 \left(\frac{p_1}{p_2}\right)^{\frac{k_T - 1}{k_T}} \tag{6-7}$$

式中，k_v 为平均容积绝热指数；k_T 为平均温度绝热指数；η_s 为绝热效率；G 为质量流量。

同理，在输气过程中，p_1、T_1、Z 和 p_2 为已知。但求 k_v 和 k_T 时，必须知道 T_2。所以计算时须先假设 T_2 值，计算后若其结果与假设值相近，说明计算正确。

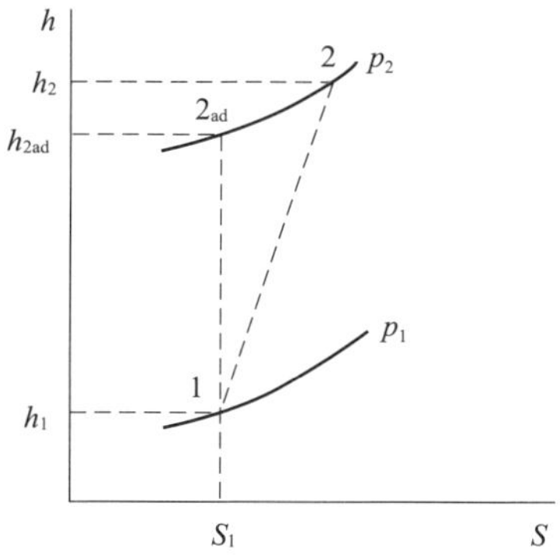

图 6－5　压缩过程状态

实际工况还可利用实际气体的热力状态图进行计算。已知进口状态参数 p_1 和 T_1，在状态图上得点 1（图 6－5），由此点可得状态 1 的其他参数（ρ_1、S_1、h_1）。当出口压力 p_2 已知，根据绝热过程的等熵条件，S = 常数，由点 1 作等熵线与 p_2 线交于 2_{ad} 点，2_{ad} 点就是由 p_1 绝热等熵压缩到 p_2 时的终点，由该点可得绝热压缩后的其他参数：ρ_{2ad}、T_{2ad} 和 h_{2ad}。

由于 S = 常数，即：

$$S_{2ad} - S_1 = (S_{2ad} - S_{2ad}^0) + S_{2ad}^0 - S_1 = 0 \tag{6-8}$$

由于 p_2 已知，得：

$$f(T_{2ad}, \rho_{2ad}) - p_2 = 0 \tag{6-9}$$

结合 BWRS 方程代入式(6－8)、式(6－9)，得：

$$\left\{ -R\ln\left(\frac{\rho_{2ad}RT_{2ad}}{101.325}\right) - BR + \frac{2C_0}{T_{2ad}^3} - \frac{3D_0}{T_{2ad}^4} + \frac{4E_0}{T_{2ad}^5} - \frac{1}{2}\left(bR + \frac{d}{T_{2ad}^2}\right)\rho_{2ad}^2 + \frac{ad}{5T_{2ad}^2}\rho_{2ad}^5 + \frac{2c}{\gamma T_{2ad}^3}\left[1 - \left(1 + \frac{1}{2}\gamma\rho_{2ad}^2\right)\exp(-\gamma\rho_{2ad}^2)\right]\right\} + \mu\left(B\ln T_{2ad} + 2CT_{2ad} + \frac{3}{2}DT_{2ad}^2 + \frac{4}{3}ET_{2ad}^3 + \frac{5}{4}FT_{2ad}^4 + G\right) - S_1 = 0 \tag{6-10}$$

式中，M 为气体的分子量。

$$\rho_{2ad}RT_{2ad} + \left(BRT_{2ad} - A - \frac{C_0}{T_{2ad}^2} + \frac{D_0}{T_{2ad}^3} + \frac{E_0}{T_{2ad}^4}\right)\rho_{2ad}^2 + \left(bRT_{2ad} - a - \frac{d}{T_{2ad}}\right)\rho_{2ad}^3 + a\left(a + \frac{d}{T_{2ad}}\right)\rho_{2ad}^6 + \frac{c\rho_{2ad}^3}{T_{2ad}^2}(1 + \gamma\rho_{2ad}^2)\exp(-\gamma\rho_{2ad}^2) - p_2 = 0 \tag{6-11}$$

式(6－10)和式(6－11)中只有温度 T_{2ad} 及密度 ρ_{2ad} 两个未知量，联解该方程组可求得 T_{2ad} 和 ρ_{2ad} 的数值解，由此可计算出 2_{ad} 点的焓 h_{2ad}。

等熵焓升就是被压缩气体获得的压头，即：

$$H_{ad} = h_{2ad} - h_1 \tag{6-12}$$

压缩机消耗的功率计算同式(6－6)。

压缩机的实际过程存在损失，加入了摩擦热，使得出口温度增高，实际的终了状态为2点(图6－5)，2点处的焓值为：

$$h_2 = h_{2ad} + \frac{h_{2ad} - h_1}{\eta_s} - (h_{2ad} - h_1) = h_1 + \frac{h_{2ad} - h_1}{\eta_s} \tag{6-13}$$

由此可求得2点的其他参数 T_2、ρ_2 和 S_2。

由于 p_2 和 h_2 已知，得方程组：

$$h(T_2, \rho_2) - h_2 = 0 \tag{6-14}$$

$$f(T_2, \rho_2) - p_2 = 0 \tag{6-15}$$

将焓的函数表达式及BWRS方程分别代入式(6－14)、式(6－15)，得：

$$\begin{aligned}
&\mu(A + BT_2 + CT_2^2 + DT_2^3 + ET_2^4 + FT_2^5) + \\
&\left(B_0RT_2 - 2A_0 - \frac{4C_0}{T_2^2} + \frac{5D_0}{T_2^3} - \frac{6E_0}{T_2^4}\right)\rho_2 + \\
&\frac{1}{2}\left(2bRT_2 - 3a - \frac{4d}{T_2}\right)\rho_2^2 + \frac{1}{5}a\left(6a + \frac{7d}{T_2}\right)\rho_2^5 + \\
&\frac{c}{\gamma T_2^2}\left[3 - \left(3 + \frac{\gamma\rho_2^2}{2} - \gamma^2\rho_2^4\right)\exp(-\gamma\rho_2^2)\right] - h_2 = 0
\end{aligned} \tag{6-16}$$

$$\begin{aligned}
&\rho_2RT_2 + \left(BRT_2 - A_0 - \frac{C_0}{T_2^2} + \frac{D_0}{T_2^3} + \frac{E_0}{T_2^4}\right)\rho_2^2 + \left(bRT_2 - a - \frac{d}{T_2}\right)\rho_2^3 + \\
&a\left(a + \frac{d}{T_2}\right)\rho_2^6 + \frac{c\rho_2^3}{T_2^2}(1 + \gamma\rho_2^2)\exp(-\gamma\rho_2^2) - p_2 = 0
\end{aligned} \tag{6-17}$$

同样，由式(6－16)和式(6－17)可求得压缩机的出口温度 T_2 和出口密度 ρ_2。

6.2 压气站的工作特性

6.2.1 离心压缩机的特性曲线

离心压缩机的特性曲线通常包括：

(1)压力比 ε（或出口压力 p_2）与进口条件下的容积流量 Q_1 的关系曲线，即 $\varepsilon = f_1(Q_1)$ 或 $p_2 = f_2(Q_1)$ 曲线。

(2)效率 η_p 与进口条件下的容积流量 Q_1 的关系曲线，即 $\eta_p = \phi(Q_1)$ 曲线。

(3)功率 N 与进口条件下的容积流量 Q_1 的关系曲线，即 $N = \Psi(Q_1)$ 曲线。

图6－6的性能曲线是在某一转速下得出的，不同的转速则得到不同的性能曲线，如图6－7所示。有时还把性能曲线做成如图6－8的形式，它直接在 $\varepsilon - Q_1$ 曲线上作出等效率线，为离心压缩机的调节提供依据，确保它在高效区工作。

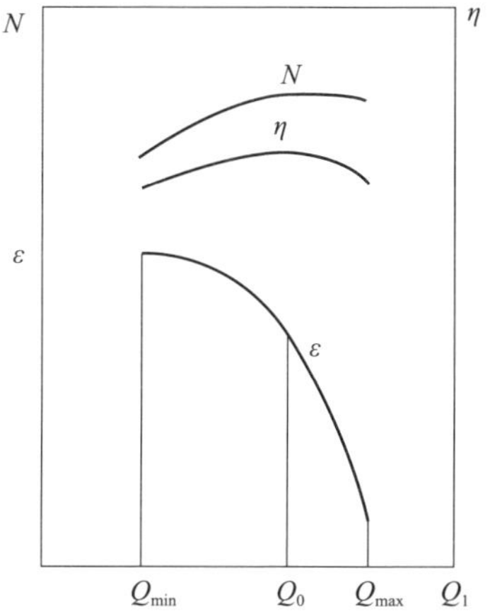

图6-6 离心式压缩机性能线

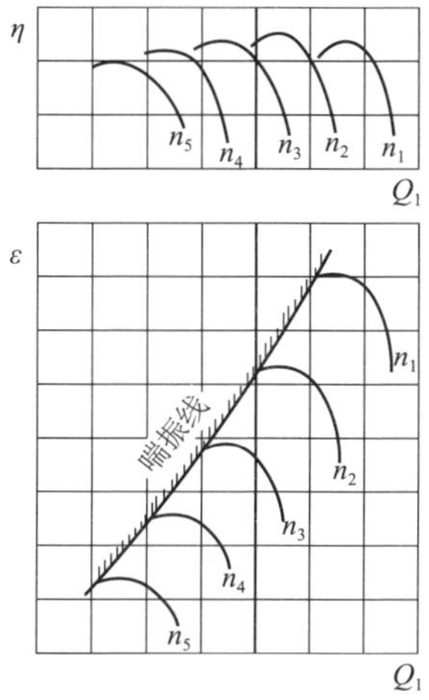

图6-7 不同转速下的压缩机性能曲线

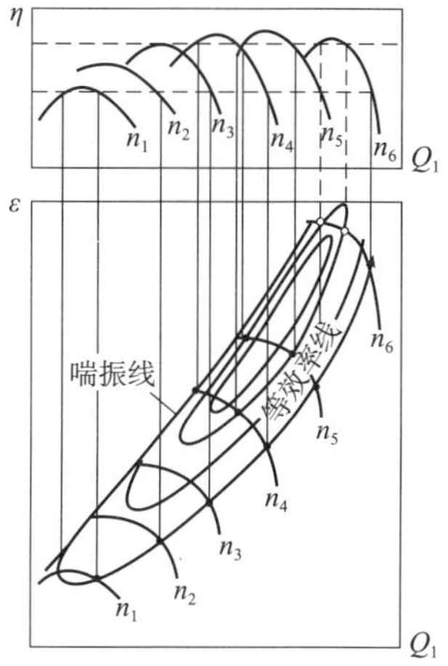

图6-8 有等效率线的性能曲线

$\varepsilon - Q_1$ 曲线表明压缩机工作时压力升高倍数($\varepsilon = p/p_1$)与进口流量 Q_1 之间的关系，同时指出了该压缩机的最小流量和最大流量值。从该曲线上可以看出：

(1) ε (或 p_2)随流量的增加而降低。

(2)当流量小于最小流量时，即 $Q_1 \leqslant Q_{min}$ ，压缩机将发生喘振现象，压缩机严禁在这种情况下运行，最小流量 Q_{min} 即为喘振流量。

(3)当流量大于最大流量时，即 $Q_1 \geqslant Q_{max}$ ，离心压缩机发生滞止现象，此时压缩机叶轮或扩压器的最小截面处气体流速达到音速，流量不能再增加；或者流速虽未达到音速，但叶轮对气体做的功全部用于克服流动损失，气体压力并不升高，最大流量 Q_{max} 又称滞止流量。

(4)喘振流量 Q_{min} 与滞止流量 Q_{max} 之间即为离心压缩机的稳定工况范围，用比值 $K_Q = Q_{max}/Q_{min}$ 表示稳定工况范围的宽窄，K_Q 值越大，压缩机的稳定工况范围越宽。

$\eta_p - Q$ 曲线表明：压缩机在某流量 Q 时效率达到最高值，该点即为设计的工况点。当流量大于设计流量时，$Q_1 > Q$ ，随着流量的增加，冲击、分离损失摩擦损失增加很多，效率下降很快，故 $Q_1 > Q_0$ 以后效率曲线很陡。$Q_1 < Q_0$ 时，随着流量的减少，冲击损失增加，相对漏气和轮阻损失也增加，效率也下降。所以离心压缩机应在最高效率点(设计工况点)附近工作，这也是压缩机调节控制方案的制定根据之一。

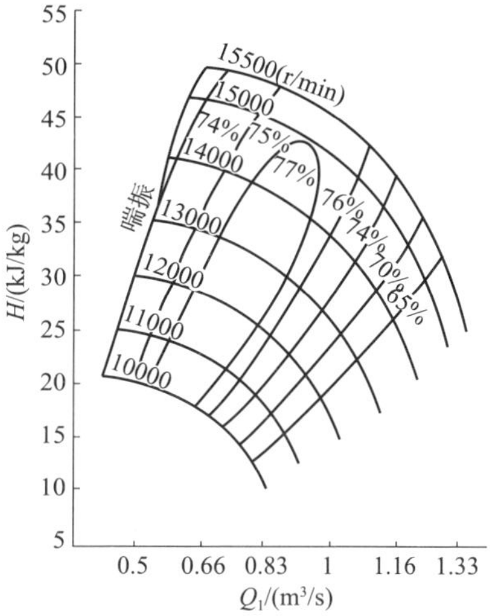

图6-9 $H - Q_1$ 曲线

$N - Q_1$ 曲线表明压缩消耗功率的多少。一般情况下，功率随流量增加而增加。$N - Q_1$ 曲线是选配原动机的依据。

有的离心式压缩机也提供压缩机的压头 H 与进口流量 Q_1 之间的关系曲线，$H - Q_1$ 曲线(图6-9)的形状

类似于 $\varepsilon-Q_1$ 曲线，随 Q_1 的增加而下降。有了 $H-Q_1$ 曲线就可以根据压头计算所需的功率，并确定相应的进出口压力 p_1 和 p_2 。

上述各种特性曲线可以为选择压缩机和进行输气管的工艺计算提供依据。选择压缩机不但要满足输气的工艺要求，还希望在输气管的流量下压缩机的工况处于最高效率点附近，而且稳定工况范围要宽。

6.2.2 离心压缩机的喘振

离心压缩机运转过程中，由于某种原因流量不断减小而达到 Q_{min}时，就会在压缩机流道中出现严重的旋转脱离，流动严重恶化，使压缩机出口压力突然急剧下降。由于压缩机总是和管道系统联合工作，管道系统的压力并不马上降低，于是管道系统压力就反过来大于压缩机出口处的压力，管道中的气体向压缩机倒流，使压缩机出口管道的压力急剧下降，直到出口管道中的压力低于压缩机的出口压力，此时倒流停止，压缩机又开始向管道系统送气，经过压缩机的流量又增大，压缩机恢复正常工作。但当出口管道中的压力又恢复到原来压力时，压缩机的流量又一次减小，系统中的气体又产生倒流，如此周而复始，就在整个系统中产生周期性的气流振荡现象，称为喘振。喘振现象不但同压缩机中严重的旋转脱离有关，还同管道系统的容量密切相关。管道系统的容量越大，喘振的振幅越大，频率越低；管道系统容量越小，则喘振的振幅越小，频率越高(图 6-10)。

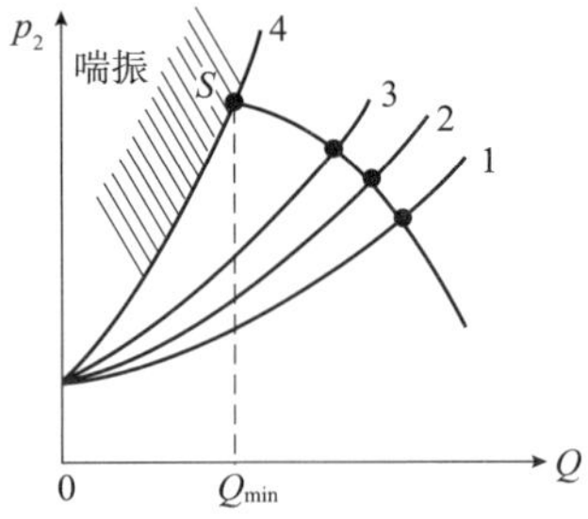

图 6-10 离心压缩机管道系统产生喘振的条件

喘振是离心压缩机本身固有的特性。导致喘振的发生则在于压缩机越过了最小流量值，产生了严重的旋转脱离和脱离区的急剧扩大。因而只有管道系统的特性曲线与压缩机特性曲线的交点进入喘振区，才会产生喘振。如图 6-10 所示，管道系统的特性曲线在 1、2、3 的位置时，都不会发生喘振。当管道系统的特性曲线移到 4 的位置，与压缩机特性曲线交于 S 点，而 S 点在喘振界限线之内时，才会出现喘振现象。

发生喘振时，机组开始强烈振动，伴随异常的吼叫声，这种振动和叫声是周期性的。同时，与机壳相连的管道也随之产生较大的振动，压力表和流量计发生大幅的摆动。喘振现象对压缩机十分有害，对压缩机的密封、轴承、叶轮损坏较大，极严重时可使压缩机遭到破坏，造成严重事故。为了避免喘振发生，必须使压缩机的工作点离开喘振点，使系统的操作压力低于喘振点的压力，流量大于最小流量。当生产上需要的气体流量低于喘振流量时，可以采用回流的方法，使压缩机出口的一部分气体分流冷却降压后，返回压缩机入口。

6.2.3 离心压缩机变工况的性能换算

使用条件的改变会引起离心压缩机性能的变化。另外，有时为了方便，常用一种易得的介质代替设计的工作介质进行试验，这时所得的特性曲线需要换算为使用工作介质时的特性曲线。由于气体绝热指数对离心压缩机的性能影响很大，下面介绍的换算公式只在绝热指数不变或改变很小时才适用。当气体的绝热指数相差较大时，换算结果会有较大误差。

性能换算的基本公式为：

$$Q = \frac{n}{n'}Q' \tag{6-18a}$$

$$M = \frac{n}{n'}\frac{\rho_1}{\rho_1{}'}M' \tag{6-18b}$$

$$N = \left(\frac{n}{n'}\right)^3\frac{\rho_1}{\rho_1{}'}N' \tag{6-18c}$$

$$\varepsilon = \left[\left(\frac{n}{n'}\right)^2\frac{p_1{}'m'(m-1)}{p_1 m(m'-1)}\frac{\rho_1}{\rho_1{}'}(\varepsilon'^{\frac{m'-1}{m'}}-1)+1\right]^{\frac{m}{m-1}} \tag{6-18d}$$

式中，上标“′”为原始工况的变量，无上标的变量表示改变工况的变量；Q 为体积流量；M 为质量流量；N 为功率；ε 为压力比；n 为转速；ρ_1 为进口状态下的密度；p_1 为进口压力；m 为多变指数。

上述公式中，只有某一个参数变化时，可简化为下列各种情况。

(1)只改变入口温度时的换算公式

入口温度 T_1 与密度成反比，故：

$$Q = Q'$$

$$M = \frac{T_1{}'}{T_1}M'$$

$$N = \frac{T_1{}'}{T_1}N'$$

$$\varepsilon = \left[\frac{T_1{}'}{T_1}(\varepsilon'^{\frac{m'-1}{m'}}-1)+1\right]^{\frac{m'-1}{m'}}$$

(2)只改变入口压力时的换算公式

入口压力 p_1 与密度成反比，改变入口压力即改变了入口状态下的密度，故：

$$Q = Q'$$

$$M = \frac{p_1}{p_1{}'}M'$$

$$N = \frac{p_1}{p_1{}'}N'$$

$$\varepsilon = \varepsilon'$$

(3)只改变转速时的换算公式

$$Q = \frac{n}{n'}Q'$$

$$M = \frac{n}{n'}M'$$

$$N = \left(\frac{n}{n'}\right)^3 N'$$

$$\varepsilon = \left[\left(\frac{n}{n'}\right)^2\left(\varepsilon'^{\frac{m'-1}{m'}} - 1\right) + 1\right]^{\frac{m'-1}{m'}}$$

(4)只改变气体分子量时的换算公式

气体分子量μ的改变和密度改变成正比，若绝热指数不变，则：

$$Q = Q'$$

$$M = \frac{\mu}{\mu'}M'$$

$$N = \frac{\mu}{\mu'}N'$$

$$\varepsilon = \left[\frac{\mu}{n'}\left(\varepsilon'^{\frac{m'-1}{m'}} - 1\right) + 1\right]^{\frac{m'-1}{m'}}$$

(5)只改变绝热指数时的换算公式

绝热指数改变可近似认为与多变指数改变成正比，故：

$$Q = Q'$$

$$M = M'$$

$$N = N'$$

$$\varepsilon = \left[\frac{k'(k-1)}{k(k'-1)}\left(\varepsilon'^{\frac{m'-1}{m'}} - 1\right) + 1\right]^{\frac{m-1}{m}}$$

式中，k、k'为改变工况和原始工况的绝热指数。

两个及以上参数同时变化时，也可根据基本换算公式推导出相应换算公式。

6.2.4 掺氢对压缩机性能的影响

输气管道掺氢之后由于气体性质发生变化，掺氢会对压缩机性能、管道与压缩机联合运行特性产生影响。图 6－11 所示为某一离心压缩机运行转速 5500r/min、掺氢比为 0～30%时的流量－压比图，发现天然气掺氢后对压缩机系统的运行主要如下影响。

(1)对燃气轮机影响。尽管氢气在很宽的温度与压力范围内均具有很高的火焰传播速度，但同一体积流量时氢气仅能提供甲烷约 1/3 的热量，因此在控制压力边界条件时，天然气掺氢后体积热值降低，导致燃气轮机的输出功率随掺氢比的增加而降低，掺氢 30%时燃气轮机输出功率与纯天然气时相比约降低了 9%。在其他条件维持不变时，压缩机需通过降低自身转速来适应燃气轮机提供动力的降低，进而引起压缩机性能曲线的下移。

(2)对压缩机的影响。掺氢会降低压缩介质的密度，相同压力条件下掺氢天然气将占据更大的空间，而且与天然气相比氢气压缩因子更高，此时压缩机需要更大的转速与功率对气体进行压缩，但控制转速不变时压缩机只能通过降低入口流量来适应介质的变化，从而引起压缩机性能曲线的下移。

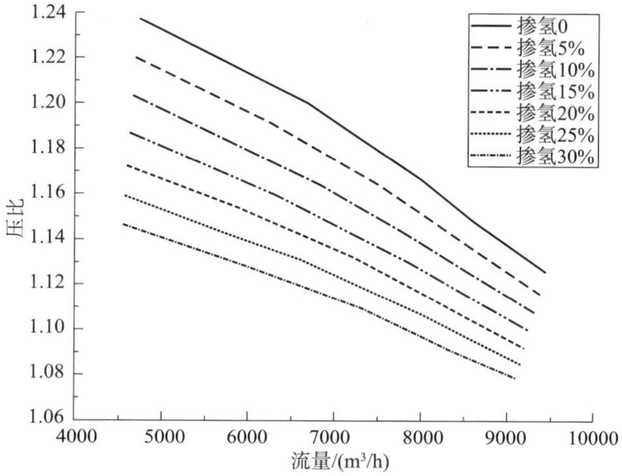

图 6－11 转速 5500r/min 时掺氢天然气压缩机运行曲线

向天然气管道掺氢后综合考虑压缩机的动力供应与压缩介质的改变，掺氢比越高，压缩机同一转速下性能曲线下移越明显。图 6－12 所示为掺氢比 0～30% 时压缩机在转速 4412～6788r/min 运行时的性能曲线。但若压缩机采用电驱方式，天然气掺氢后转速可随之调节以确保压缩机动力供应充足，因此掺氢后压缩机运行曲线受到压缩介质变化的影响仍然会向左下方移动，但掺氢造成的影响会有所减小。

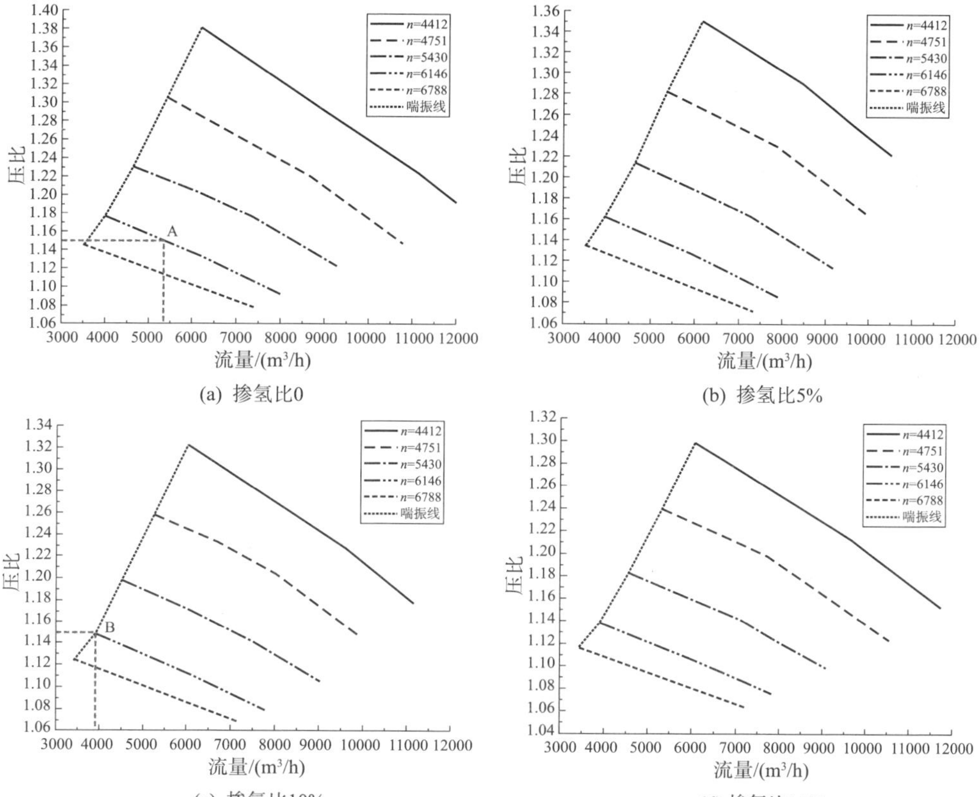

(a) 掺氢比0　(b) 掺氢比5%

(c) 掺氢比10%　(d) 掺氢比15%

图 6－12 不同天然气掺氢比对压缩机性能曲线影响

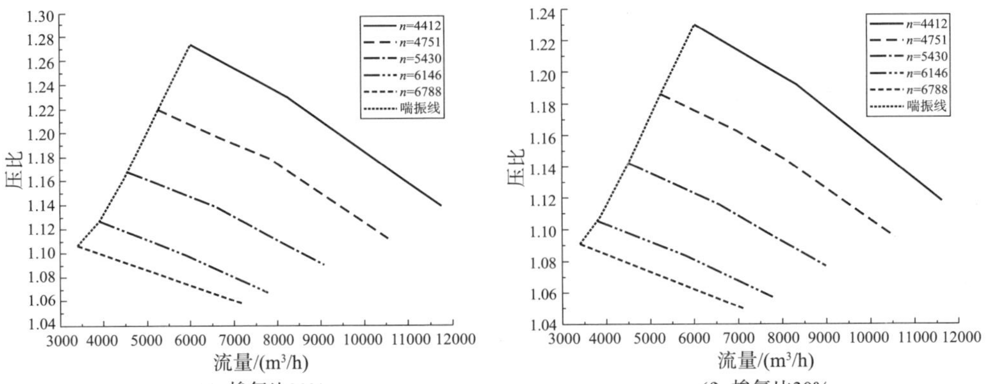

图6－12　不同天然气掺氢比对压缩机性能曲线影响(续)

6.3　输气站的主要设备与工艺系统

除了压缩机为主要的动力设备之外，压气站一般还包括气体净化工艺系统、压缩机驱动装置、冷却系统、掺氢天然气计量和调压系统等，下面简要介绍这些主要的设备与工艺系统以及清管站、截断阀室等中间站场。

6.3.1　压缩机组的类型及特性

驱动压缩机的动力机可以用电动机、蒸汽轮机、燃气轮机、柴油机和天然气发动机等。天然气输送管内所输送的介质本身就是一种优异的动力燃料，使得燃气轮机和天然气发动机在天然气压气站的使用上占有绝对的优势。压气站驱动装置的类型及其装机功率取决于输气管道的通过能力和压气站的压比。压气站设计有燃料气处理橇，主要对天然气进行过滤、调压、计量后供给燃气轮机。进出站管线上设有紧急截断球阀，配气液联动执行机构驱动。当站内发生火灾等重大事故时，紧急截断阀立即关断，将干线系统与场站隔开，同时通过进出站放空管线放空站内天然气，并打开旁通管线上的阀门，使天然气越站旁通。

用于压气站的离心式输气机组按驱动装置的类型主要分三类：燃气轮机输气机组、电动输气机组和燃气发动机输气机组。燃气轮机输气机组是由燃气轮机驱动离心式压缩机的输气机组；电动输气机组是由电动机驱动离心式压缩机的输气机组；燃气发动机输气机组是以天然气作燃料的活塞式内燃机驱动的输气机组。

对用于输气管道上的任何一类输气机组应满足下列基本要求：在较大范围内改变压比的可能性(特别是在首站压气站)、机组的工作可靠性、最大程度的独立性、较高的经济性、符合环境生态要求。燃气轮机输气机组符合这些条件，因此在输气管道上获得了最广泛的应用。燃气轮机与活塞式燃气发动机相比，结构更为简单，可以把相当大的功率集中于一台机组上，易于实现自动化，外廓尺寸小；而与电动机输气机组相比，燃气轮机是压气站的独立驱动装置，以所输的天然气作为燃料。

目前，世界上应用在天然气长输管道上的燃气轮机和离心式压缩机的厂商以欧美为主，国内供货商目前已具备生产大功率、大输量离心式压缩机的能力。压气站内压缩机组按一用一备设计。

6.3.2 压气站天然气冷却系统

从离心式压缩机出来的天然气温度可能达到40~60℃，甚至超过60℃。如果天然气以这样的温度被输入管道，在经过后续压气站后，气体温度将连续不断地升高，增加输气的功率消耗，还可能导致管道稳定性的丧失、破坏绝缘层、降低输气管道的通过能力等。因此天然气在压气站上经压缩后，在将其输入管道之前，必须对其进行冷却。

压气站普遍采用空冷器冷却天然气，与其他类型的换热器相比，空冷器具有一系列优点，如操作可靠、环保、可简便接通压气站的管网。由于天然气空冷器散热片系数的数值高，因此具有极为充足的外部热交换面。空冷器的热交换段相对于地平面的位置可以是水平的、垂直的、倾斜的和“之”字形的，因此有不同结构配置的空冷器。应用最多的是水平配置和“之”字形配置的空冷器，这种结构方便了空冷器的安装维修，而且使热交换段中空气气流的分布更为均匀。

可采取下列方法调节空冷器的温度工况：切断或接通个别空冷器或部分工作空冷器中的个别通风机；改变通风机的转速；改变通风机叶片的安装角度。在输气管道夏季运行期间，天然气在压缩机之后的温度与大气温度的温差较小，冷却效果变差，此时空冷器效率不是很高。

6.3.3 掺氢天然气流量计量系统

计量在掺氢天然气工艺技术中占有极其重要的地位，精确的计量不仅可以避免贸易中上、中、下游的诸多矛盾，而且还可以提高管道的管理水平。掺氢天然气计量方法按照测量参数可分为体积计量、质量计量和热值计量。热值计量比体积或质量计量更为科学和公平，已成为掺氢天然气计量技术的发展方向。

常用的计量仪表包括：标准孔板流量计、涡轮流量计、涡街流量计、气体腰轮流量计、气体罗茨流量计和超声波流量计等。从计量仪表上来说，差压式流量计是国内天然气计量最常用的仪表。其中流量测量节流装置是使用最为广泛的一类检测件。在天然气流量测量仪表中，标准孔板节流装置则是目前使用最多的达到标准化的检测件，它在严格按照标准制造、安装和使用的条件下，不必进行实流检定。近年来，随着西气东输、川气东送等大型输气管道的建成，气体超声波流量计的应用越来越广泛，气体超声波流量计具有许多传统流量计无法相比的优点，尤其在大口径天然气管道流量计量中，逐步取代速度式流量计或容积式流量计，成为最具特色的首选仪表。超声波流量计与其他流量计的比较结果见表6-1。

表6-1　超声波流量计与其他流量计的比较

计量设备	精准度/%	量程比	管径范围/mm	压力损失	安装过滤器	对流场敏感性	测双向流	性能价格比
节流装置	±1.5	3∶1	50～800	很大	不需要	很敏感	不能	一般
涡轮流量计	±1.0	20∶1	25～600	很小	需要	很敏感	不能	较高
插入式流量计	±2.5	20∶1	150～1600	很小	不需要	很敏感	不能	较高
超声波流量计	±0.5	300∶1	100～1600	无	不需要	不敏感	能	高

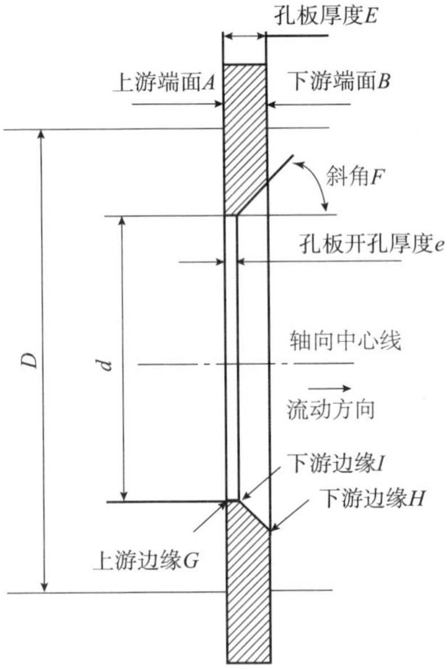

图6-13　标准孔板

(1)标准孔板流量计

目前，天然气流量计大多采用标准孔板节流装置构成的孔板流量计，其具有坚固耐用、性能可靠、维修方便、按标准制造等优点。如图6-13所示，孔板流量计进行流量测量的原理是基于当流体通过节流件(标准孔板)时，在节流件前后产生压差，即通过测量压差和压力、温度来计算流量。

标准孔板流量计确定气体流量的基本公式为：

$$Q_0 = A_{vn} CEd^2 F_G \varepsilon F_Z F_T \sqrt{p_1 \Delta p} \qquad (6-19)$$

式中，Q_0为标准状态下气体的体积流量，m^3/s；A_{vn}为常数，取3.1795×10^{-6}；C为流出系数；E为渐近速度系数；F_G为相对密度系数；F_Z为气体压缩性系数；F_T为流动温度系数；ε为可膨胀系数；d为工作温度下流经孔板开孔直径，mm；p_1为孔板上游侧取压孔绝对静压，MPa；Δp为气流流经孔板时产生的差压，Pa。

1)流出系数C

$$C = 0.5961 + 0.0261\beta^2 - 0.216\beta^8 + 0.000521\left(\frac{10^6\beta}{Re_D}\right)^{0.7} + (0.0188 + 0.063A)\beta^{3.5}\left(\frac{10^6}{Re_D}\right)^{0.3}$$
$$+ (0.043 + 0.080e^{-10L_1} - 0.123e^{-7L_1})(1 - 0.11A)\beta^4(^1 - \beta^4) - 1 - 0.031(M_2 - 0.8M_2^{1.1})\beta^{1.3}$$

当$D<71.21$mm时，式(6-25)中的C值还应增加$0.011(0.75-\beta)\left(2.8-\frac{D}{25.4}\right)$。

$$M_2 = \frac{2L_2}{1-\beta}$$

式中，β为孔板孔径比，$\beta=\frac{d}{D}$；Re_D为气体流动雷诺数；L_1为孔板上游端面到上游取压孔的距离与管道直径之比；L_2为孔板下游端面到下游取压孔的距离与管道直径之比，对角接取压，$L_1=L_2=0$，对法兰取压，$L_1=L_2=25.4/D$；D为管道直径，mm。

2)渐进速度系数 E

$$E = \frac{1}{\sqrt{1-\beta^4}}$$

3)相对密度系数 F_G

$$F_G = \frac{1}{\sqrt{\Delta}}$$

$$\Delta = \Delta_i \frac{Z_a}{Z_0}$$

式中，Δ 为气体真实相对密度；Δ_i 为气体的理想相对密度；Z_a 为干空气在标准状态下的压缩因子，取0.99963；Z_0 为气体在标准状态下的压缩因子。

4)掺氢天然气压缩性系数 F_Z

掺氢天然气压缩性系数 F_Z 反映了掺氢天然气特性偏离理想气体的修正系数：

$$F_Z = \sqrt{\frac{Z_0}{Z_1}}$$

式中，Z_1 为掺氢天然气在上游侧压力状态下的压缩因子。

5)流动温度系数 F_T

流动温度系数 F_T 是因上游侧气流温度偏离标准温度20℃而引入的修正系数：

$$F_T = \sqrt{\frac{293.15}{T_1}}$$

式中，T_1 为孔板上游测气流温度，K。

6)可膨胀性系数 ε

可膨胀性系数 ε 是因为掺氢天然气流经孔板时伴随着密度变化而引入的修正系数：

$$\varepsilon = 1 - (0.351 + 0.256\beta^4 + 0.93\beta^8)\left[1 - \left(\frac{P_2}{P_1}\right)^{1/k}\right]$$

式中，P_1 为孔板上游气流的绝对静压；P_2 为孔板下游气流的绝对静压；k 为掺氢天然气等熵指数，$k = \frac{C_p}{C_v}$。

7)孔板开孔直径 d

考虑温度变化对孔板材料的影响，孔板直径 d 采用以下关系式计算：

$$d = d_{20}[1 + \Lambda_d(t - 20)]$$

式中，d_{20} 为20℃条件下孔板开孔检测直径，mm；Λ_d 为孔板材料的线膨胀系数，mm/(mm·℃)；t 为掺氢天然气流过节流件时的温度，℃。

在设计与选择标准孔板计量装置时，在已知管径的前提下，需要确定取压方式、孔板直径、差压检测仪表量程、上下游直管段长度及计量方法和计量仪表的选择和系统误差分析等，同时必须符合规定的适用范围和气流条件。标准孔板适用范围见表6-2。

表 6－2　标准孔板适用范围

法兰取压	角接取压
$d \geqslant 12.5\text{mm}$	
$50\text{mm} \leqslant d \leqslant 1000\text{mm}$	
$0.10 \leqslant \beta \leqslant 0.75$	
$Re_D \geqslant 5000$ 及 $Re_D \geqslant 170\beta^2 D$（$D$ 取 mm）	$Re_D \geqslant 5000$ 用于 $0.10 \leqslant \beta \leqslant 0.56$
	$Re_D \geqslant 16000\beta^2 D$ 用于 $\beta > 0.56$（D 取 mm）

（2）超声波流量计

在掺氢天然气的生产、输送，特别是交易、分配及使用过程中，由于供需双方的经济利益或用户为谋取最佳使用效果，要求流量计具有精度高、能耗低、维修少等优良特性，尤其是对于大口径管道流量的测量，这种特性更为重要。为了满足上述需要，目前常采用超声波流量计。

超声波流量计的计量原理是采用发射声波的方法测量天然气流量。超声波气体流量计量技术已被美国、加拿大、荷兰、英国、俄罗斯、德国等多个国家批准为天然气贸易输送计量检测系统，并在世界天然气工业流量测量技术中逐步取代孔板流量计、涡轮流量计等传统的气体流量计量技术。我国西气东输管道工程选用超声波流量计作为贸易结算的流量计量设备。

气体超声波流量计的特点是准确度高（0.5 级），能满足天然气贸易交接计量的要求；适用的流量范围大；直管段较短，节省占地面积，由于气体超声波流量计无移动部件，无压力损失，无磨损，无潜在泄漏，因此维护量小。

虽然超声波气体流量计有单声道与多声道之分，但基本工作原理是相同的，都是在管道的一侧或两侧嵌置两个能发射和接收声脉冲的探头。采用超声检测技术，通过测量超声波沿气流顺向和逆向传播的声速差、压力和温度，算出气体流速及标准状态下气体的流量，如图 6－14、图 6－15 所示。

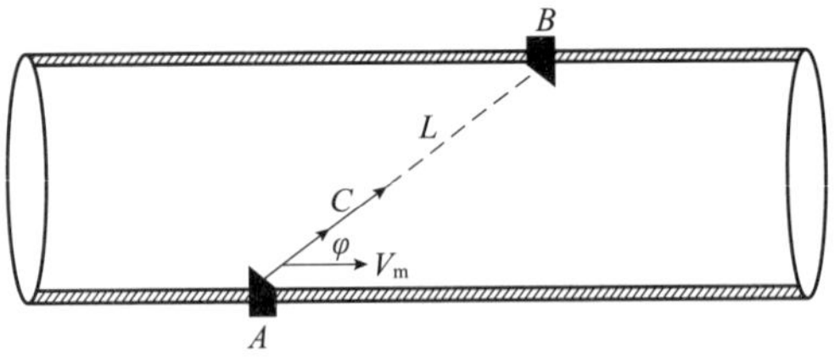

图 6－14　探头置于管壁两侧

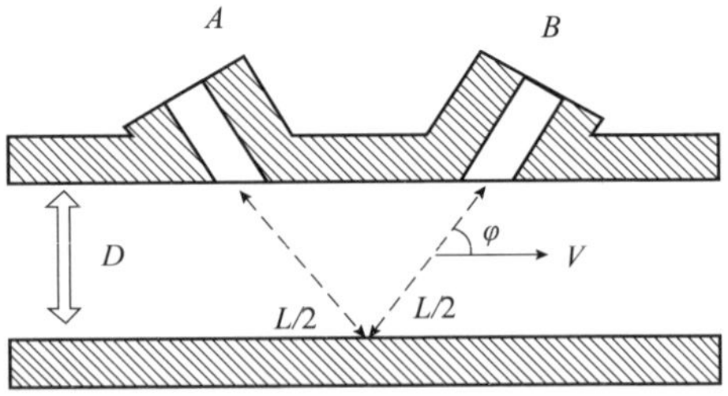

图 6－15　探头置于管壁同一侧

其中一个探头发射的声脉冲能被另一个探头接收，两个探头便构成了声道。在几毫秒之内，两个探头轮流发射和接收声脉冲。沿顺流方向的声道传播的声脉冲的声速增大，即叠加一个气体流速的速度分量；而沿逆流方向声道上的声速会减小，因为要减去一个气体流速的速度分量，这就形成了顺流方向与逆流方向传输时间的时间差。其传输时间可按式（6－20）、式（6－21）确定：

$$t_{A-B} = \frac{L}{C + V_m \cos\varphi} \tag{6-20}$$

$$t_{B-A} = \frac{L}{C - V_m \cos\varphi} \tag{6-21}$$

式中，L为声道长度，简称声程；C为声速；V_m为沿声程测得的气体流速；φ为管轴线与声程之间的夹角。

根据式(6-20)、式(6-21)可以得到被测气体流速的计算公式：

$$V_m = \frac{L}{2\cos\varphi}\left(\frac{1}{t_{A-B}} - \frac{1}{t_{B-A}}\right) \tag{6-22}$$

可以看出，时差法测量流体的轴向流速与声速无关。在实际应用中，流量计采用多声道方法消除流速分布不均匀的影响，如图6-16所示。

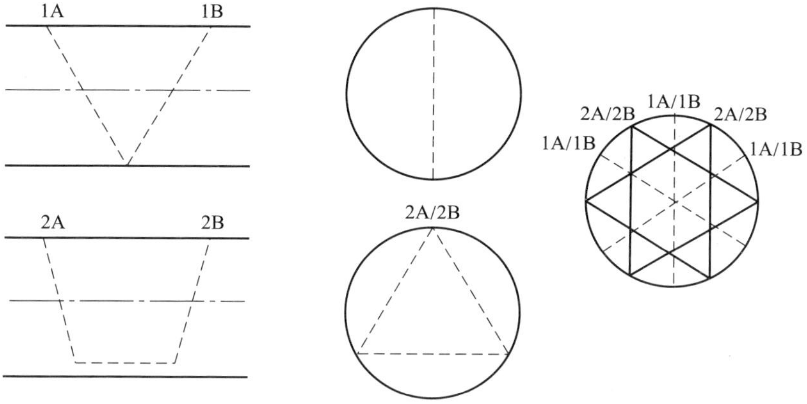

图6-16　多声道方法消除流速分布不均匀的影响

6.3.4　清管系统

(1)清管设备组成

清管设备是管道在施工和运行过程中用到的设备之一，其作用包括：①清管以提高管道效率；②测量和检查管道周向变形，如凹凸变形；③从内部检查管道金属的损伤，如腐蚀等；④对新建管道进行严密性试验后，清除积液和杂质。

清管设备的设计和安装应满足一定的使用要求，并应遵循有关的设计规范，保证其适应性和安全性。如图6-17所示，清管设备主要包括：①清管器收发筒和盲板；②清管器收发筒隔断阀；③清管器收发筒旁通平衡阀和平衡管线；④连接在装置上的导向弯头；⑤线路主阀；⑥锚固墩和支座。此外，还包括清管器通过指示器、放空阀、放空管和清管器接收筒排污阀、排污管道以及压力表等。

(2)清管器发送和接收过程

1)清管器发送过程

①关闭发送筒隔断阀门和平衡阀门；②打开放空阀，卸掉发送筒中的压力，在发送筒中压力未达到大气压力前，不能急于打开盲板；③打开盲板，放入清管器，直到清管器到

达发送筒颈缩管处，并在该处紧紧地贴合；④关闭盲板；⑤轻微地打开平衡阀排出发送筒中的空气；⑥关闭放空阀并慢慢使发送筒中的压力增加到管线压力；⑦关闭平衡阀，若没有关闭平衡阀就打开清管器发送筒的隔断阀门时，可能会损坏清管器；⑧打开清管器发送筒隔断阀门；⑨打开平衡阀，关小线路主阀，使清管器通过发送筒；⑩打开线路主阀；⑪关闭发送筒隔断阀门和旁通平衡阀。

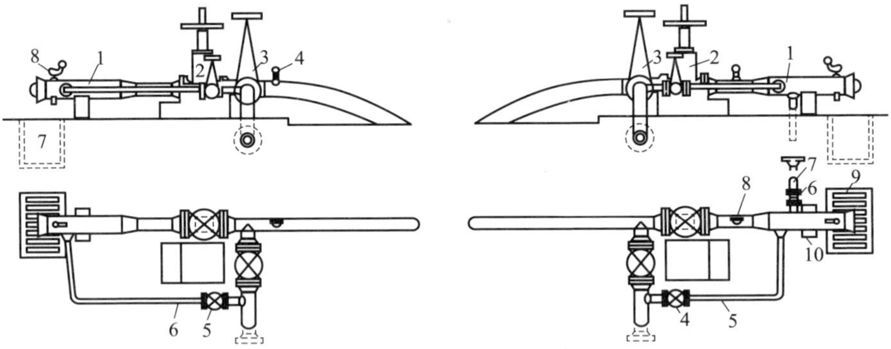

图6-17　清管器收发装置

(a)发送装置：1—发送筒；2—隔断阀；3—线路主阀；4—通过指示器；5—平衡阀；6—平衡管；7—清洗坑；8—放空管和压力表；
(b)接收装置：1—接收筒；2—隔断阀；3—线路主阀；4—平衡阀；5—平衡管；6—排污阀；7—排污管；8—通过指示器；9—清洗坑；10—放空管和压力表

2)清管器接收过程

①关闭放空阀和盲板；②在清管器未到达之前，先打开平衡阀，然后打开接收筒隔断阀门，若清管器没有进入接收筒，应慢慢关闭线路主阀直到清管器被压入接收筒为止；③一旦清管器进入接收筒，应打开线路主阀阀门；④关闭接收筒隔断阀门和平衡阀门；⑤打开放空阀排出筒中的压力，待接收筒中压力下降到大气压；⑥打开盲板并取出清管器；⑦关闭盲板；⑧轻微地打开平衡阀，排出接收筒中的空气；⑨关闭放空阀，并慢慢使接收筒中压力上升到管线压力；⑩关闭平衡阀，若要接收下一个清管器，平衡阀和接收筒隔断阀应打开。

(3)清管器

清管器有清管球、皮碗清管器等多种类型。

1)清管球

清管球是由氯丁橡胶制成的，呈球状，耐磨耐油。当管道直径小于100mm时，清管球为实心球；而当管道直径大于100mm时，清管球为空心球。长输管道中所用清管球大多为空心球。空心球壁厚30～50mm，球上有一可以密封的注水孔，孔上有一单向阀。当使用时注入液体使其球径调节到过盈于管径的5%～8%。当管道温度低于0℃时，球内注入的为低凝固点液体(如甘醇)，以防止冻结。清管球在清管时，表面将受到磨损，只要清管球壁厚磨损偏差小于10%和注水不漏，清管球就可以多次使用。清管球对清除积液和分隔介质很可靠。

2)皮碗清管器

皮碗清管器主要由刚性骨架、皮碗、压板和导向器等组成。当皮碗清管器工作时，其皮碗将与管道紧紧贴合，气体在前后产生一压差，从而推动清管器的运动，并把污物清出管外。皮碗清管器还能清除团体阻塞物。同时，由于它保持固定的方向运动，所以它还能作为基体携带各种检测仪器。清管器的皮碗形状是决定清管器性能的一个重要因素。按照皮碗的形状可分为锥面、平面和球面三种皮碗清管器。其中锥形皮碗较为通用，使用广泛；平面皮碗清除块状固体阻塞物能力强；球面皮碗通过管道系统能力好，允许有较大的变形量。皮碗材料多为氯丁橡胶、丁腈橡胶和聚酶类橡胶。

3)智能清管器

除上述两种清管器外，还有一些其他类型的清管器，特别是智能清管器。其作用也不仅仅是清管，可用于检测管道变形、管道腐蚀等。智能清管器按其测量原理分为磁通检测清管器、超声波检测清管器和摄像机检测清管器等。一般在进行管道的智能检测以前都要对管道的运行情况(变形和通过情况)进行摸底，即用一种简单的检测仪通过管道，以便确定管道的最佳变形量，进而判断采用什么样的管道智能仪进行检测。否则，一旦智能仪放进管道而被损坏，将造成较大的经济损失。

6.3.5 阀门

阀门是掺氢天然气管道输送中不可缺少的控制设备，是一种涉及门类多、品种繁杂、量大面广的产品。阀门的用途广泛，种类繁多，分类方法也比较多。总的可分两大类：①自动阀门，依靠介质本身的能力而自行动作的阀门，如止回阀、安全阀、疏水阀、减压阀等；②驱动阀门，借助手动、电动、液动、气动来操纵动作的阀门，如闸阀、截止阀、节流阀、蝶阀、球阀、旋塞阀等。按阀门的功能，可分为切断阀、止回阀、调节阀、分流阀、安全阀等。按阀门驱动方式，可分为手动、电动、液动和气动。下面介绍几种典型阀门。

(1)切断阀

在天然气干线中，常采用的切断阀有球阀和平板阀两类。其中球阀是一种带球形关闭件的旋塞阀，与球体相匹配的阀座为圆形，阀座与球体密封，球体上有一与管道直径相同的通孔，球体围绕着阀体的垂直中心线做回转运动，即起开关作用，故取名为球阀。平板阀的关闭件是两平面平行的闸板，闸板与阀座保持密封。闸板提升，阀门打开，反之则关闭。它与带平行闸板的闸阀的主要区别在于平板阀在全开状态时，闸板上的开孔与阀体、阀座上的开孔重合一致，使气流通过阀门几乎没有流态上的改变，同时闸板开孔完全封闭了阀体内腔，使得固体颗粒无法进入阀体，保证了阀体腔的清洁。平板阀的闸阀可以是单闸板，也可以是双闸板。图6－18所示为球阀和平板阀示意。

球阀是近年来被广泛采用的一种新型阀门，它具有流体阻力小、结构简单、体积小、重量轻、紧密可靠、操作和维修方便、适用范围广等优点，已被广泛应用于石油、化工等行业以及人们日常生活中。

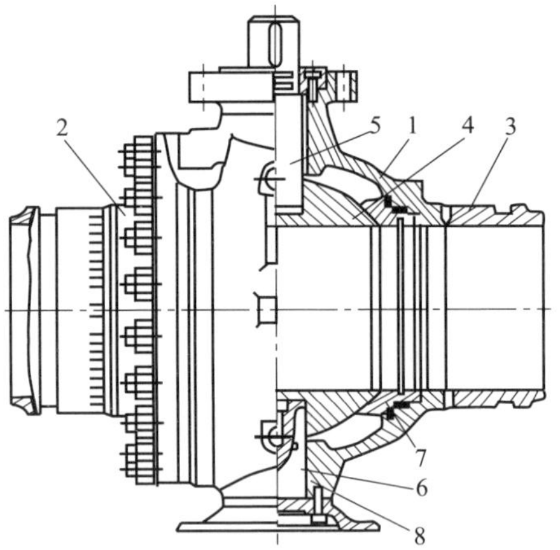

(a)球阀

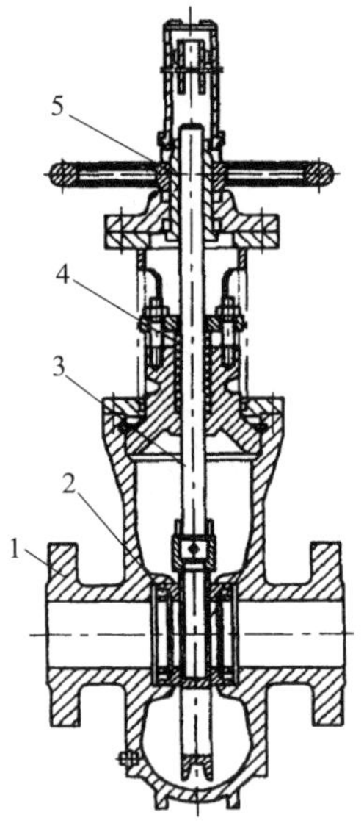

(b)平板阀

图 6-18　切断阀示意

(a)球阀：1—阀体；2—阀体盖；3—短节；4—阀芯；5—上阀杆；6—下阀杆；7—阀座与密封圈；8—轴承
(b)平板阀：1—阀体；2—阀座与密封圈；3—阀杆；4—密封填料；5—传动机构；6—平行闸板

(2)调节阀

调节阀相当于一个可以调节的局部阻力件，随着阀门开启程度的不同，阻力也不同，从而达到对流量和压力参数进行调节的目的。在天然气输配系统中常用的调节阀主要有气动薄膜调节阀、自力式调节阀、角式节流阀。其中气动薄膜调节阀须与气动调节器配套使用，要求压缩空气为膜头提供定压值。自力式调节阀是直接利用所调节的介质的压能进行调节，可以不需要额外的压缩空气，目前被广泛使用。

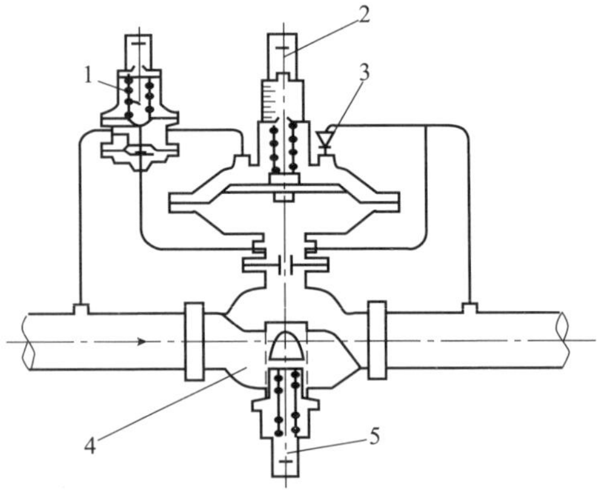

图 6-19　自力式调节阀门示意

1—指挥阀；2—手动控制装置；3—阻尼嘴；4—主调节阀；5—手动限流装置

图 6-19 所示为自力式调节阀，由主调节阀、指挥阀和阻尼嘴等组成，用 $\phi4\sim18$mm 导压管连接成工作控制系统。当调节阀工作时，首先通过调节阀的给定螺钉，确定阀后压力值。若被调气体的压力增加到大于给定压力值时，阀后压力增加的信号将由导压管传递到指挥阀的下膜腔，从而导致喷嘴挡板关小，使主阀膜腔内的操作压力下降，并使得主阀阀芯开度关小，气体流经阀芯的阻力增大，使得调节阀后的压力降低到给定值。相反，若调节后压力降低到给定值以下时，导压管将这一信号传递到指挥阀，导致喷嘴挡板开大，使主阀膜腔内的操作压力增加，使得主阀阀芯开大，并使阀后的压力升高到给定值为止。

表 6-3 所示为 TZ 型自力式调节阀主要尺寸。在选择调节阀时，流通能力是确定调节

阀的重要依据，自力式调节阀流通能力按式(6－23)、式(6－24)计算：

表6－3 TZ型调节阀主要规格参数

公称直径/mm	25	50	100	150	200
间芯直径/mm	25，20，15，10	50，40，32	100，80，65	150，125	00
行程/mm	10，16	16，25	40	60	60
流通能力 C/(t/h)	8，5，3，2，1	32，20，12	120，80，45	280，180	450
膜头有效面积/cm^2	200(100)	280(120)	400(200)	630	1000

注：括号中的数据为TZF－6.4型参数。

当$p_2 \geqslant 0.5p_1$时

$$C = \frac{Q_0}{3874.9}\sqrt{\frac{\rho_0 Z_1(273+t)}{(p_1-p_2)(p_1+p_2)}} \tag{6-23}$$

当$p_2 < 0.5p_1$时

$$C = \frac{Q_0}{3365.1}\sqrt{\frac{\rho_0 Z_1(273+t)}{p_1}} \tag{6-24}$$

式中，C为调节阀的实测流通能力，t/h；t为气体流动温度,℃；ρ_0为气体在标准状态下的密度，kg/m^3；p_1为调节阀前压力，MPa；p_2为调节阀后压力，MPa；Q_0为气体在标准状况下流量，m^3/h；Z_1为气体在调节阀前压缩系数。

调节阀选择步骤如下：①根据生产要求，确定所要调节的最大流量Q_{max}、最小流量Q_{min}和正常流量Q_{com}；②根据生产条件和调节要求，确定阀前和阀后压力p_1、p_2；③根据式(6－23)或式(6－24)计算出不同流量对应的流通能力C_{max}、C_{min}和C_{com}，一般应保证$C_{max}/C_{min} \leqslant 30$；④按所计算的最大流通能力$C_{max}$从调节阀样本手册上选择调节阀，要求所选调节阀的流通能力应大于且最接近C_{max}；⑤对所选调节阀进行校验，要求最大流量对应的调节阀开度不得大于全开度的90%，最小流量对应的开度不得低于全开度的10%；⑥确定调节阀公称直径和阀芯直径。

(3)安全阀

安全阀一般用于受压设备和管道上，主要是起保护作用，防止管道系统超压，当压力超过规定数值时，自动泄压，保证系统安全。安全阀的种类较多，在天然气行业主要用到弹簧式安全阀和先导式安全阀两种。对弹簧式安全阀，按其阀盘升启高度的不同又可分为全启式和微启式两种。全启式安全阀的阀盘开启高度一般为阀通径的1/4～1/3，而微启式阀盘开启高度一般为阀通径的1/40～1/4。国产安全阀大多为普通弹簧式，优点是价格低、对泄放的介质要求不严，但有在定压附近或阀打开后，阀座密封不严、放空时容易引起震颤、维护要求高、定压测试不易实现等缺点。

先导式安全阀的主要特点是感测压力元件由原来的粗弹簧变为压力传感器(先导阀)，从而提高阀的灵敏度和精度。此外，主要采用笼式套筒阀芯和软密封结构，从而确保阀芯起跳后正确复位和密封性好，克服了弹簧式安全阀关闭不严导致长期泄漏及过量排放等问题。先导式安全阀又分为角式和直通式两类，其结构主要由主阀和先导阀组成。

1)操作条件

①安全阀的泄放量。安全阀的泄放量应根据具体工艺过程来确定。

②安全阀泄放压力。安全阀开始起跳时的进口压力称为安全阀的泄放压力或定压。它应等于或小于受压设备或管道的设计压力。可按下面的方法确定：

当 $p \leqslant 1.8$MPa

$$p_0 = p + 0.18$$

当 $1.8 < p \leqslant 7.5$MPa

$$p_0 = 1.1p$$

当 $p > 7.5$MPa

$$p_0 = 1.05p$$

式中，p 为被保护设备或管道操作绝对压力，MPa；p_0为安全阀泄放绝对压力，MPa。

③聚积压力。安全阀开至最大并达到最大泄放量时的进口压力 p_1与泄放压力 p_0之间的差值称为聚积压力：

$$p_a = p_1 - p_0 \tag{6-25}$$

式中，p_1为安全阀最大泄放量时的进口绝对压力，MPa；p_0为安全阀泄放绝对压力，MPa；p_a为聚积压力，MPa。

对于安装在蒸汽锅炉上的安全阀，一般 $p_a = 0.03p_0$；对于安装在无火压力容器上的安全阀，$p_a = 0.1p_0$；对于安装在有着火、爆炸危险容器上的安全阀，$p_a = 0.2p_0$。

④最高泄放压力。安全阀达到最大泄放能力时的进口压力，称为最大泄放压力。在输气站中，最高泄放压力可按式(6-26)确定：

$$p_m = p_0 + p_a \tag{6-26}$$

式中，p_m为安全阀最高泄放压力，MPa。

⑤背压(出口压力)。背压是指安全阀开启前泄压总管的压力与安全阀开启后介质流动所产生的流动阻力之和。背压一般应小于气体的临界流动压力值。气体临界压缩比计算公式如下：

$$\sigma_c = \left(\frac{2}{k+1}\right)^{\frac{k}{k-1}}$$

式中，σ_c为气体临界压缩比；k 为气体绝热指数。

对非平衡型普通安全阀，为防止背压对泄放量的影响，一般不宜大于泄放压力值的10%。

2)安全阀通道截面积

安全阀通道截面积按式(6-27)计算：

$$A = \frac{G}{110.197CKp_1\sqrt{\frac{M}{ZT_1}}} \tag{6-27}$$

式中，A 为安全阀通道截面积，cm^2；G 为安全阀的最大泄放量，kg/h；p_1为安全阀在最大泄放量时的进口绝对压力，MPa；K 为流量系数，与阀的结构有关，由生产厂家提供，一般取 0.9 ~ 0.97；M 为气体摩尔分子量；T_1 为安全阀进口处绝对温度，K；Z 为气体压缩系数；C 为气体特性系数，按下式计算，或查图 6－20。

$$C = 387\sqrt{k\left(\frac{2}{k+1}\right)^{\frac{k+1}{k-1}}}$$

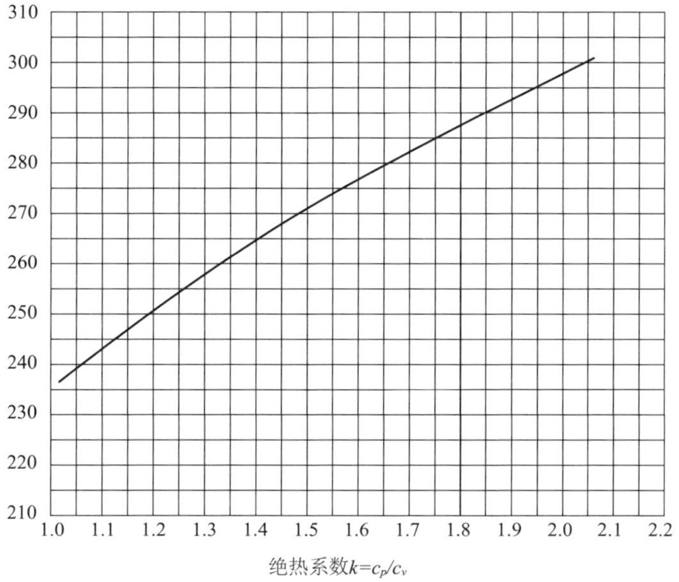

图 6－20 气体特性系数与绝热指数关系

若阀出口绝对压力与进口绝对压力之比 σ 小于临界压力比 σ_c 时，由式(6－27)计算的结果乘以背压修正系数 K_b：

$$K_b = \sqrt{\frac{\frac{2k}{k-1}\left(\sigma^{\frac{2}{k}} - \sigma^{\frac{k+1}{k}}\right)}{k\left(\frac{2}{k+1}\right)^{\frac{k+1}{k-1}}}}$$

6.3.6 掺氢调压设备适应性分析

向天然气管道中掺氢后会对流量计量仪表及调压设备等产生影响。例如，在固定的压力条件下，长输管道天然气水合物生成可能性主要取决于天然气温度，精准预测天然气掺氢后节流阀减压节流温度变化规律是水合物防治的重要基础。如图 6－21 所示，当节流前温度 5℃、压降 2MPa 时，与纯天然气相比，掺氢 20%、40%、60%、80% 时节流温降约减小了 32%、59%、79%、95%，且氢气浓度超过 90% 时节流后温度升高，纯氢气状态下节流后温度可升高 0.27℃/MPa。向天然气管道中掺混氢气输送，若保持管道起点压力和温度恒定时，受到节流正效应减弱的影响，管道因相同压降引起的温降减小，管道的平均温度将随氢气浓度的增加而缓慢升高，从而可降低管道生成水合物堵塞管道的风险。

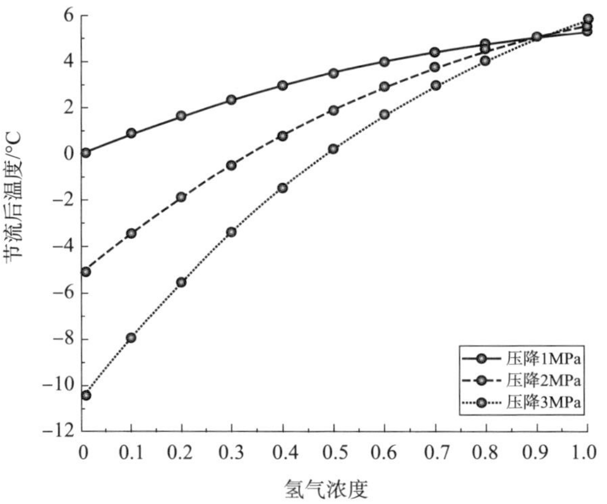

图6-21 节流前4MPa、5℃掺氢天然气节流后温度变化

当节流前温度较低时，掺氢天然气流经节流阀温降后难免会出现温度低于0℃的情况（图6-21），造成阀门处水凝固成冰的现象，从而影响阀门的正常运行，因此一般在阀门附近会安装伴热装置防止冰堵现象的发生。当管输气体中氢气含量增加时，由于节流后温度的升高，气体流经节流阀后所需伴热量可有效降低。例如，当天然气质量流量为34.5kg/s时，与纯天然气相比，压降2MPa节流前10℃掺氢体积分数10%、20%可减少所需伴热量约48%、97%。而节流前5℃时，掺氢20%时伴热量减少40%，掺氢40%时可减少81%，伴热量的降低并不只与掺氢浓度有关，还受到节流前温度的影响。

对于节流阀而言，流动介质的变化除影响防冰堵伴热量外，还会对阀门开度等实际操作产生影响。当管输气体从最小流量变化至最大流量时，天然气流经节流阀时阀门开度可从38%调节至77%以适应节流气体体积流量的变化，但向天然气中掺混氢气后，气体密度降低，对应体积流量增加，而相同压力变化时氢气的体积变化可达到甲烷的8倍左右，阀门开度需要适当升高以适应更高体积流量的节流过程。从图6-22可以看出，随着掺氢浓度的升高，阀门开度的调节范围也同时增加，掺氢比10%与20%时调节范围分别为41%～81%、43%～87%，但在掺氢比30%时调节范围则为46%～92%。在阀门选型验证时，一般情况下要求最大流量时阀门开度不超过90%，在较低掺氢浓度时阀门开度仍在允许操作范围内，但当氢气浓度达到30%时，最大流量时阀门开度已达到92%，此时则需考虑更换节流阀以满足管道的安全运行。

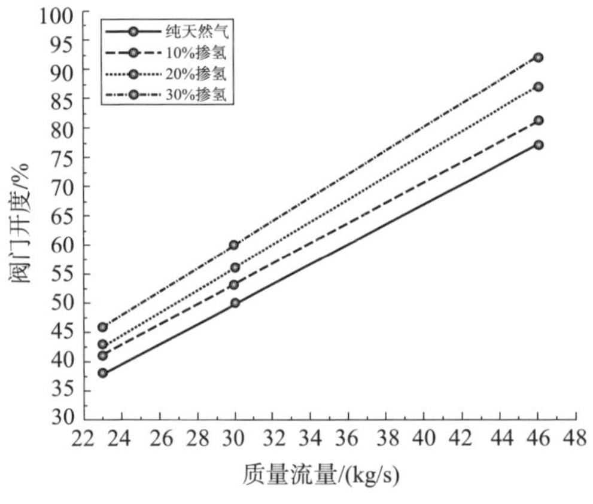

图6-22 掺氢天然气阀门开度随流量的变化

6.4 压气站与管路的联合工作

6.4.1 一个压气站与管路的联合工作

(1)简单管路的工作点

一个压气站和一个管路的联合工况如图 6-23 所示。

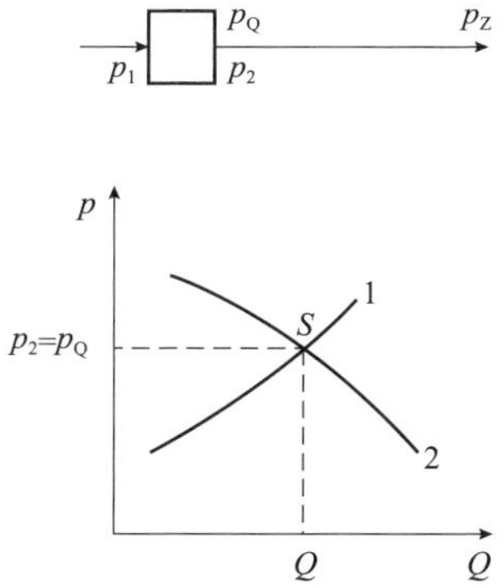

图 6-23 简单管路的工作点

压气站的特性方程为：

$$p_2^2 = Ap_1^2 - BQ^2 \tag{6-28}$$

管路特性方程为：

$$p_Q^2 = p_Z^2 + ClQ^2 \tag{6-29}$$

两者联合工作，$p_2 = p_Q$，故：

$$Ap_1^2 - BQ^2 = p_Z^2 + ClQ^2 \tag{6-30}$$

得工作点的流量为：

$$Q = \sqrt{\frac{Ap_1^2 - p_Z^2}{B + Cl}} \tag{6-31}$$

式中，p_1 为压缩机(站)的进口压力；p_Z 为管路的终点压力；l 为管路的长度；A、B、C 为有关的特性常数，$C = \dfrac{\lambda Z \Delta T}{C_0^2 D^5}$。

由于$A > 1$，所以进口压力 p_1 对流量的影响要比管路终点压力 p_Z 的影响大得多。或者说，用降低 p_Z 的方法增加流量的效果是不明显的。

(2)串联管路的工作点

两段管路串联，管路一的特性方程为：

$$p_{Q1}^2 = p_{Z1}^2 + C_1 l_1 Q^2 \tag{6-32}$$

管路二的特性方程为：

$$p_{Q2}^2 = p_{Z2}^2 + C_2 l_2 Q^2 \tag{6-33}$$

两者串联，$p_{Z1} = p_{Q2}$，故：

$$p_{Q1}^2 = p_{Z2}^2 + (C_1 l_1 + C_2 l_2) Q^2 \tag{6-34}$$

串联管路与压缩机站联合工作，压缩机站的出口压力 p_2 等于管路起点压力 p_{Q1}，即 $p_2^2 = p_{Q1}^2$，可求得工作点流量为：

$$Q = \sqrt{\frac{Ap_1^2 - p_{Z2}^2}{B + (C_1l_1 + C_2l_2)}} \tag{6-35}$$

由 n 段串联的管路，若起点压力为 p_Q，终点压力为 p_Z，管路特性方程则为：

$$p_Q^2 = p_Z^2 + \left(\sum_{i=1}^{n} C_il_i\right)Q^2 \tag{6-36}$$

与压缩机联合工作的工作点流量为：

$$Q = \sqrt{\frac{Ap_1^2 - p_Z^2}{B + \sum_{i=1}^{n} C_il_i}} \tag{6-37}$$

(3)并联管路的工作点

并联管路与压气站联合工作的状况如图 6－24 所示。

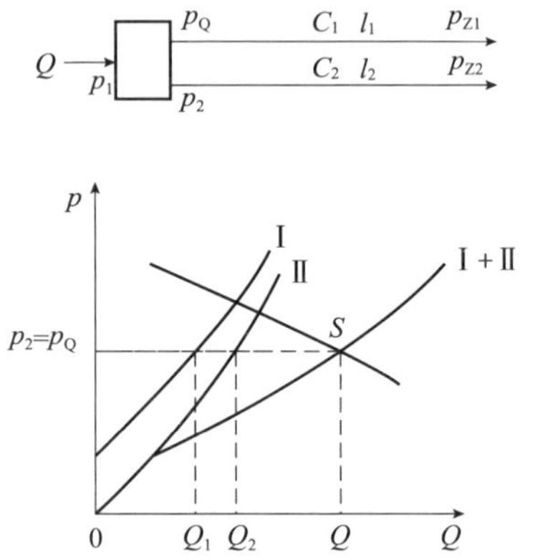

图 6－24　并联管路的工作点

管路一的特性方程：

$$p_{Q1}^2 = p_{Z1}^2 + C_1l_1Q_1^2 \tag{6-38a}$$

管路二的特性方程：

$$p_{Q2}^2 = p_{Z2}^2 + C_2l_2Q_2^2 \tag{6-38b}$$

压缩机站的特性方程：

$$p_2^2 = Ap_1^2 - BQ^2 \tag{6-38c}$$

由于并联工作，故 $p_{Q1} = p_{Q2} = p_2$，且：

$$Q_1 + Q_2 = Q \tag{6-38d}$$

由式(6－38)方程组可求得 p_Z、Q、Q_1 和 Q_2 四个未知数。由式(6－38a)得：

$$Q_1^2 = \frac{p_2^2 - p_{Z1}^2}{C_1l_1} \tag{6-39}$$

由(6－38b)式得：

$$Q_2^2 = \frac{p_2^2 - p_{Z2}^2}{C_2l_2} \tag{6-40}$$

将 Q_1 、Q_2 代入式(6－38c)，得：

$$p_2^2 = Ap_1^2 - B\left[\frac{p_2^2 - p_{Z1}^2}{C_1 l_1} + 2\sqrt{\frac{p_2^2 - p_{Z1}^2}{C_1 l_1}} \cdot \sqrt{\frac{p_2^2 - p_{Z2}^2}{C_2 l_2}} + \frac{p_2^2 - p_{Z2}^2}{C_2 l_2}\right] \quad (6-41)$$

已知压缩机站进口压力 p_1 和管路终点压力 p_{Z1} 、p_{Z2} 的情况下，式(6－41)经过迭代就可求得 p_2 值，然后代入式(6－38a)、式(6－38b)、式(6－38c)分别求得 Q_1 、Q_2 、Q ，最后还可用式(6－38d)进行验算。

如果两条并联管路的终点压力相等，$p_{Z1} = p_{Z2} = p_Z$ ，式(6－41)可写为：

$$p_2^2 = Ap_1^2 - B(p_2^2 - p_Z^2)F \quad (6-42)$$

可得：

$$p_2^2 = 1 + \frac{Ap_1^2 + BFp_Z^2}{1 + BF} \quad (6-43)$$

式中，

$$F = \frac{1}{C_1 l_1} + 2\sqrt{\frac{1}{C_1 l_1}}\sqrt{\frac{1}{C_2 l_2}} + \frac{1}{C_2 l_2} \quad (6-44)$$

若两条管路完全相同，则 $C_1 = C_2 = C$ ，$l_1 = l_2 = l$ ，有：

$$F = \frac{4}{Cl} \quad (6-45)$$

$$Q = \sqrt{\frac{Ap_1^2 - p_Z^2}{B + \frac{Cl}{4}}} \quad (6-46)$$

(4)并、串联管路的工作点

对于图 6－25 所示的管路系统，根据该系统的水动力学原理可建立管路特性、压气站特性和系统特点的联立方程：

$$\left.\begin{aligned} &\text{管路一} \quad p_Q^2 = p_{Z1}^2 + C_1 l_1 Q_1^2 \\ &\text{管路二} \quad p_{Z1}^2 = p_{Z2}^2 + C_2 l_2 Q_2^2 \\ &\text{管路三} \quad p_{Z1}^2 = p_{Z3}^2 + C_3 l_3 Q_3^2 \\ &\text{压气站} \quad p_2^2 = Ap_1^2 - BQ_1^2 \\ &\text{系统特点} \quad Q_1 = Q_2 + Q_3 \\ &\qquad\qquad p_2 = p_Q \end{aligned}\right\} \quad (6-47)$$

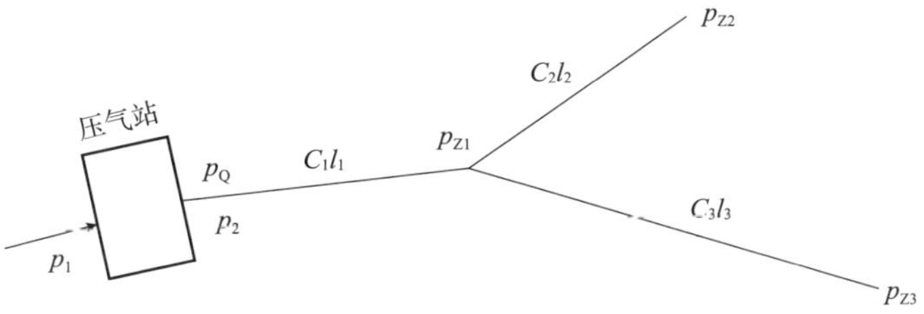

图 6－25 并、串联管路示意

在已知压气站进口压力 p_1 和管路终点压力 p_{Z2}、p_{Z3} 的条件下，求解(6-47)方程组可得 p_Q（或 p_2）、p_{Z1}、Q_1、Q_2 和 Q_3 五个未知量。

6.4.2 多个压气站与干线输气管的联合工作

干线输气管一般存在多个压气站，每个站都要消耗一部分气体，整条管线的输气量是逐段下降的，但就任一压气站而言，压气站的生产能力仍然等于随后一个站间的输气量。假设：①水平管；②输量不随时间变化，稳定流；③各站的站特性不同；④站间管路的 D、L 不同；⑤各站燃气轮机用气量为来气量的某一固定百分比，即 $M = \dfrac{Q_{出}}{Q_{进}}$ 一定。

图6-26所示为干线输气管工况示意。每站的自用气量可以认为与输气量成正比，即自用气量 $q = (1 - M)Q$。设首站与第一站间的输气量为 Q，第二站与第二站间的输气量为 MQ，第三站与第三站间的输气量为 M^2Q，…，x 站与 x 站间的输气量为 $M^{x-1}Q$，最后一个站与最后一段管路的输气量为 $M^{n-1}Q$。

图6-26 干线输气管工况示意

根据式(6-28)和式(6-38c)得各站的特性方程，综合可得：

$$
\left.
\begin{array}{cc}
\text{首站} & \text{第一站间} \\
p_{Q1}^2 = A_1 p_{Z1}^2 - B_1 Q^2 & p_{Q1}^2 = p_{Z2}^2 + C_1 l_1 Q^2 \\
\text{第二站} & \text{第二站间} \\
p_{Q2}^2 = A_2 p_{Z2}^2 - B_2 M^2 Q^2 & p_{Q2}^2 = p_{Z3}^2 + C_2 l_2 M^2 Q^2 \\
\text{第三站} & \text{第三站间} \\
p_{Q3}^2 = A_3 p_{Z3}^2 - B_3 M^4 Q^2 & p_{Q3}^2 = p_{Z4}^2 + C_3 l_3 M^4 Q^2 \\
\vdots & \vdots \\
x\text{站} & x\text{站间} \\
p_{Qx}^2 = A_x p_{Zx}^2 - B_x M^{2(x-1)} Q^2 & p_{Qx}^2 = p_{Zx+1}^2 + C_x l_x M^{2(x-1)} Q^2 \\
\vdots & \vdots \\
\text{最后一站} & \text{最后一段(末段)管路} \\
p_{Qn}^2 = A_n p_{Zn}^2 - B_n M^{2(n-1)} Q^2 & p_{Qn}^2 = p_{Zn+1}^2 + C_n l_n M^{2(n-1)} Q^2
\end{array}
\right\} \tag{6-48}
$$

由于干线输气管为统一的水动力学系统，上述特性方程就组成了方程组(6-48)。令 $y_1 = B_i + C_i l_i$，由方程组中的每一对方程中可解出各站的进口压力与首站进口压力 p_{Z1} 的关系：

$$
\left.
\begin{aligned}
p_{Z2}^2 &= A_1 p_{Z1}^2 - y_1 Q^2 \\
p_{Z3}^2 &= A_1 A_2 p_{Z1}^2 - (A_2 y_1 + y_2 M^2) Q^2 \\
p_{Z4}^2 &= A_1 A_2 A_3 p_{Z1}^2 - (A_2 A_3 y_1 + A_3 y_2 M^2 + y_3 M^4) Q^2
\end{aligned}
\right\} \tag{6-49}
$$

任一站的进口压力 p_{Zx} 与首站进口压力 p_{Z1} 的关系通式为：

$$p_{Zx}^2 = A_1A_2\cdots A_{x-1}p_{Z1}^2 - \left[\sum_{i=2}^{x-1} A_iA_{i+1}\cdots A_{x-1}y_{i-1}M^{2(i-2)} + y_{x-1}M^{2(x-2)}\right]Q^2 \tag{6-50}$$

同理，可得任一站出口压力 p_{Qx} 与首站进口压力 p_{Z1} 的关系通式：

$$p_{Qx}^2 = A_1A_2\cdots A_xp_{Z1}^2 - \left[\sum_{i=2}^{x} A_iA_{i+1}\cdots A_xy_{i-1}M^{2(i-2)} + B_xM^{2(x-1)}\right]Q^2 \tag{6-51}$$

对于最后一段输气管（$x = n + 1$），由式(6－50)可得末段的终点压力：

$$p_{Z}^2 = A_1A_2\cdots A_np_{Z1}^2 - \left[\sum_{i=2}^{n} A_iA_{i+1}\cdots A_ny_{i-1}M^{2(i-2)} + y_nM^{2(n-1)}\right]Q^2 \tag{6-52}$$

所以干线输气管系统的起始流量为：

$$Q = \sqrt{\frac{\left(\prod_{i=1}^{n}A_i\right)p_{Z1}^2 - p_Z^2}{\sum_{i=2}^{n}\left(\prod_{j=i}^{n}A_j\right)y_{i-1}M^{2(i-2)} + y_nM^{2(n-1)}}} \tag{6-53}$$

如果压缩机站是同一类型的，站间管路的长度和管径也相同(末段例外)，即：

$$\begin{aligned} A_1 &= A_2 = \cdots = A_n = A \\ B_1 &= B_2 = \cdots = B_n = B \\ C_1 &= C_2 = \cdots = C_{n-1} = C \\ l_1 &= l_2 = \cdots = l_{n-1} = l \\ y_1 &= y_2 = \cdots = y_{n-1} = y \end{aligned} \tag{6-54}$$

所以：

$$\begin{aligned} &\prod_{i=1}^{n}A_i = A^n \\ &\sum_{i=2}^{n}\left(\prod_{j-i}^{n}A_j\right)y_{i-1}M^{2(i-2)} \\ &= [A^{n-1}M^0 + A^{n-2}M^2 + \cdots + A^2M^{2(n-3)} + AM^{2(n-2)}]y \\ &= \frac{A^n - AM^{2(n-1)}}{A - M^2}y \end{aligned} \tag{6-55}$$

式(6－53)改写为：

$$Q = \sqrt{\frac{A^np_{Z1}^2 - p_Z^2}{\frac{A^n - AM^{2(n-1)}}{A - M^2}y + y_nM^{2(n-1)}}} \tag{6-56}$$

如果不考虑各站的自用气量，$M = 1$，则：

$$Q = \sqrt{\frac{A^np_{Z1}^2 - p_Z^2}{\frac{A^n - A}{A - 1}y + y_n}} \tag{6-57}$$

若从首站的排出管汇开始计算，那么式(6－48)中减去第一个方程，则式(6－53)、式(6－56)和式(6－57)相应为：

$$Q=\sqrt{\frac{\left(\prod_{i=2}^{n}A_i\right)p_{Q1}^2-p_Z^2}{\sum_{i=3}^{n}\left(\prod_{j=i}^{n}A_j\right)y_{i-1}M^{2(i-2)}+\left(\prod_{i=2}^{n}A_i\right)C_1l_1+y_nM^{2(n-1)}}} \tag{6－58}$$

$$Q=\sqrt{\frac{A^{n-1}p_{Q1}^2-p_Z^2}{\frac{A^{n-1}M^2-AM^{2(n-1)}}{A-M^2}y+A^{n-1}Cl+y_nM^{2(n-1)}}} \tag{6－59}$$

$$Q=\sqrt{\frac{A^{n-1}p_{Q1}^2-p_Z^2}{\frac{A^n-A}{A-1}y+A^{n-1}Cl+y_n}} \tag{6－60}$$

式(6－58)～式(6－60)也适用于首站没有压缩机车间的情况。

从式(6－53)至式(6－60)可以得出，干线输气管系统的输气量 Q 首先取决于输气首站的压力 p_{Z1} 或 p_{Q1}，由于 $A\gg1$，首站进、出口压力 p_{Z1} 或 p_{Q1} 稍有下降，对整条管道系统的输气量都会有较明显的影响。相反，输气管的终点压力 p_Z 即使在较大范围内变化，对整个系统输气量的影响也不大。站数越多，p_{Z1}、p_{Q1} 的影响越大，p_Z 的影响越小。

式(6－51)、式(6－52)可用于确定任意一站进出口压力。若全线各站类型一致，站间管路相同，该两式可简化为：

$$p_{Zx}^2=A^{x-1}p_{Z1}^2-\frac{A^{x-1}-M^{2(x-1)}}{A-M^2}yQ^2 \tag{6－61}$$

$$p_{Qx}^2=A^xp_{Z1}^2-\left(\frac{A^x-AM^{2(x-1)}}{A-M^2}+BM^{2(x-1)}\right)Q^2 \tag{6－62}$$

若 $M=1$，则：

$$p_{Zx}^2=A^{x-1}p_{Z1}^2-\frac{A^{x-1}-1}{A-1}yQ^2 \tag{6－63}$$

$$p_{Qx}^2=A^xp_{Z1}^2-\left(\frac{A^x-A}{A-1}y+B\right)Q^2 \tag{6－64}$$

由上述公式可知，即使站间管路一样，各压气站类型相同，各站的吸入压力 p_{Zx} 和排出压力 p_{Qx} 也不相同。其根本原因除存在自用气外，关键在于末段管路和末段的终点压力与其他站间不同。

前述任意进口压力的平方值 p_{Zx}^2 和出口压力的平方值 p_{Qx}^2 的有关公式，如式(6－50)、式(6－51)、式(6－61)～式(6－64)都是以首站进口压力 p_{Z1} 为基准推导而得。若以末段的终点压力 p_Z 为基准，则 p_{Zx}^2 和 p_{Qx}^2 的公式如下：

$$p_{Zx}^2=\frac{1}{A_x\cdots A_n}\left[p_Z^2+\left(\sum_{i=x+1}^{n}A_i\cdots A_ny_{i-1}M^{2(i-2)}+yM^{2(n-1)}\right)Q^2\right] \tag{6－65}$$

$$p_{Qx}^2=A^xp_{Zx}^2-B_xM^{2(x-1)}Q^2 \tag{6－66}$$

$$=\frac{1}{A_{x+1}\cdots A_n}\left[p_Z^2+\left(\sum_{i=x+1}^{n}A_i\cdots A_ny_{i-1}M^{2(i-2)}+yM^{2(n-1)}\right)Q^2\right]-B_xM^{2(x-1)}Q^2 \tag{6－67}$$

如果全线站间管路相同，各站类型一致，则：

$$p_{Zx}^2 = A^{x-(n+1)}p_Z^2 + \left[\frac{M^{2(x-1)} - A^{x-n}M^{2(n-1)}}{A - M^2}y + A^{x-(n+1)}y_nM^{2(n-1)}\right]Q^2 \quad (6-68)$$

$$p_{Qx}^2 = A^{x-n}p_Z^2 + \left[\frac{AM^{2(x-1)} - A^{x+1-n}M^{2(n-1)}}{A - M^2}y + A^{x-n}y_nM^{2(n-1)} - BM^{2(x-1)}\right]Q^2 \quad (6-69)$$

若略去自用气，$M = 1$，则：

$$p_{Zx}^2 = A^{x-(n+1)}p_Z^2 + \left[\frac{1 - A^{x-n}}{A - 1}y + A^{x-(n+1)}y_n\right]Q^2 \quad (6-70)$$

$$p_{Qx}^2 = A^{x-n}p_Z^2 + \left[\frac{A - A^{x+1-n}}{A - 1}y + A^{x-n}y_n - B\right]Q^2 \quad (6-71)$$

6.5 输气管道运行工况分析与调节

干线输气管的工况在运行中并不是一成不变的，它的压力、流量受客观条件影响，随客观条件变化。为了简化和讨论方便起见，假定：干线各站的流量在正常运行时是相同的，即 $M=1$；各站间管路相同，即 $l_1 = l_2 = \cdots = l_{n-1} = l$，$C_1 = C_2 = \cdots = C_{n-1} = C$；各压气站类型一样，即 $A_1 = A_2 = \cdots = A_n = A$，$B_1 = B_2 = \cdots = B_n = B$。因此式(6-57)、式(6-60)、式(6-63)、式(6-64)、式(6-70)和式(6-71)就是讨论的理论基础。需要指出的是，工况变化属于不稳定流动的范围，以稳定流动公式为基础的讨论，只具有近似定性意义。

定义当压力从 p 变化至 p' 时，流量从 Q 变化至 Q_*，此时有：

$$\Delta p = p' - p \quad (6-72)$$

$$\Delta p^2 = p'^2 - p^2 = 2p\Delta p + (\Delta p)^2 \quad (6-73)$$

6.5.1 首站进站压力对沿线压力的影响

(1)对 Q 的影响

输气量公式为：

$$Q = \left[\frac{A^nP_{Z1}{}^2 - P_Z{}^2}{\frac{A^n - A}{A - 1}y + y_n}\right]^{0.5} \quad (6-74)$$

由于 $A > 1$，$A^n \gg 1$，所以 P_{Z1} 增大使得流量 Q 增大，而且随站数 n 的增加，P_{Z1} 对流量 Q 的影响越大。

(2) p_{Z1} 变化对 p_{Zx} 的影响

由式(6-63)可知：

变化前：

$$p_{Zx}^2 = A^{x-1}p_{Z1}^2 - \frac{A^{x-1} - 1}{A - 1}yQ^2 \quad (6-75)$$

变化后：

$$p'^2_{Zx} = A^{x-1}p'^2_{Z1} - \frac{A^{x-1}-1}{A-1}yQ^2_* \tag{6-76}$$

两式相减，得：

$$\Delta p^2_{Zx} = A^{x-1}\Delta p^2_{Z1} - \frac{A^{x-1}-1}{A-1}y(Q^2_* - Q^2) \tag{6-77}$$

将式(6－57)代入，得：

$$\begin{aligned}\Delta p^2_{Zx} &= A^{x-1}\Delta p^2_{Z1} - \frac{A^{x-1}-1}{A-1}y\frac{A^n\Delta p^2_{Z1}}{\frac{A^n-A}{A-1}y+y_n}\\ &= \left[A^{x-1} - \frac{A^{x-1}-1}{A-1}y\frac{A^n}{\frac{A^n-A}{A-1}y+y_n}\right]\Delta p^2_{Z1}\\ &= F\Delta p^2_{Z1}\end{aligned} \tag{6-78}$$

由于 $y < y_n \ll \frac{A^n-A}{A-1}y$ ，故近似认为 $y_n = y$ ，因此可得：

$$F = A^{x-1} - \frac{A^{x-1}}{A-1}\frac{A^n}{\frac{A^n-1}{A-1}} = \frac{A^n - A^{x-1}}{A^n-1} \tag{6-79}$$

由于 $A^n \gg 1$ ，故：

$$F \approx \frac{A^n - A^{x-1}}{A^n} = 1 - A^{x-(n+1)} \tag{6-80}$$

$$\Delta p^2_{Zx} \approx (1 - A^{x-(n+1)}\Delta p^2_{Z1}) \tag{6-81}$$

由于 $A \gg 1$ ，$x \leqslant n$ ，实际上可认为 $F = 1$ ，只有 $x = n$ 时，$F = 1 - 1/A$ ，其值也十分接近于1。由此可知，在 p_{Z1} 变化时，Δp^2_{Zx} 与 Δp^2_{Z1} 几乎是相等的。干线输气管在各站类型一致时，p_{Zx} 值也几乎等于 p_{Z1} 的值。因此，可以得出结论：当 p_{Z1} 发生变化时，p_{Zx} 的变化量 Δp_{Zx} 与 Δp_{Z1} 的变化量 Δp_{Z1} 近似相等，只当 $x \to n$ 时，Δp_{Zx} 的值略小于 Δp_{Z1} 。

(3) p_{Z1} 变化对 p_{Qx} 的影响

$$\frac{p_{Qx}}{p_{Zx}} = \varepsilon_x \tag{6-82}$$

p_{Z1} 变化前：

$$p_{Qx} = \varepsilon_x p_{Zx} \tag{6-83}$$

p_{Z1} 变化后：

$$p_{Qx}' = \varepsilon_x' p_{Zx}' \tag{6-84}$$

$$\Delta p_{Qx} = \varepsilon_x' p_{Zx}' - \varepsilon_x p_{Zx} = \varepsilon_x \Delta p_{Zx} - (\varepsilon_x - \varepsilon_x')p_{Zx} \tag{6-85}$$

式(6－85)说明，出站压力的增长量 Δp_{Qx} 随该站进站压力 Δp_{Zx} 的增大而增大。但从压缩机来看，Δp_{Zx}（或 Δp_{Z1}）的增大，将导致流量增大，压力比 ε_x' 下降。因此，在 Δp_{Qx} 随 Δp_{Zx}（或 Δp_{Z1}）增大的同时，由于压力比 ε_x' 的下降，又表现出随 Δp_{Zx}（或 Δp_{Z1}）下降的趋势，最后将导致什么结果？从站间管路看，流量的增大，站间摩阻增大，压力平方差 $p^2_{Qx} - p^2_{Zx+1} = C_x l_x Q^2$ 也增大，结果必然是 p^2_{Qx} 要增大，因此 Δp_{Z1}（或 Δp_{Zx}）增大时，Δp_{Qx} 取正

值，式(6－85)右端第二项不可能大于第一项。总之，随着 Δp_{Z1}（或 Δp_{Zx}）的增大，p_{Qx} 也随之增大，Δp_{Qx} 永远取正值，但 Δp_{Qx} 的值不可能随 Δp_{Z1}（或 Δp_{Zx}）同步增长，其增长趋势逐渐有所下降。

因此，当 p_{Z1} 增大、供气量增长时，压力 p_{Zx} 和 p_{Qx} 都将提高，输气管的通过能力增大，压力降落线将抬高。当 p_{Z1} 减小、供气量下降时则相反。

6.5.2 末段管路的终点压力对沿线压力的影响

(1) p_Z 变化对 Q 的影响

由前述小节可知，末段管路的终点压力 p_Z 即使在较大范围内变化，对干线的系统流量 Q 的影响也不大，尤其是站数较多时影响更小。为了便于讨论，这里假定 p_Z 的变化不会引起干线输气管流量 Q 的变化。

(2) p_Z 变化对 p_{Zx} 的影响

由式(6－70)可知

p_Z 变化前：

$$p_{Zx}^2 = A^{x-(n+1)}p_Z^2 + \left[\frac{1-A^{x-n}}{A-1}y + A^{x-(n+1)}y_n\right]Q^2 \tag{6-86}$$

p_Z 变化后(忽略 Q 的变化)：

$$p'^2_{Zx} = A^{x-(n+1)}p'^2_Z + \left[\frac{1-A^{x-n}}{A-1}y + A^{x-(n+1)}y_n\right]Q^2 \tag{6-87}$$

两式相减：

$$\Delta p_{Zx}^2 = A^{x-(n+1)}\Delta p_Z^2 \tag{6-88}$$

即：

$$2p_{Zx}\Delta p_{Zx} + (\Delta p_{Zx})^2 = A^{x-(n+1)}[2p_Z\Delta p_Z + (\Delta p_Z)^2] \tag{6-89}$$

忽略高次项 $(\Delta p_{Zx})^2$ 和 $(\Delta p_Z)^2$，可得：

$$\Delta p_{Zx} = A^{x-(n+1)}\frac{p_Z}{p_{Zx}}\Delta p_Z \tag{6-90}$$

由于 $A \gg 1$、$x \leqslant n$，$A^{x-(n+1)}$ 的值很小。无论从式(6－88)还是从式(6－90)都可得到结论：Δp_Z 对 Δp_{Zx} 的影响很小，只有当 $x \to n$ 时，Δp_Z 对 Δp_{Zx} 才有实质影响。即，末段管路的终点压力 p_Z 的变化只对最后一、二个压气站的进站压力 p_{Zx} 有影响，而对前面各站的进站压力无影响。

(3) p_Z 变化对 p_{Qx} 的影响

同理可由式(6－71)得到：

$$\Delta p_{Qx}^2 = A^{x-n}\Delta p_Z^2 \tag{6-91}$$

和

$$\Delta p_{Qx} = A^{x-n}\frac{p_Z}{p_{Qx}}\Delta p_Z \tag{6-92}$$

将式(6－88)代入式(6－91)，得：

$$\frac{\Delta p_{Qx}^2}{\Delta p_{Zx}^2} = A \gg 1 \tag{6-93}$$

式(6－93)说明，Δp_Z^2 对 Δp_{Qx}^2 的影响是对 Δp_{Zx}^2 影响的 A 倍，即 p_Z 的变化对 p_{Qx} 的影响要大于对 p_{Zx} 的影响，但由于 $Q_{Qx} > p_{Zx} > p_Z$，同时 A^{x-n} 的数值同样很小。从式(6－92)可以看出，Δp_Z 对 Δp_{Qx} 的影响同样是很小的，只有当 $x \to n$ 时该影响才有实际意义。

从本节讨论中可得出以下两点结论：1) p_Z 的变化大于 p_{Qx} 的变化，而 p_{Qx} 的变化又大于 p_{Zx} 的变化，即：$\Delta p_Z > \Delta p_{Qx} > \Delta p_{Zx}$；2) p_Z 的变化对 p_{Qx}、p_{Zx} 的影响，实际上只在干线输气管的最后一、二个压气站存在。

6.5.3　压气站或部分压缩机组停运对工况的影响

干线输气管上某个压气站或部分机组停止运行是常有的。例如，没有地下储气库的输气管在气体消费较少的夏季；压气站发生事故或计划检修时；或者投产初期压气站逐步投入运行的时候，都存在压气站或部分压缩机组停运的情况。

(1)压气站或部分机组停运对流量的影响

干线输气管上某一个站(c 站)停止运行时整个系统的流量要下降。此时的流量公式同样可以从(6－48)方程组得出，但 c 站停运，即 c 站的出站压力等于进站压力 $p_{Qc} = p_{Zc}$，其特性方程 $p_{Qc}^2 = A_c p_{Zc}^2 - BQ_c^2$ 中，$A_c = 1$，$B_c = 0$，由此得：

$$Q_c = \sqrt{\frac{A^{n-1}p_{Z1}^2 - p_Z^2}{\frac{A^{n-1}}{A-1}y + A^{n-c}Cl + y_n}} \tag{6-94}$$

若用出站压力 p_{Q1} 表示，可得：

$$Q_c = \sqrt{\frac{A^{n-2}p_{Q1}^2 - p_Z^2}{\frac{A^{n-2}-A}{A-1}y + (A^{n-2} + A^{n-c})Cl + y_n}} \tag{6-95}$$

由式(6－94)、式(6－95)可以得出结论，停止运行的站的标号 c 越小，输气管的输气量下降越多。当第1个站($c = 1$)停运时，下降最多，$c = 1$ 时的式(6－94)除以式(6－60)就可得到第一个站停止工作时，输气量下降的比值：

$$\frac{Q_1}{Q} = \sqrt{\frac{A^{n-1}p_{Z1}^2 - p_Z^2}{A^{n-1}p_{Q1}^2 - p_Z^2}} \tag{6-96}$$

由于 $A^{n-1}p_{Z1}^2 \gg p_Z^2$

所以：

$$\frac{Q_1}{Q} \approx \frac{p_{Z1}}{p_{Q1}} = \frac{1}{\varepsilon_1} \tag{6-97}$$

$\varepsilon_1 > 1$，故 $Q_1 < Q$。

当最后一压缩机站停止工作时 $c = n$，代入式(6－94)，可得：

$$Q_n = \sqrt{\frac{A^{n-1}p_{Z1}^2 - p_Z^2}{\frac{A^{n-1}}{A-1}y + Cl + y_n}} \tag{6-98}$$

若 n 足够大，$A^{n-1}p_{Z1}^2 \gg p_Z^2$，且 $\frac{A^{n-1}}{A-1}y \gg Cl + y_n - \frac{A}{A-1}y$。

所以：

$$Q_n = p_{Z1}\sqrt{\frac{A-1}{y}} \tag{6-99}$$

这就是各站进出站压力 p_{Zx} 和 p_{Qx} 都相等时的流量。这说明当 n 足够大时，最后一个站停止运行，对系统的输气量实际上并不产生多大影响。

上述讨论证明输气管的输气量下降值取决于停运站的标号 c 的大小。解释如下：将输气管从 c 站分为两段，前段从首站至 c 站，共有 c 个站，其中 $c-1$ 个站工作，当停运站的标号 c 越小，前段站数越少，停运一个站（c）所占的比例越大，输气量自然下降越多。后段从 $c+1$ 站至 n 站，共有 $n-c$ 个站，前段输气量下降必然引起后段 $c+1$ 站的进站压力 p_{Zc+1} 减小，根据式(6－57)，后段站数越多，也就是 c 越小，p_{Zc+1} 下降对流量减小的影响越大。后段和前段得到同样的结论：停运站的标号 c 越小，输气量下降越大。

当有两个站 c_1 和 c_2 同时停止工作时，可得到与式(6－94)相类似的公式：

$$Q_{2c} = \sqrt{\frac{A^{n-2}p_{Z1}^2 - p_Z^2}{\frac{A^{n-2}-A}{A-1}y + (A^{n-c_1} + A^{n-c_2})Cl + y_n}} \tag{6-100}$$

如果某一个站（c 站）只是部分压缩机组停止工作，那么它的特性方程就不同于其他站，该站 $A = A_c$，$B = B_c$，由(6－48)方程组可得：

$$Q_c = \sqrt{\frac{A_cA^{n-1}p_{Z1}^2 - p_Z^2}{\frac{A^{n-1}-A^{n-c}}{A-1}A_cy + A^{n-c}y_c + \frac{A^{n-c}-A}{A-1}y + y_n}} \tag{6-101}$$

利用上述同样方法，亦可求得任意数量压气站或机组停运时的流量公式。

(2)压气站或部分机组停运对沿线压力的影响

干线上某站 c 或其部分机组停运，全线流量下降，站的标号 c 越小，下降越多，这将对其他各站的进出压力产生什么影响呢？下面进行讨论，由于 c 站停运，故将输气管从 c 站分为两段研究。

1)停运站以前管段的压力变化

前段，从首站至 c 站，共 c 个站，其中 $c-1$ 个站运行。各站进出口压力 p_{Zx}、p_{Qx}（$1 \leqslant x \leqslant c$）可由式(6－77)、式(6－80)得出，即：

$$p_{Zx}^2 = A^{x-1}p_{Z1}^2 - \frac{A^{x-1}-1}{A-1}yQ_c^2 \tag{6-102}$$

$$p_{Qx}^2 = A^xp_{Z1}^2 - \left(\frac{A^x-A}{A-1}y + B\right)Q_c^2 \tag{6-103}$$

与 c 站停运前相比较，可得：

$$\Delta p_{Zx}^2 = A^{x-1}\Delta p_{Z1}^2 - \frac{A^{x-1}-1}{A-1}y(Q_c^2 - Q^2) \tag{6-104}$$

$$\Delta p_{Qx}^2 = A^xp_{Z1}^2 - \left(\frac{A^x-A}{A-1}y + B\right)(Q_c^2 - Q^2) \tag{6-105}$$

由于流量是下降的，$Q_c < Q$，所以 $(Q_c^2 - Q^2) < 0$，且 $\Delta p_{Z1}^2 = 0$，故式(6－104)、式(6－105)改写为：

$$\Delta p_{Zx}^2 = \frac{A^{x-1} - 1}{A - 1} y (Q^2 - Q_c^2) > 0 \tag{6-106}$$

$$\Delta p_{Qx}^2 = \left(\frac{A^{x-1} - 1}{A - 1} y + B\right)(Q^2 - Q_c^2) > 0 \tag{6-107}$$

式(6－106)、式(6－107)说明，停运站以前的各站进出口压力 p_{Zx}、p_{Qx} 均将上升，其增加量 Δp_{Zx}^2、Δp_{Qx}^2（或 Δp_{Zx}、Δp_{Qx}）随站的标号 x 的增大而增大，即越靠停运站 c，则压力上升得越多，故 Δp_{Qc-1} 和 $\Delta p_{Zc} c$ 为最大。

如果原来输气管 c 站在接近于管道强度的允许压力 $[p]$ 下工作，c 站停运后就有可能在某些站的出口，特别是 $c-1$ 站的出站处，发生超压：$p_{Qc-1} > [p]$。这就需要进行调节，使 $c-1$ 站的 p_{Qc-1} 在允许压力 $[p]$ 以下工作。

取从 $c-1$ 站开始的管路来研究，这段管路上共有 $(n-c+2)$ 个站，第二站(c 站)停运，第一站 $(c-1)$ 的出站压力 $p_{Qc-1} = [p]$ 时的流量可以根据式(6－95)确定。在该式中，n 用 $(n-c+2)$ 代替，$p_{Q1} = [p]$，故 c 站(该段管路的第2站)停止工作时最大允许的流量值为：

$$[Q_c] = \sqrt{\frac{A^{n-c}[p]^2 - p_Z^2}{\frac{A^{n-c} - A}{A - 1} y + 2A^{n-c} Cl + y_n}} \tag{6-108}$$

流量确定之后，从全线看，自第一站至 $c-1$ 站就要根据这个流量进行调节。最经济的调节方法就是停止运行部分机组和改变机组的转速，实际应该停运的机组数和转速改变值则需要根据压缩机的工作特性来确定。这样调节保证了 $c-1$ 站在尽可能高的压力下工作，整个系统的功率和能量消耗将是最小的。

2)停运站以后管段的压力变化

后段，从 $c+1$ 站至 n 站，共有 $n-c$ 个工作的压气站。各站的进出口压力 p_{Zx}、p_{Qx} $(c+1 \leqslant x \leqslant n)$ 可由式(6－70)、式(6－71)求得，即：

$$p_{Zx}^2 = A^{x-(n+1)} p_Z^2 + \left(\frac{1 - A^{x-n}}{A - 1} y + A^{x-(n+1)} y_n\right) Q_c^2 \tag{6-109}$$

$$p_{Qx}^2 = A^{x-n} p_Z^2 \left(\frac{A - A^{x+1-n}}{A - 1} y + A^{x-n} y_n - B\right) Q_c^2 \tag{6-110}$$

同理：

$$\Delta p_{Zx}^2 = A^{x-(n+1)} \Delta p_Z^2 + \left(\frac{1 - A^{x-n}}{A - 1} y + A^{x-(n+1)} y_n\right)(Q_c^2 - Q^2) \tag{6-111}$$

$$\Delta p_{Qx}^2 = A^{x-n} \Delta p_Z^2 + \left(\frac{A - A^{x+1-n}}{A - 1} y + A^{x-n} y_n - B\right)(Q_c^2 - Q^2) \tag{6-112}$$

由于 $\Delta p_Z^2 = 0$，$y \approx y$，$(Q_c^2 - Q^2) < 0$，$A \gg 1$，$x \leqslant n$，故：

$$\Delta p_{Zx}^2 = -\frac{1 - A^{x-(n+1)}}{A - 1} y (Q^2 - Q_c^2) < 0 \tag{6-113}$$

$$\Delta p_{Qx}^2 = -\left(\frac{A - A^{x-n}}{A - 1} y - B\right)(Q^2 - Q_c^2) < 0 \tag{6-114}$$

$\Delta p_{Zx}^2 < 0$、$\Delta p_{Qx}^2 < 0$，也就是 $\Delta p_{Zx} < 0$、$\Delta p_{Qx} < 0$，式(6－113)、式(6－114)还说明随站的标号 x 的增大，Δp_{Zx} 和 Δp_{Qx} 都向正方向增长，即逐步趋向于0。由此可知，在停运站(c 站)以后，沿线压力都要下降，越接近停运站，下降越多，离停运站越远，下降越少。

6.5.4 定期分气或集气对工况的影响

前述讨论中将干线输气管简化为一条前后流量统一，不向外分气，也不集气的管道。但真实干线输气管不但有全年的分气与集气支线，也有定期分气(例如临时用户)和定期集气(消费高峰季节增加供气)的工况。当建立一个地区或全国性的输气管网时，各种随时间变化的分气和集气更是无法避免，这种大区域的不稳定流动的管网系统计算十分复杂，必须借助计算机才能解决。下面仅对定期分气和集气时，一条干线输气管的工况作一些基本分析。

干线管路某处漏气可以看作定期分气的特例。因此，漏气对工况的影响也服从定期分气的规律。

c 站与 $c+1$ 站之间定期分气的干线输气管如图6－27所示。

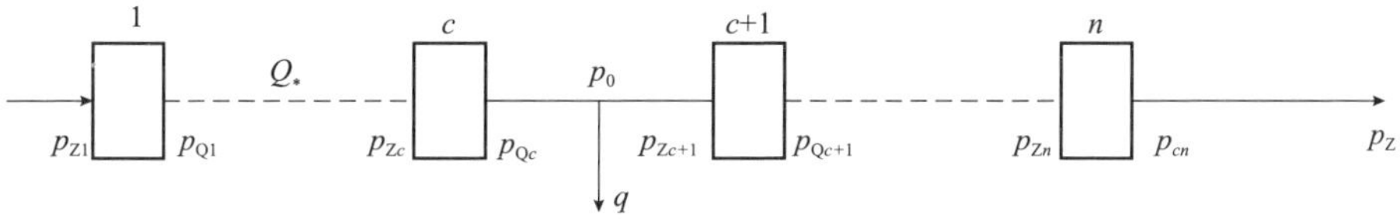

图6－27 定期分气的干线输气管示意

(1)定期分气对流量的影响

分气点在 c 站与 $c+1$ 站之间，分气点距 $c+1$ 站的距离为 l_0，距 c 站为 $l-l_0$，正常运行时的流量为 Q，分气后的分气量为 q，全线流量必然发生变化，分气点之前流量为 Q_*，分气点之后流量为 Q_*-q。

根据管路上的压力平方差公式，分气点压力 p 可写为：

$$\left.\begin{aligned} p_0^2 &= p_{Qc}^2 - c(l-l_0)Q_*^2 \\ p_0^2 &= p_{Zc+1}^0 + Cl_0(Q_*-q)^2 \end{aligned}\right\} \tag{6－115}$$

由式(6－64)和式(6－70)得：

$$p_{Qc}^2 = A^c p_{Z1}^2 - \left(\frac{A^c - A}{A-1}y + B\right)Q_*^2 \tag{6－116}$$

$$p_{Zc+1}^2 = A^{c-n}p_Z^2 + \left(\frac{1-A^{c+1-n}}{A-1}y + A^{c-n}y_n\right)(Q_*-q)^2 \tag{6－117}$$

将式(6－116)、式(6－117)代入式(6－115)，并在两端乘以 A^{n-c}，整理后得：

$$\begin{aligned} A^n p_{Z1}^2 - p_Z^2 = &\left(\frac{A^{n-c}-A}{A-1}y + y_n + A^{n-c}Cl_0\right)(Q_*-q)^2 \\ &+ \left[\frac{A^n - A^{n+1-c}}{A-1}y + A^{n-c}(B + Cl - Cl_0)\right]Q_*^2 \end{aligned} \tag{6－118}$$

按稳定流考虑，可以近似认为，式(6－118)左端对一条干线输气管是一定值，右端只有流量 Q_* 与 q 是变值。当 $q=0$ 时，即 $Q_*=Q$；当 q 增大时，Q_* 必然增大，故 $Q_*>Q$；

$(Q_* - q)$ 必然减小，故 $(Q_* - q) < Q$。这说明管路定期分气时，分气点以前的流量要增长，大于原来的正常流量；分气点之后，流量将要下降，小于原来的流量，而且，这种趋势将随分气量 q 的增大而增长。

(2)定期分气对沿线压力的影响

根据对某站停运分析的同样原理，对分气点以前的管段，各站进出口压力平方的变化 Δp_{Zx}^2 和 Δp_{Qx}^2 $(1 \leqslant x \leqslant c)$，由式(6－63)、式(6－64)得到类似于式(6－106)、式(6－107)的公式如下：

$$\Delta p_{Zx}^2 = -\frac{A^{x-1}-1}{A-1}y(Q_*^2 - Q^2) \tag{6-119}$$

$$\Delta p_{Qx}^2 = -\left(\frac{A^x - A}{A-1}y + B\right)(Q_*^2 - Q^2) \tag{6-120}$$

由于 $Q_* > Q$，故 $\Delta p_{Zx}^2 < 0$，$\Delta p_{Qx}^2 < 0$，亦即 $\Delta p_{Zx} < 0$，$\Delta p_{Qx} < 0$，并随站的标号 x 的增大趋于更负。说明在定期分气(漏气)点之前，沿线压力均将下降，越接近分气点下降得越多，c 站的出站压力 p_{Qc} 将下降最为剧烈。这种沿线下降的趋势是由于分气点之前流量增大之后，压力比下降，而站间的压力平方差(ClQ^2)又增大的结果。

分气点以后的管段，各站的进出口压力平方的变化 Δp_{Zx}^2 和 Δp_{Qx}^2 $(c+1 \leqslant x \leqslant n)$ 同样可由式(6－70)、式(6－71)得到类似于式(6－113)、式(6－114)的公式：

$$\Delta p_{Zx}^2 = -\frac{1-A^{x-(n+1)}}{A-1}y[Q^2 - (Q_* - q)^2] \tag{6-121}$$

$$\Delta p_{Qx}^2 = -\left(\frac{A - A^{x-n}}{A-1}y - B\right)[Q^2 - (Q_* - q)^2] \tag{6-122}$$

由于 $(Q_* - q) < Q$，所以 $\Delta p_{Zx}^2 < 0$，$\Delta p_{Qx}^2 < 0$，即 $\Delta p_{Zx} < 0$，$\Delta p_{Qx} < 0$，并随站的标号 x 的增大趋向于0，而在 $x = c + 1$ 时达到最小值(绝对值为最大)。故在分气点之后，各站的进出口压力均将下降，越接近分气点，压力下降越多，这是由于定期分气之后，对 $c+1$ 站供气不足造成 $c+1$ 站的进口压力 p_{Zc+1} 急剧下降的结果，而分气点以后流量的下降，造成的压力比增大和站间压力平方差(ClQ^2)的减小不足以弥补 p_{Zc+1} 下降造成的影响。

图6－28所示为定期分气时的工况变化。由定期分气对工况影响的分析，可以得出如下结论：①分气点之前流量将比分气前增大，分气点之后流量将要减小；②定期分气将造成全线压力下降，越接近分气点的地方，压力下降得越多，距分气点越远，下降越少。

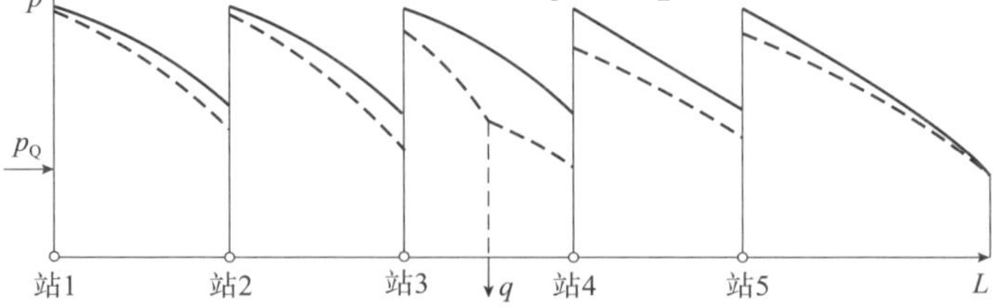

图6－28 定期分气时的工况变化

1—定期分气时的压降线；2—正常运行时的压降线

对于定期集气将得到几乎与定期分气相反的结论。图 6－29 所示为定期集气时的工况变化。可以得出：①集气点以前，流量将比集气之前的流量减小，定期集气点之后流量将要增加；②定期集气之后，全线压力将要上升，越接近集气点，压力上升得越多，距集气点越远上升越少。

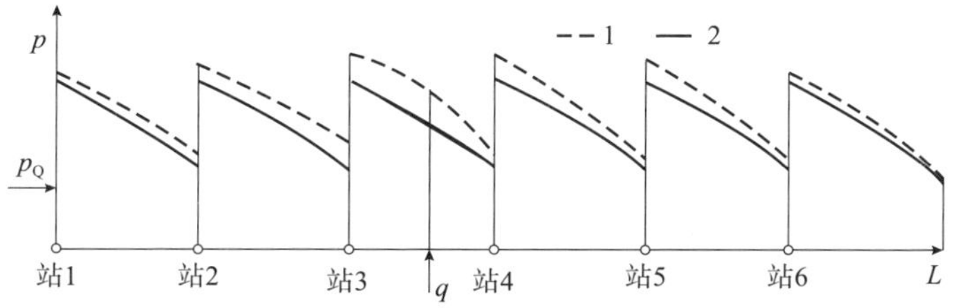

图 6－29 定期集气时的工况变化

1—定期集气时的压降线；2—正常运行时的压降线

无论是定期分气或者是定期集气引起的工况变化，如果超出压缩机或管路的允许值，都必须进行调节。

向天然气管道中掺氢会对泄漏后的流量压力变化会产生影响，影响程度与掺氢量有关。对掺氢比 0～30% 时管道泄漏后的流量、压力与抢修时间进行分析计算，得到图 6－30 所示的管道纯天然气正常输送与各掺氢比状态下泄漏后的理论流量和压力变化图。控制管道起终点压力恒定时，掺氢将引起管道体积流量的增加，因而在泄漏点之前各点体积流量随掺氢比增加而增加，从而越远离天然气正常运行时的流量值，但在泄漏点之后掺氢比较小时可减小流量的降低幅度，更加接近正常运行流量值，在掺氢比增加至 20% 后泄漏后流量反而高于纯天然气正常运行值。同时管道泄漏后全线压力降低且距离泄漏点越近，压力下降越明显，尽管天然气掺氢后压力下降趋势减弱，但影响很小。

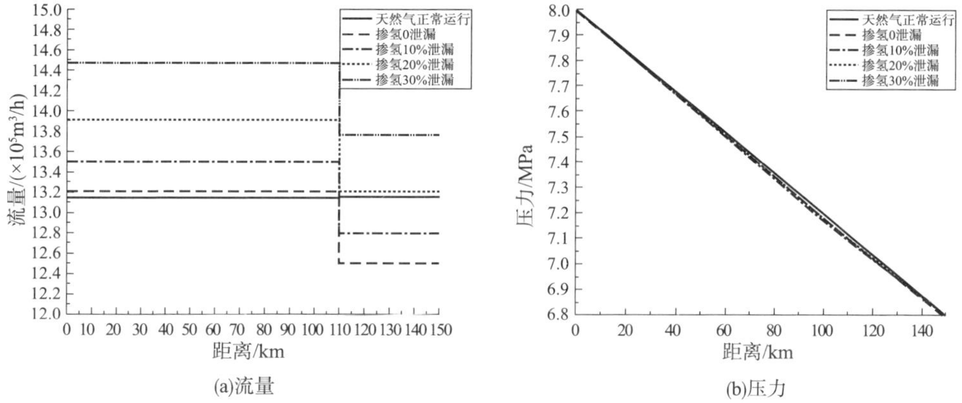

图 6－30 掺氢天然气管道泄漏后理论管道流量和压力变化

对于多个压缩机站联合工作时，管道泄漏点距离起点越近，掺氢的影响越明显。以距管道起点 1/3 处为例，图 6－31 所示为发生泄漏后管道流量与压力变化。对于复杂长输天然气管道运行流量而言，掺氢对管道泄漏的影响规律同时还受到泄漏流量的影响，且由于管道沿线压力除受到泄漏影响外，各压气站压比、沿线高程、温度随距离的变化等均对管道压力有所影响，因而对于掺氢天然气管道的泄漏监测若仅通过管道泄漏前后的流量与压力判断泄漏点位置，将在一定程度上存在误差。

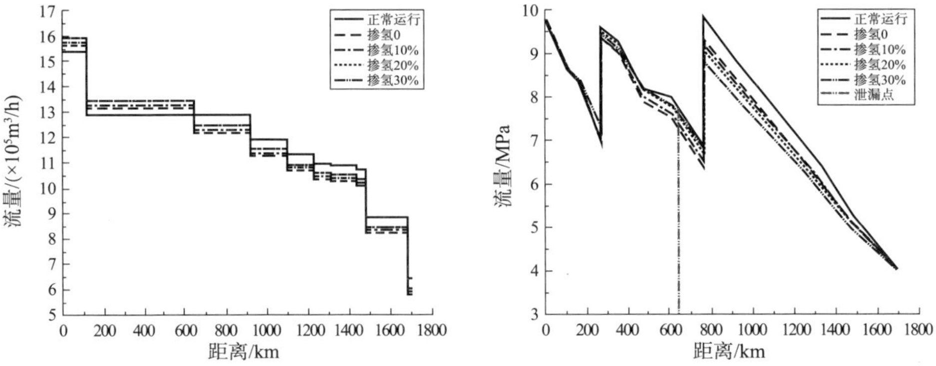

(a)流量　　(b)压力

图 6－31　掺氢天然气管道泄漏后实际管道流量和压力变化

图 6－32 所示为掺氢天然气管道泄漏后抢修时间与掺氢比关系，其中泄漏孔径 60mm，泄漏量 1168kg/s。与纯天然气输送时相比，掺氢比 10%、20%、30% 时抢修时间缩短了 28%、61%、93%。因此，当天然气管道掺氢输送时不仅对气体泄漏监测技术提出挑战，同时也要求泄漏后有关部门需要给出更加迅速的应急反应与处理方案，从而保证管道输气的正常运行。

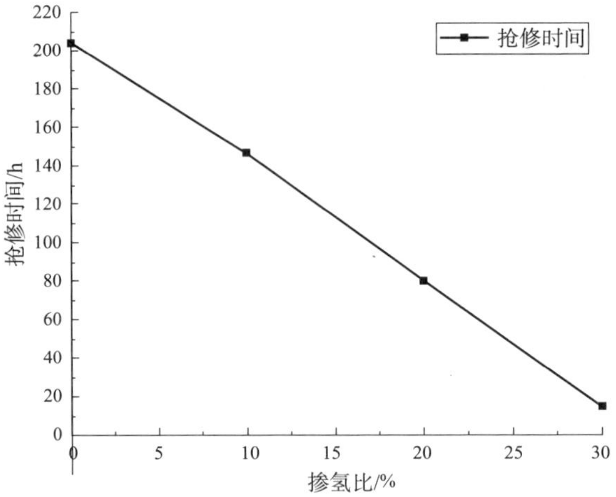

图 6－32　掺氢天然气管道泄漏抢修时间

6.6　输气管道末段储气

干线输气管末段的起点就是最后一个压气站的出口，终点就是城镇配气站的进口，终点的压力就是配气站的进站压力，终点的流量就是配气站向城镇的供气量，压力和流量随城镇耗气量的变化而变化。根据前面章节可知，末段终点压力的变化，实际上只对最后一个压气站的进、出站压力产生影响，对输气管的系统流量并无影响。因此，可认为最后一个压气站是以不变的流量向末段供气，即末段的起点流量是不变的。

表 6－4 所示为某输气管末段夜间的实际运行数据。可知：末段终点流量增大时，末段起、终点压力都减小；相反，终点流量减小时，末段起、终点压力都增大。这说明城镇气体消耗少时，向城镇的供气量小于干线的流量(也就是末段起点的流量)，多余的气体积存在末段管路中，使末段的压力上升；城镇气体消耗多时，向城镇的供气量大于干线的流量，不够的气体由末段中积存的气体来弥补，使末段压力下降。末段各处的压力和流量随着城镇耗气的多少而变化，但这个变化是受限制的，即末段起点的最高压力等于或小于最后一个压气站的出口压力 $p_{1\max}$，末段终点的最低压力 $p_{2\max}$，应不低于配气站所要求的供气压力。末段的压力变化范围决定了末段的储气能力。

表 6－4　某输气管末段夜间的实际运行数据

参数	时间										
	21:00	22:00	23:00	24:00	1:00	2:00	3:00	4:00	5:00	6:00	7:00
末段终点流量/($10^3 m^3/h$)	55.7	54.5	47.6	44.9	42.6	39.6	32.9	19.0	20.0	18.8	17.2
末段起点压力/MPa	4.44	4.44	4.44	4.44	4.46	4.46	4.51	4.61	4.71	5.00	5.20
末段终点压力/MPa	1.38	1.41	1.57	2.06	2.44	2.62	2.86	3.54	3.78	4.07	4.39

上述情况表明，输气管末段的气体处于不稳定流动状态。从理论上不能应用稳定流动的计算公式。但为简化起见，下面的讨论与计算是以稳定流动状态为基础的，以连续替换法作近似计算，计算的储气能力比实际情况小。还应指出，除末段外，其他管段只要存在压力变化也就有储气能力，只是没有末段那样明显而已。

6.6.1　输气管末段储气能力计算

城镇用气量随时间变化，但气源供气一般变化不大。这样就必须解决用气与供气的不平衡问题。末段储气可以作为解决日不平衡的措施之一，所需储气容积的计算可参见图 6－33。

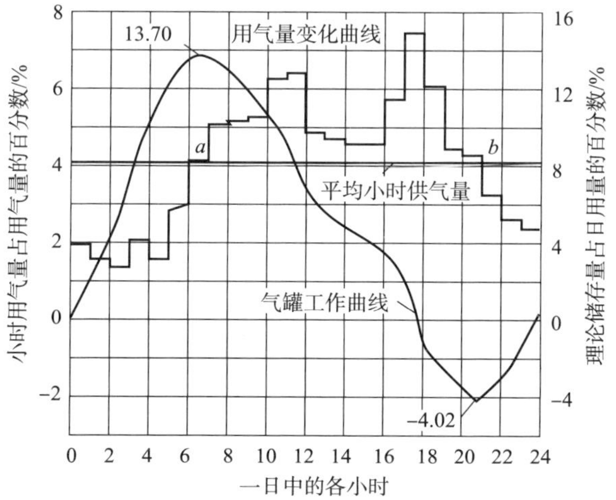

图 6－33　用气量变化曲线与储气罐工作曲线

图 6－33 中 a、b 表示用气量与供气量相等的瞬间，a、b 两点的用气量等于干线的供气量，也就是干线末段起点的流量，从 b 点开始供气量多于用气量，多余的气体积存于末段，末段的压力也开始上升，故 b 点开始储气时末段起点和终点压力都为最低值，即 $p_{1\min}$ 和 $p_{2\min}$，平均压力为：

$$p_{pj\min} = \frac{2}{3}\left(p_{1\min} + \frac{p_{2\min}^2}{p_{1\min} + p_{2\min}}\right) \tag{6－123}$$

从 a 点开始，储气结束，用气量开始多于供气量，逐步从末段中取出气体以弥补不足，故在 a 点末段起点和终点压力都为最高值，即 $p_{1\max}$ 和 $p_{2\max}$，随后，伴随着从末段中取出气体以弥补不足，压力逐步降低。故在 a 点末段的平均压力为：

$$p_{pj\max} = \frac{2}{3}\left(p_{1\max} + \frac{p_{2\max}^2}{p_{1\max} + p_{2\max}}\right) \tag{6－124}$$

对于 a 、b 两点，用气量等于供气量，近似认为是稳定流动，可得末段起、终点的压力平方差：

$$p_1^2 - p_2^2 = ClQ^2 \tag{6－125}$$

$$C = \frac{\lambda Z \Delta_* T}{C_0^2 D^5} \tag{6－126}$$

储气开始时，终点的最低压力 $p_{2\min}$ 应不低于配气站要求的最低供气压力，故 $p_{2\min}$ 为已知，此时：

$$p_{1\min} = \sqrt{p_{2\min}^2 + Cl_Z Q^2} \tag{6－127}$$

储气结束时，起点最高压力应不超过最后一个压气站的最大出口压力或管路的强度，故 $p_{1\max}$ 为已知，则：

$$p_{2\max} = \sqrt{p_{1\max}^2 - Cl_Z Q^2} \tag{6－128}$$

式中，l_Z 为末段管道长度。

图 6－34 中 a 线表示输气结束时的压力曲线，b 线表示储气开始时的压力曲线。根据输气管末段储气开始和结束时的平均压力 $p_{pj\min}$ 和 $p_{pj\max}$ 可求得储气开始和结束时末段管道中的存气量为：

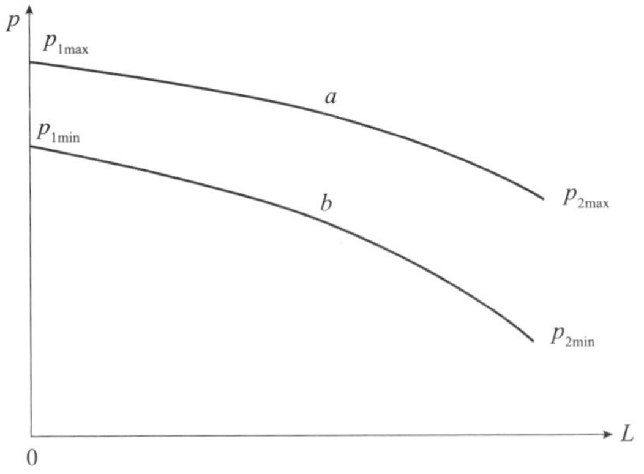

图 6－34　输气管末段的压力变化

$$V_{min} = \frac{p_{pjmin} V Z_0 T_0}{p_0 Z_1 T_1} \tag{6-129}$$

$$V_{max} = \frac{p_{pjmax} V Z_0 T_0}{p_0 Z_2 T_2} \tag{6-130}$$

末段输气管的储气能力为：

$$V_S = V_{max} - V_{min} = \frac{\pi D^2}{4} \frac{p_{pjmax} - p_{pjmin}}{p_0} \frac{T_0}{TZ} l_Z \tag{6-131}$$

式中，V_{min} 为储气开始时末段管道中的存气量，m^3；V_{max} 为储气结束时末段管道中的存气量，m^3；V 为末段管道的几何体积，m^3；Z_1、Z_2 相应为储气开始和结束时平均压力与平均温度下的压缩因子，可近似认为 $Z_1 = Z_2 = Z$；T_1、T_2 相应为储气开始和结束时末段的平均温度，可近认为 $T_1 = T_2 = T$，K；p_0 为工程标准状况下的压力，$p_0 = 101325\text{Pa}$；Z_0 为 p_0、T_0 下的压缩因子，$Z_0 = 1$；T_0 为工程标准状况下的温度，$T_0 = 293\text{K}$。

6.6.2　末段储气的最优长度

将式(6－127)～式(6－130)代入式(6－131)，最后得：

$$V_S = \frac{\pi D^2}{6} \frac{T_0}{p_0 TZ} \left(p_{1max}^3 - p_{1max}^2 \sqrt{p_{1max}^2 - CQ^2 l_Z} + CQ^2 l_Z \sqrt{p_{1max}^2 - CQ^2 l_Z} + p_{2min}^3 - CQ^2 l_Z \sqrt{p_{2min}^2 + CQ^2 l_Z} - p_{2min}^2 \sqrt{p_{2min}^2 + CQ^2 l_Z} \right) \frac{1}{QC^2} \tag{6-132}$$

保证末段最大储气能力时的最优末段长度可由下述条件得出：

$$\frac{dV_S}{dl_Z} = 0 \tag{6-133}$$

即：

$$\frac{3}{2}(p_{1max}^2 - CQ^2 l_Z)^{\frac{1}{2}} - \frac{3}{2}(p_{2min}^2 + CQ^2 l_Z)^{\frac{1}{2}} = 0 \tag{6-134}$$

故最优末段长度：

$$l_{Z,b} = \frac{p_{1max}^2 - p_{2min}^2}{2CQ^2} \tag{6-135}$$

将式(6－126)代入得：

$$l_{Z,b} = \frac{C_0^2 D^5 (p_{1max}^2 - p_{2min}^2)}{2\lambda ZT\Delta_* Q^2} \tag{6-136}$$

将式(6－135)代入式(6－132)得末段的最大储气能力为：

$$V_{Smax} = A_* D^7 \frac{p_{1max}^3 + p_{2min}^3 - \frac{\sqrt{2}}{2}(p_{1max}^2 + p_{2min}^2)^{1.5}}{Q^2} \tag{6-137}$$

$$A_* = \frac{\pi C_0^2}{6} \frac{T_0}{p_0 T^2 Z^2 \lambda \Delta_*} \tag{6-138}$$

根据式(6－125)和式(6－135)可以证明，在最优末段长度的条件下：

$$p_{2\max} = \sqrt{p_{1\max}^2 - CQl_Z} = \sqrt{p_{1\max}^2 - CQ\frac{p_{1\max}^2 - p_{2\min}^2}{2CQ^2}} = \sqrt{\frac{1}{2}(p_{1\max}^2 + p_{2\min}^2)} \quad (6-139)$$

同理亦得：

$$p_{1\min} = \sqrt{\frac{1}{2}(p_{1\max}^2 + p_{2\min}^2)} \quad (6-140)$$

$$p_{2\max} = p_{1\min} = \sqrt{\frac{1}{2}(p_{1\max}^2 + p_{2\min}^2)} \quad (6-141)$$

式(6－141)说明，在最优末段长度的条件下，末段终点的最高压力等于起点的最低压力。如果设末段的最大长度为式(6－142)，则末段的最优长度为上述最大长度的二分之一。此时可由图6－35看出末段长度变化时储气能力的变化。当 $l_Z = 0.5l_{Z\max}$ 时，末段的储气能力最大；l_Z 减小时，管段的几何体积变小，储气能力下降；l_Z 增大时，在一定的流量 Q 下，$p_{1\min}$ 要增大，$p_{2\max}$ 要减小，势必使 $p_{pj\max}$ 与 $p_{pj\min}$ 的差值减小，储气能也降低。

$$l_{Z\max} = \frac{p_{1\max}^2 - p_{2\min}^2}{CQ^2} \quad (6-142)$$

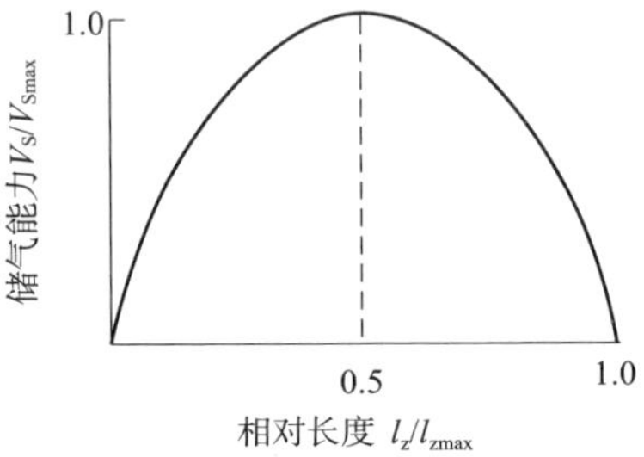

图6－35　输气管末段储气能

由上可知，在末段起点最大压力 $p_{1\max}$、终点最低压力 $p_{2\min}$ 和干线流量 Q 一定的条件下，末段的最优长度 $l_{Z,b}$ 和最大储气能力 $V_{S\max}$ 主要决定于末段的管径 D。换言之，在该条件下，某一管径 D 就对应某一最优末段长度 $l_{Z,b}$ 和最大的储气能力 $V_{S\max}$。

6.6.3　计算末段长度和管径的方法

设计一条新的输气管，如末段作为储气的手段之一，则计算必须从末段开始，首先确定长度和管径。当要求末段具有一定的储气能力 V_S，且 $p_{1\max}$、$p_{2\min}$ 和 Q 已知时，根据式(6－136)和式(6－137)很容易计算出末段的管径 D 和长度 l_Z。从储气角度 D 和 l_Z 值是最优的，但它并不一定符合整个输气管的最优方案，或者受管材的限制不能采用，所以实际工作中，往往在满足储气和工作压力的条件下，计算新的末段长度和管径。计算方法有两种：第一种是预先选定末段长度和管径，校核储气能力，如果储气能力不满足储气量的要求，则另行选择，直至所选的长度与管径满足要求为止；第二种是在预定末段长度和管径的条件下，根据所需的储气量校核起、终压力是否在允许值的范围之内。

采用第二种方法时，前面介绍的公式并不方便使用，需要将这些公式改写。根据式(6－87)，流量公式可改写为：

$$Q = \sqrt{Cl}\sqrt{p_1^2 - p_2^2} \tag{6-143}$$

平均压力可写为：

$$p_{pj} = \frac{2}{3}\left(p_1 + \frac{p_2^2}{p_1 + p_2}\right) = \frac{2}{3}\left(\frac{p_1^2 + p_1p_2 + p_2^2}{p_1 + p_2}\right) \tag{6-144}$$

式(6－143)除以式(6－144)得：

$$\frac{3p_{pj}}{2Q\sqrt{Cl}} = \frac{p_1^2 + p_1p_2 + p_2^2}{p_1 + p_2\sqrt{p_1^2 - p_2^2}} \tag{6-145}$$

以 l_Z 代替 l，将压力比 $\varepsilon = p_1/p_2$ 代入，可得：

$$\frac{3p_{pj}}{2Q\sqrt{Cl_Z}} = \frac{\varepsilon^2 + \varepsilon + 1}{(\varepsilon + 1)\sqrt{\varepsilon^2 - 1}} = \varphi(\varepsilon) \tag{6-146}$$

式(6－146)说明在一定流量条件下，平均压力 p_{pj} 与压力比 ε 之间存在一定的关系：

$$p_{pj\min} = \frac{2}{3}Q\sqrt{Cl_Z}\varphi(\varepsilon_1) \tag{6-147}$$

$$p_{pj\max} = \frac{2}{3}Q\sqrt{Cl_Z}\varphi(\varepsilon_2) \tag{6-148}$$

储气能力可改写为：

$$V_S = \frac{\pi D}{6}\frac{T_0 l_Z\sqrt{Cl_Z}}{PTZ}Q[\varphi(\varepsilon_2) - \varphi(\varepsilon_1)] \tag{6-149}$$

式(6－149)说明了储气能力与流量之间存在一定关系，它就是确定末段长度和管径的第二种方法的基础公式。为了计算方便，还根据式(6－146)作出 $\frac{3p_{pj}}{2Q\sqrt{Cl_Z}}$ 与 ε，即 $\varphi(\varepsilon)$ 与 ε 的关系图表，如表6－5和图6－36所示。

表6－5 $\varphi(\varepsilon)$ 值

ε	0	1	2	3	4	5	6	7	8	9
1.0	□	10.633	7.538	6.170	5.357	4.803	4.396	4.080	3.8266	3.616
1.1	3.440	3.288	3.156	3.040	2.936	2.844	2.761	2.685	2.616	2.553
1.2	2.494	2.440	2.390	2.344	2.300	2.259	2.221	2.185	2.151	2.119
1.3	2.088	2.060	2.032	2.006	1.981	1.958	1.935	1.914	1.893	1.873
1.4	1.854	1.836	1.818	1.802	1.785	1.770	1.755	1.740	1.726	1.713
1.5	1.699	1.687	1.674	1.663	1.651	1.640	1.629	1.619	1.608	1.599
1.6	1.589	1.580	1.571	1.562	1.553	1.545	1.537	1.529	1.521	1.513
1.7	1.506	1.499	1.492	1.485	1.478	1.472	1.465	1.459	1.453	1.447
1.8	1.411	1.436	1.430	1.425	1.419	1.414	1.409	1.404	1.399	1.394
1.9	1.390	1.385	1.380	1.376	1.372	1.367	1.363	1.359	1.355	1.351

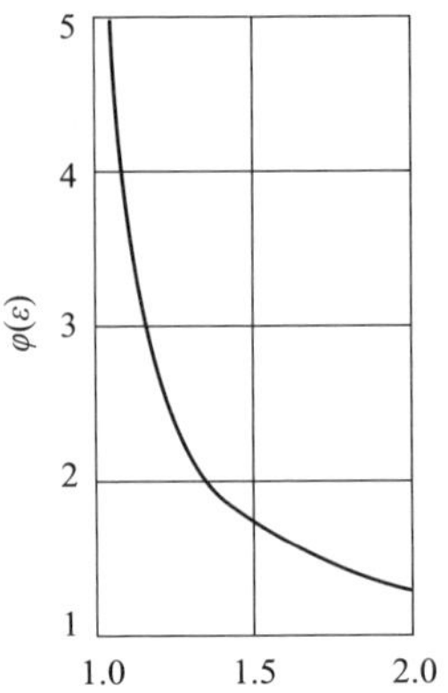

图 6-36　$\varphi(\varepsilon)$ 与 ε 关系曲线

第二种方法的公式说明它与第一种方法是建立在同一个理论基础上，其计算步骤如下：

1）预定末段长度 l_Z 和管径 D；

2）根据式（6-127）计算储气开始时的终点压力 $p_{1\min}$ 和平均压力 $p_{pj\min}$；

3）根据式（6-129）求储气开始时末段内的存气量 $V_{\min}$；

4）求储气终了时的末段存气量 $V_{\max}$，它为 $V_{\min}$ 与要求储气量之和：

$$V_{\max} = V_{\min} + V_S \tag{6-150}$$

5）根据式（6-130）求储气终了时末段的平均压力 $p_{pj\max}$；

6）由式（6-146）求 $\varphi(\varepsilon)$ 值，并由表 6-5 或图 6-36 查得压力比 ε 值；

7）计算终点和起点的最大压力 $p_{2\max}$ 和 $p_{1\max}$：

$$p_{2\max} = Q\sqrt{\frac{Cl_Z}{\varepsilon^2 - 1}} \tag{6-151}$$

$$p_{1\max} = \varepsilon p_{2\max} \tag{6-152}$$

8）校核 $p_{1\max}$ 是否在最后一个压气站的最高出口压力和管子强度的允许值之内。若不符合要求，则重新选定 l_Z 和 D 计算。

6.6.4　掺氢对末段储气的影响

管道掺氢后对于长输天然气管道末端储气能力产生影响，图 6-37 所示为控制起点压力与流量恒定时管道末段储气量与其储能量随天然气掺氢比增加而降低。与纯天然气输送时相比，掺氢 10%、20%、30% 时管道末段储气量约降低 6%、10%、13%，而储能量约降低 12%、22%、30%。此时可考虑通过调节管道最后一个压气站压缩机转速或增加压比的方式提升管道末段压力从而增加其储气能力。当仅通过管道末段储气不足以对城镇燃气的日用气波动进行调峰时，则需考虑通过气罐储气调峰等措施来解决供气与用气不平衡的问题。

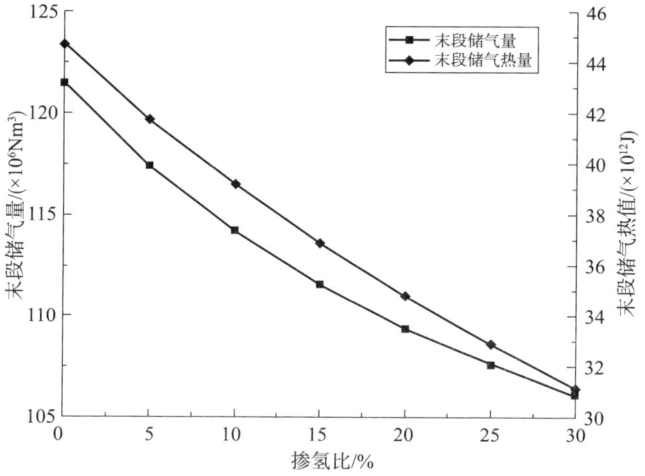

图 6-37 掺氢天然气管道末段储气量与储能量

图 6-38 所示为管道末段储气量在表 6-6 不同储气工况下随掺氢比的变化。可以看出，掺氢天然气管道的末段储气能力均随着掺氢比的增加而下降，但下降趋势随着掺氢比的增大而有所减缓。表 6-6 中的工况条件 1 显示在掺氢比为 0 时的管道末段储气能力为 209500Nm³，在掺氢比为 90% 时下降至 141700Nm³，下降幅度达到 32.36%，其他工况条件下降幅度依次为 29.16%、25.92%、22.59%。由于氢气密度远小于天然气，所以当掺氢比增加时，气体的密度减小从而使得管道储气能力降低。

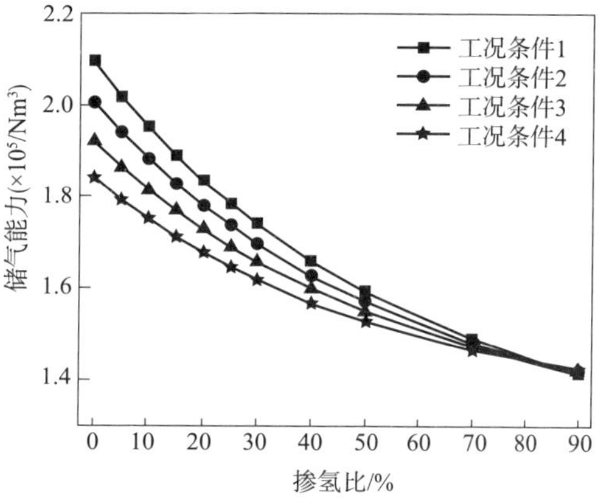

图 6-38 管道末段储气能力随掺氢比的变化

表 6-6 不同掺氢比下管道末段储气能力 Nm³

掺氢比/%	工况条件 1	工况条件 2	工况条件 3	工况条件 4
0	209500	200600	192100	184100
5	201900	194000	186500	179400
10	195200	188300	181500	175200
15	189000	182900	176900	171300
20	183500	178100	172900	167900
25	178600	173800	169100	164800
30	174100	169800	165800	161900
40	166100	162900	159900	156900
50	159500	157300	155000	152900
70	149100	148300	147500	146700
90	141700	142100	142300	142500

由于末段管道储气能力受管道压力、流量和温度等参数的影响，天然气管道掺氢后管道储气能力的降低可以通过调节上述参数来进行补偿。从图 6-39 可以看出，压力的提高对末段管道储气能力有明显的正面影响，即储气能力随压力的升高而增大，高压力下能够存储更多的气体。如图 6-40 所示，流量的增加会导致管存量下降，这是因为流量的增加，引起管道更大的压降，导致管道平均压力减小，从而降低管道的储气能力。图 6-41 表明温度对管存的影响相对较小，管存量随着温度的升高略有下降。

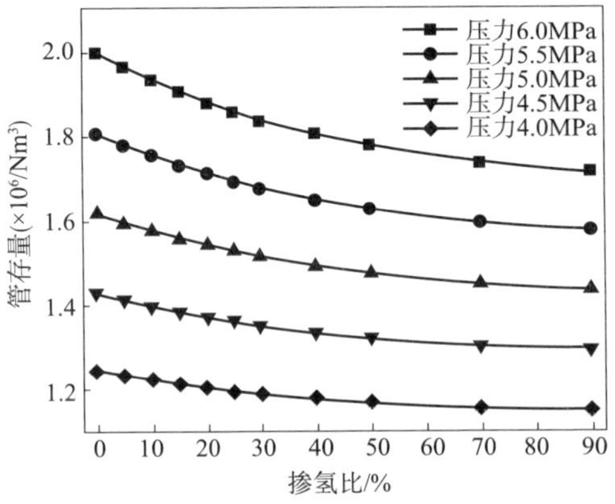

图 6-39　管道储气能力随压力的变化

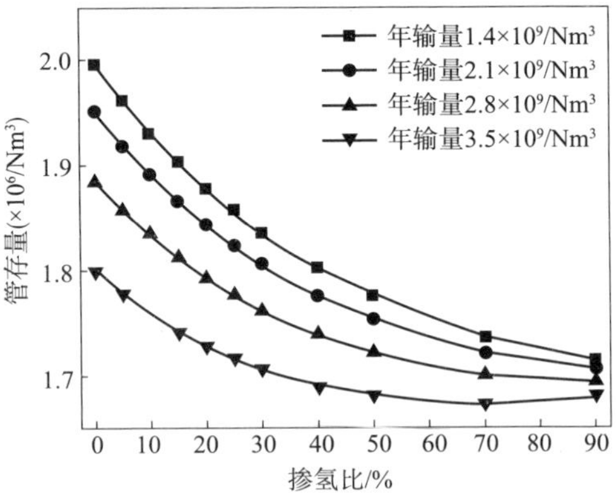

图 6-40　管道储气能力随流量的变化

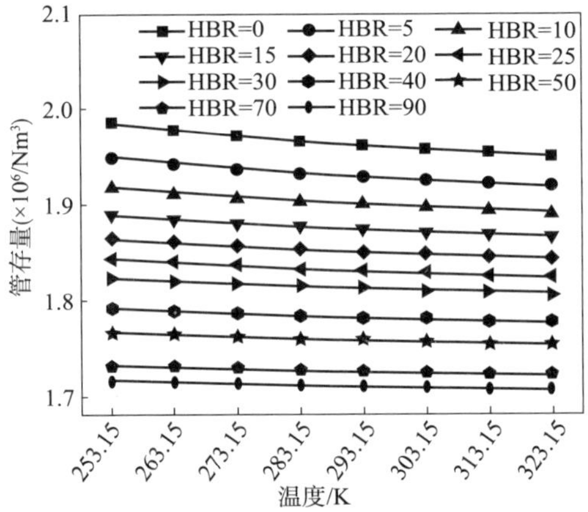

图 6-41　管道储气能力随温度的变化

在实际工程应用中，压力和流量是调节天然气管道储气能力的关键参数，在掺氢后，精确控制这些参数对于维持和提升管道储气能力至关重要。通过调整管道压缩机的运行参数，如转速和出口压力，可以有效控制管道内的压力。例如，提高压缩机的输出压力不仅能增强管道的储气能力，还能确保系统的稳定运行。此外，使用调节阀或控制阀来调节气体流量和压力也是关键。通过精确控制阀门的开度，可以有效调节进入管道的气体流量，并对管道压力进行微调，对于维持和提升管道的储气能力至关重要。

习题

1. 离心式压缩机的工作特点是什么？
2. 天然气掺氢对离心式压缩机的性能有什么影响？
3. 简述天然气各种计量方式的原理。
4. 掺氢对节流特性以及阀门特性有什么影响？
5. 压缩机在额定转速(n =8700r/min)时的特性如下。

测点	1	2	3	4	5	6	7	8
流量 Q_1/(m^3/min)	220	218	214	208	200	187	160	150
压力比 ε	7	8.7	10.44	12.18	13.19	15.65	17.40	17.40

(1)计算1台离心压缩机的工作特性方程；

(2)当2台离心压缩机并联运行时，计算特性方程。

6. 某管道依靠地层压力输气，中间没有压缩机站，管径为630mm×7mm，全长150km，起点最高工作压力 p_{1max} = 2.5MPa，终点最高压力 p_{2max} =1.4MPa，终点最低压力 p_{2min} = 0.7MPa，试求当掺氢比为20%时，该管道内最多能储多少气？

第7章　掺氢天然气城镇输配

将氢气与城市燃气掺混后在下游进行分离或直接供给终端用户，是氢气高效利用的潜在方式之一，国内外已经开展了相关的示范应用，例如荷兰的“VG2”项目、法国的“GRHYD”项目、意大利Snam公司的掺氢项目等。

典型的城市供气配气系统通常包括以下几个部分：

(1)配气站。建于干线输气管或其支线的终点，既是干线输气管的最后一站，又是城市配气系统的第一个建筑物。

(2)各种类型的储气设施与储气库。

(3)配气管网及送到用户用气点的支管。

(4)各类气体调压所，建于各级配气管网或某些专门用户之前。它的任务是保持各级管网和用户的气体有一定的压力，满足用户的需要。

(5)除天然气以外的其他可燃气体的生产工厂及其调压站。

向城市供气配气系统中掺混氢气时，会对系统产生一系列影响，本章进行简要介绍。

7.1　掺氢对燃气热值的影响

相同条件下，氢气的体积热值约为天然气的1/3，因此掺氢天然气的体积热值较天然气有所降低。以某天然气为例，其高位热值为41MJ/Nm³，不同掺氢比条件下，天然气体积热值随掺氢比的变化趋势如图7－1所示。

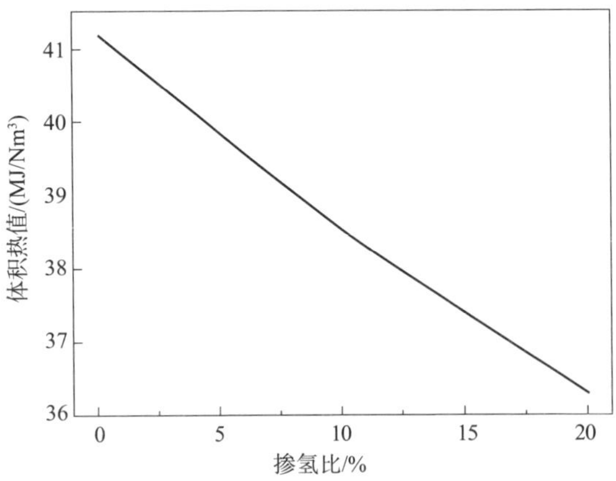

图7－1　天然气体积热值随掺氢比的变化

掺氢后天然气热值降低，将一定程度地导致天然气的需求量增加，每掺1%的氢气，天然气的用量约增加0.6%。这一现象在燃气电厂中尤为明显，对于商用和民用场景，受人为因素影响，相对不明显。以深圳燃气集团为例，该公司2021年深圳地区管道气销售量为21.1亿m³，如果掺氢比为5%，按照等热值计，掺氢后的天然气耗气量约为21.8亿m³。因此，进行城市配气系统设计时，需考虑掺氢对燃气用气量的影响。

对于绝大多数民用燃气器具而言，其燃烧器采用大气式引射的方式进行燃气与空气的预混。天然气掺氢后，民用燃烧设备前入口压力由国标和设计规范决定，维持 2000Pa 不改变，此时燃烧设备的热负荷由燃气的华白数决定。以某天然气为例，其华白数为 51.61MJ/Nm^3，不同掺氢比条件下天然气华白数的变化情况如图 7－2 所示。每掺 1% 的氢气，其华白数降低约 0.25%，即燃烧器功率降低 0.25%。

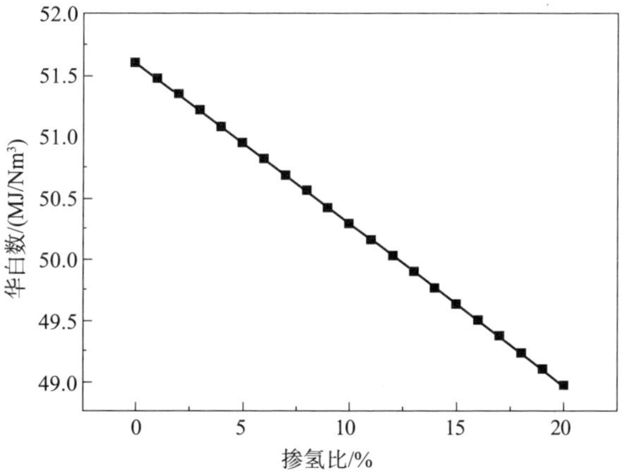

图 7－2 天然气华白数随掺氢比的变化

7.2 掺氢对配气的影响

7.2.1 管网类型

城市配气管网按形状分为树枝状管网(图 7－3)和环状管网(图 7－4)。前者一般适用于较小城市和企业内部，特点是每个用气点的气体只可能来自一个方向。环状管网可由两个方向供气，局部地方发生故障，不会造成全面中断供气，影响面小，可靠性高，但管线用得多，投资较大。管网类型的选择取决于供气量以及对压力平稳性和供气可靠性的要求。

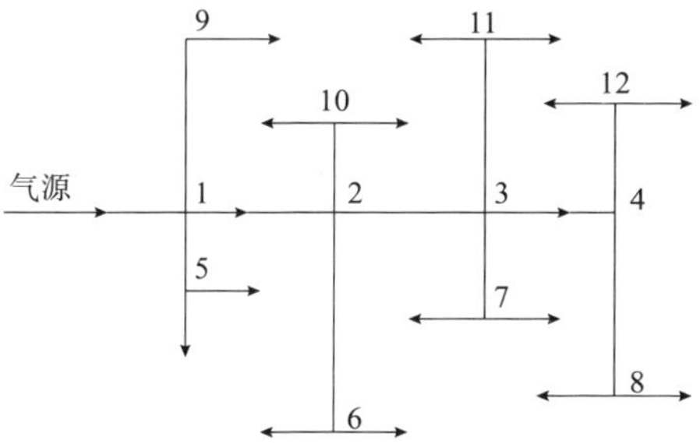

图 7－3 树枝状管网

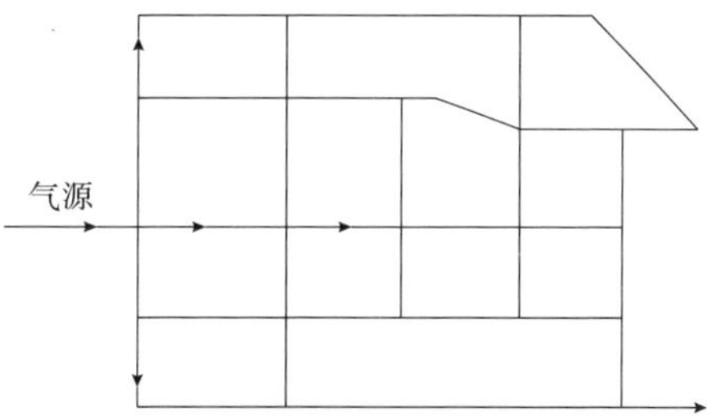

图 7－4 环状管网

管网也可根据输气压力来分级，输气压力不同，对管材、安装质量、检验标准和运行管理的要求也不同。根据《城镇燃气设计规范(2020 年版)》(GB 50028—2006)规定，我国城市配气管网按输气压力分为七级，如表 7－1 所示。

表 7－1　城镇燃气设计压力(表压)分级

名称		压力/MPa
高压燃气管道	A	$2.5 < p \leq 4.0$
	B	$1.6 < p \leq 2.5$
次高压燃气管道	A	$0.8 < p \leq 1.6$
	B	$0.4 < p \leq 0.8$
中压燃气管道	A	$0.2 < p \leq 0.4$
	B	$0.01 \leq p \leq 0.2$
低压燃气管道		$p < 0.01$

居民用户和小型公共建筑用户一般直接由低压管网供气。高压、次高压、中压管网必须通过区域调压室或用户专用调压室才能向较低一级压力的管网和低压管网供气，或给工厂企业、大型公共建筑用户以及锅炉房供气。城市中各级压力管网的干管，特别是中压以上干管，是供气的主动脉，应连成环网，初建时也可是树枝状或半环状，逐步发展成环状。

7.2.2　城市配气管网系统

城市配气管网根据需要，可以采用不同压力等级的管网组成管网系统。

(1)一级系统

一级系统仅用低压管网供气与配气，一般只适用于小城镇。供气范围较大时，输送单位气体的管材用量将急剧增加。

(2)两级系统

两级系统由低压和中压或高压和次高压两组管网组成。图 7－5 所示为低压——次高压两级管网系统示意。天然气由干线从东西两方向经配气站进入城市。次高压管网连成环状，通过区域调压室向低压管网供气，通过专门调压室向工业企业供气。低压管网根据地形条件分成三个互不连通的区域管网向居民用户和小型公区建筑用户供气。

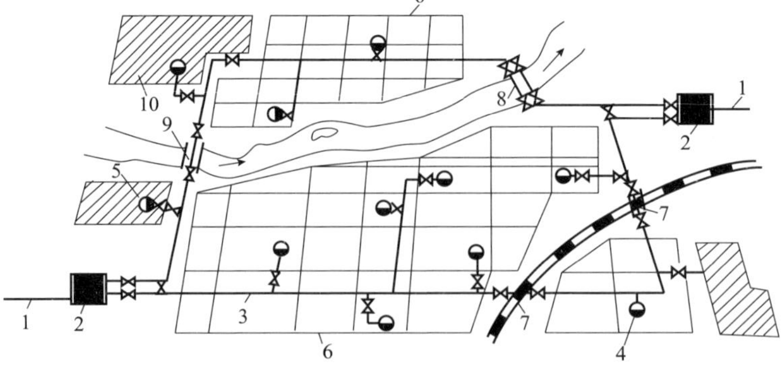

图 7－5　低压一次高压两级管网系统示意

1—输气干线；2—配气站；3—次高压管网；4—区域调压室；5—专用调压室；
6—低压管网；7—铁路穿越；8—河流穿越；9—沿桥敷设的过河管道；10—工业企业

(3)三级系统

三级系统包括低压、中压(或次高压)和高压的三级管网。图7-6所示为三级管网系统示意，包括中压和低压两级管网以及郊区高压管道、高压储气库。

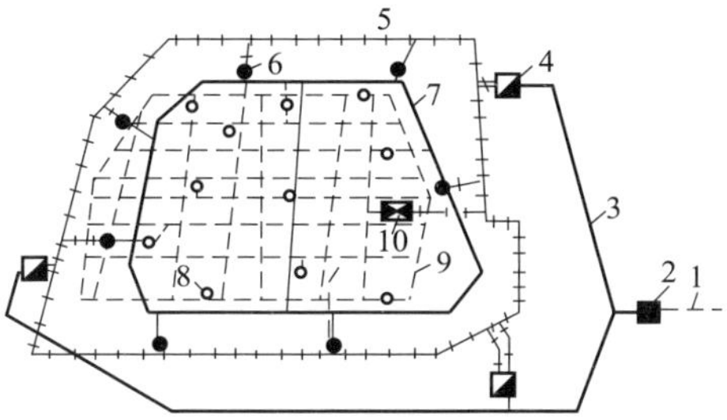

图7-6 三级管网系统示意

1—输气干线；2—配气站；3—郊区高压输气管(4MPa)；4—高压储气库；5—高压管网(1.6~4.0MPa)；6—次高压调压室；7—中压管网(0.01~0.4MPa)；8—中低压调压室；9—低压管网(<0.01MPa)；10—煤气厂

(4)多级系统

多级系统由低压、中压、次高压和高压，甚至更高压力的管网组成。图7-7所示为五级管网组成的多级系统示意。气源是天然气，由地下储气库、长输管线末段储气和高压储气库三者调节供气与用气之间的不平衡。天然气分几路通过配气进入压力为4MPa的超高压管网，然后经过各级调压室进入其他四级管网。多级管网系统主要用于人口多，密度大的特大型城市。

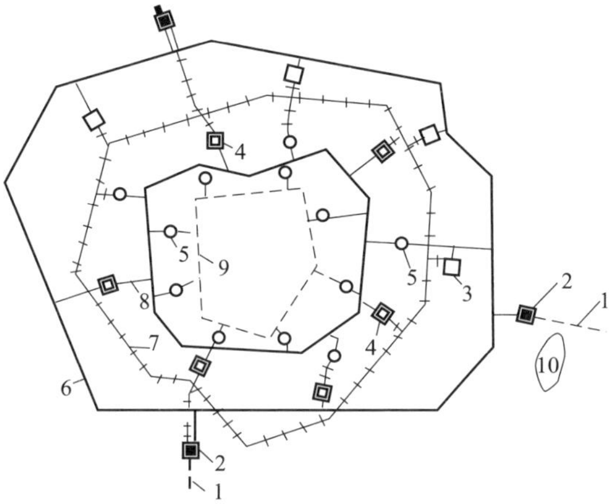

图7-7 多级管网系统示意

1—输气干线；2—配气站；3—调压计量站；4—储气库；5—调压室；6—4MPa超高压环网；7—高压管网；8—次高压管网；9—中压管网；10—地下储气库

根据各个城市的气源情况、城市规模、人口分布、工业企业的特点、地理地形条件决定供气方针和采用不同压力级别组成的管网系统，既可充分满足不同用户的要求，又比较经济可靠，而且对供配气系统的改建和扩建也比较方便。图7-8所示为深圳市“四级压力机制”的天然气管网系统。“四级压力机制”是指整个输配系统采用的高压—次高压—中压—低压四级压力管网设计，图中灰色管线为高压管网，运行压力为4.0MPa，全长

147km；黑色管线为次高压管线，运行压力为1.5MPa，全长192km。还有沿深圳市的道路敷设的中压管线总长约6309km，运行压力为0.15~0.2MPa，另外还有1200km的低压管网，主要供应深圳市城中村用户。

图7-8 深圳市高压、次高压燃气管网系统

7.2.3 城市配气管网掺氢

向城市燃气管网掺混氢气时，针对于仅有一路气源的城市配气管网系统，通过分析气源的气质组成，计算得到满足国标天然气要求所对应的掺氢比，在气源所处的场站进行掺氢即可。针对于有多路气源的城市配气管网系统，需要分别考虑各路气源的掺氢比范围。在此基础上，可分两种情况：一是综合考虑各路气源的掺氢比范围，取最小掺氢比作为系统掺氢比，在各路气源所处的场站进行掺氢即可；二是各路气源选择不同的掺氢比，再在有气源汇流处设置临时掺氢点，根据汇合后气源的情况调整掺氢比。第二种情况有助于统一燃气热值，但可能出现混合后天然气掺氢量不满足国标天然气要求的情况，需要对城市配气管网系统综合考虑确定各气源的掺氢比。

7.2.4 小时设计流量

进行城市配气系统设计时，需考虑掺氢对燃气用气量的影响。配气管网及其设备的通过能力都以计算月的小时最大流量——小时设计流量为依据。该流量的确定关系着燃气输配的经济性和可靠性，定得偏高将增大配气系统的金属用量和基建投资，定得偏低则会影响用户的正常用气。

配气管网的小时设计流量是按计算月的小时最大用气量计算的，其计算公式为：

$$Q = \frac{Q_a}{365 \times 24} K_1^{max} K_2^{max} K_3^{max} \tag{7-1}$$

式中，Q为设计流量，m^3/h；Q_a为年用气量，m^3/a；K_1^{max}为月高峰系数；K_2^{max}为计算月的日高峰系数；K_3^{max}为计算月中最大日的小时高峰系数。

用气的高峰系数应根据城市用气量的实际统计资料确定。工业企业生产用气的不均匀性可按各用户燃气用量的变化叠加后确定。当居民生活和公共建筑用气的高峰系数缺乏用气量的实际统计资料时，结合当地情况，可按下列范围选用，月高峰系数取1.1~1.3，日高峰系数取1.05~1.2，小时高峰系数取2.2~3.2。对于北方地区的一些城市，冬季用煤炉取暖兼作炊事和烧热水，月不均匀系数变化不大，月高峰系数应取偏小值。供应用户多时，小时高峰系数也应取偏小值。

7.3　掺氢对燃气输配系统的影响

7.3.1　配气管道及附件

中低压配气管网常采用低中碳钢、球墨铸铁管和聚乙烯管(PE管)，氢气对配气管道及附件的影响主要表现为对金属管材的氢损失和对非金属管材的渗透。金属管材发生氢损伤的速率和程度主要取决于氢浓度、压力、温度、应力水平和金属成分等。目前关于掺氢天然气与低中碳钢配气管材的相容性研究较少，文献研究表明，低中碳钢在运行压力较低的配气管网中发生氢损伤的风险相对较低，球墨铸铁管和PE管在常规工况下通常不需要考虑氢损伤。

除了氢损伤外，对于非金属管材，还需要考虑的一个重要问题是氢渗透。目前燃气输配系统用的非金属管材多为PE80和PE100聚乙烯管材。与金属材料相比，由于聚合物材料内部存在一定自由体积，气体分子会从材料中渗透出去。如图7-9所示，气体分子在聚合物管材中的渗透过程可以分为溶解过程和扩散过程，气体分子首先吸附在管材表面，然后溶解进入聚合物材料内部，并扩散穿过聚合物，最终解吸附离开聚合物，从材料中渗透出去。

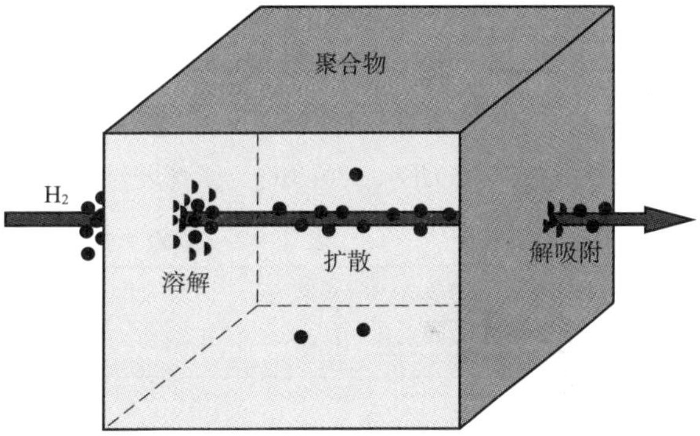

图7-9　气体分子在聚合物中的渗透过程

从气体在非金属聚合物中渗透的原理可知，气体分子的渗透系数取决于溶解系数和扩散系数的大小，计算公式如下：

$$P = S \cdot D \tag{7-2}$$

式中，P为气体的渗透系数，$cm^3(STP) \cdot cm/(cm^2 \cdot s \cdot MPa)$；$S$为气体的溶解度系数，$cm^3(STP)/(cm^3 \cdot MPa)$；$D$为气体的扩散系数，$cm^2/s$。

城镇配气管网多数为非金属PE管材，当输送掺氢天然气时，氢气的渗透系数一般是纯甲烷渗透系数的2~5倍，但总体渗透率较低。

除了非金属管材外，输配气系统中的非金属密封也是需要关注的重点，密封圈和垫片的密封性能是确保终端管网系统安全可靠运行的重要保障。聚四氟乙烯橡胶、氯丁橡胶、丁苯橡胶、氟橡胶等材料都与氢气有较好的相容性。橡胶圈直接与氢气接触，同样会发生氢气的吸附、溶解和扩散，溶解在橡胶密封圈内的氢气会使其体积增大，造成橡胶的溶胀，导致橡胶圈的应力松弛和永久变形，降低寿命和密封可靠性。

7.3.2 计量器具

国内外对掺氢条件下终端家用燃气表的适应性也进行了研究，发现当掺氢比低于15%(体积分数)时，掺氢对家用燃气表计量偏差以及使用寿命的影响较小。需要注意的是，国外普遍采用能量计量，而国内下游用户以体积计量为主，由于氢气的体积热值小于纯甲烷，加上国内天然气气源多、质量参差不齐、体积热值差异高等多种因素，掺氢后仍然采用体积计量计价显然是不合适的，掺氢天然气技术的发展在一定程度上会加速国内体积计量方式向能量计量计价的转变。

7.3.3 泄漏检测

城镇燃气输配管网不可避免地会发生泄漏，泄漏检测对于识别燃气泄漏至关重要，在用气场所安装可燃气体探测器，对燃气泄漏实现声光报警，是保证用气安全的重要措施。气体传感器是可燃气体探测器的主要元件，根据工作原理，主要分为半导体型、催化型和红外光学型。家庭、小型商业等场所多使用半导体型可燃气体探测器。

目前城镇燃气行业可燃气体探测器中传感器大多是为检测天然气配置的，即采用天然气作为标准气体。当向燃气中掺入氢气后，检测掺氢天然气时需要采用相应掺氢比的掺氢天然气作为标准气体对传感器进行标定。对于掺氢天然气混合气体，其爆炸下限可采用公式计算，如表7－2所示。可知，掺氢天然气的爆炸下限随氢气浓度的增加而略有降低。

表7－2 掺氢天然气混合气体的爆炸下限

掺氢天然气组成	爆炸下限
100% CH_4 +0% H_2	5.00%
95% CH_4 +5% H_2	4.94%
90% CH_4 +10% H_2	4.88%
85% CH_4 +15% H_2	4.82%
80% CH_4 +20% H_2	4.76%

7.3.4 加臭剂

由于物理化学性质不同，加臭剂在氢气中行为与在天然气中的行为不同。对于掺氢天然气气味的可检测限值、所用加臭剂的类型及加臭量，未来还需要进一步研究。对于国内天然气行业常用的加臭剂四氢噻吩混合物(THT)，尚缺少其与氢气混合后的化学性能验证。

7.4 管道内燃气流动的基本方程

7.4.1 非稳态流动方程

燃气是可压缩流体，一般情况下管道内燃气的流动是非稳态流动。随着管道内沿程压力的下降，燃气的密度也在减小，只有在低压管道中燃气密度的变化可忽略不计。此外，在多数情况下，管道内燃气的流动可认为是等温的。因此，决定燃气流动状态的参数为：压力 p、密度 ρ 和流速 w，均沿管长随时间变化。下面针对等直径燃气管道，给出求解 p、ρ 和 w 的控制方程，包括连续性方程、运动方程和气体状态方程。

由质量守恒定律，推导得到燃气在管道内满足的连续性方程为：

$$\frac{\partial \rho}{\partial t} + \frac{\partial(\rho w)}{\partial x} = 0 \tag{7-3}$$

式中，t 为时间，s；w 为燃气流速，m/s。

由动量守恒定律，推导得到燃气在管道内的运动方程为：

$$\frac{\partial(\rho w)}{\partial t} + \frac{\partial(\rho w^2)}{\partial x} = -\frac{\partial p}{\partial x} - \frac{\lambda}{D}\frac{\rho w^2}{2} - g\rho\sin\theta \tag{7-4}$$

式中，p 为燃气压力，Pa；θ 为燃气管道对水平面的倾斜角；D 为燃气管道内径，m；λ 为水力摩阻系数；ρ 为燃气密度，kg/m^3；g 为重力加速度，$9.81m/s^2$。

对于高压燃气，应考虑其压缩性，气体状态方程为：

$$p = Z\rho RT \tag{7-5}$$

为简化计算，工程上常可忽略某些对计算结果影响较小的项，并采用线性化方法对方程进行处理和求解。其中，运动方程中的惯性项和对流项在大多数情况下均可忽略不计，这是因为惯性项只在管道中燃气流量随时间变化极大时才有意义，而对流项只在燃气流速极大时才有意义，通常管道中燃气流速在 20～40m/s，且流量变化也不大。此外，在城镇燃气管网中，当高差不明显时，运动方程中的重力项一般也忽略不计，但当高差较大需考虑时，例如在计算高层建筑室内燃气立管时必须考虑这一点。因此，在城镇燃气输配管网计算时一般均可采用简化的运动方程：

$$-\frac{\partial p}{\partial x} = \frac{\lambda}{D}\frac{w^2}{2}\rho \tag{7-6}$$

此外，连续性方程(7-3)可改写为：

$$\frac{\partial(\rho w)}{\partial x} = -\frac{\partial \rho}{\partial t} = -\frac{\partial \rho}{\partial p}\frac{\partial p}{\partial t} = -\frac{1}{C^2}\frac{\partial p}{\partial t} \tag{7-7}$$

式中，C 为声速，m/s。

因此，在进行燃气输配管网非稳态流动工况的计算时，可采用简化后的控制方程：

$$\begin{cases} -\dfrac{\partial p}{\partial x} = \dfrac{\lambda}{d}\dfrac{w^2}{2}\rho \\ -\dfrac{\partial p}{\partial t} = C^2\dfrac{\partial(\rho w)}{\partial x} \\ p = Z\rho RT \end{cases} \tag{7-8}$$

对控制方程(7-8)进行线性化处理后，加上初始条件和边界条件，可采用数值方法求得管道内燃气运动参数。

7.4.2 稳态流动方程

除单位时间内输气量波动大的超高压天然气长输管线要用非稳态流动进行计算外，在多数情况下，城镇燃气管道燃气流动的不稳定性可不予考虑。即将某一小段时间(如1h或1d)内的管内流动作为稳态流动，假设各运动参数不随时间而变化，则方程组(7-8)可以简化为稳态流动基本方程组：

$$\begin{cases} -\dfrac{\mathrm{d}p}{\mathrm{d}x} = \dfrac{\lambda}{D}\dfrac{w^2}{2}\rho \\ \rho w = 常数 \\ p = Z\rho RT \end{cases} \tag{7-9}$$

为了求解式(7-9)，在从 p_1 至 p_2 和 $x_1=0$ 至 $x_2=L$(管段长度为 L)的范围内，考虑 λ、T 和 Z 均为常数，对式(7-9)进行积分后得到燃气在等温流动时，燃气管道计算的基本公式：

$$p_1^2 - p_2^2 = 1.62\lambda \frac{Q_0^2}{D^5}\rho_0 p_0 \frac{T}{T_0}\frac{Z}{Z_0}L \tag{7-10}$$

式中，p_1 为管道起点燃气的绝对压力，Pa；p_2 为管道终点燃气的绝对压力，Pa；p_0 为标准大气压，$p_0=101325$Pa；λ 为燃气管道的水力摩阻系数；Q_0 为燃气管道的计算流量，$\mathrm{Nm^3/s}$；ρ_0 为燃气的密度，$\mathrm{kg/Nm^3}$；T 为燃气的绝对温度，K；T_0 为标准状态绝对温度，273.15K；Z 为压缩因子；Z_0 为标准状态下的压缩因子；L 为燃气管道的计算长度，m。

用于计算低压燃气管道时，式(7-10)可以简化为：

$$p_1^2 - p_2^2 = \Delta p \cdot 2p_m \tag{7-11}$$

式中，p_m 为管道始端和末端压力的算术平均值，$p_m = \dfrac{p_1+p_2}{2}$。

对于低压燃气管道 $p_m \approx p_0$，代入式(7-11)，可得低压燃气管道水力计算的基本公式为：

$$\Delta p = 0.81\lambda \frac{Q_0^2}{D^5}\rho_0 \frac{T}{T_0}\frac{Z}{Z_0}L \tag{7-12}$$

若采用习惯的常用单位，并考虑城镇燃气管道的压力一般在1.6MPa以下，$Z \approx Z_0 = 1$，则高、中压燃气管道的基本计算公式为：

$$\frac{p_1^2 - p_2^2}{L} = 1.27\times 10^{10}\lambda \frac{Q_0^2}{D^5}\rho_0 \frac{T}{T_0} \tag{7-13}$$

式中，p_1 为管道起点燃气的绝对压力，kPa；p_2 为管道终点燃气的绝对压力，kPa；L 为燃气管道的计算长度，km；Q_0 为燃气管道的计算流量，$\mathrm{Nm^3/h}$；D 为管道内径，mm。

低压燃气管道的基本计算公式为：

$$\frac{\Delta p}{L} = 6.26\times 10^{7}\lambda \frac{Q_0^2}{D^5}\rho_0 \frac{T}{T_0} \tag{7-14}$$

式中，Δp 为燃气管道的压力损失，Pa；L 为燃气管道的计算长度，m；Q_0 为燃气管道的计算流量，$\mathrm{Nm^3/h}$；D 为管道内径，mm。

7.4.3 燃气管道的水力摩阻系数

水力摩阻系数 λ 是反映管内燃气流动摩擦阻力的一个无因次系数，其数值与燃气在管道内的流动状况、燃气性质、管道材质(管道内壁粗糙度)等有关，是雷诺数 Re 和相对粗糙度 Δ/d 的函数。

对于层流区和过渡区，水力摩阻系数的计算同本书第 4.2.3 节，即式(4－23)和式(4－24)。对于湍流区，湍流区包括水力光滑区、过渡区和阻力平方区。由于燃气在湍流区的流动状态比较复杂，水力摩阻系数的计算公式也很多。现有的湍流区水力摩阻系数公式大致可分为两类：一类为适用于各种管材和适用于湍流三个区的通用公式，另一类为适用于一定管材、一定流态区的专用公式。

(1)适用于整个湍流区的通用公式。可以采用第 4.2.3 节中科尔布鲁克公式(4－36)和阿里特苏里公式(4－29)，此外，还可以采用谢维列夫公式，它是适用于新铸铁管湍流区的综合公式：

$$\lambda = \left(\frac{2.089\times10^{-7}}{D}+\frac{0.3633}{Re}\right)^{0.284} \tag{7-15}$$

式中，D 为管道内径，m。

(2)适用于一定流态区的专用公式。可采用表 7－3 中公式进行计算。

表 7－3 燃气管道湍流区水力摩阻系数计算

湍流分区	公式	表达式
水力光滑区	尼古拉兹公式	$\lambda = 0.0032+\frac{0.0221}{Re^{0.237}}$ ($10^5 < Re < 3\times10^6$)； $\frac{1}{\sqrt{\lambda}} = 2\lg(Re\sqrt{\lambda})-0.8$ $\left[4000 < Re < 22.2\left(\frac{D}{k}\right)^{8/7}\right]$
	谢维列夫公式	$\lambda = K_1K_2\frac{0.25}{Re^{0.226}}$ (新钢管)； $\lambda = K_1\frac{0.77}{Re^{0.284}}$ (新铸铁管，当 $\frac{w}{\nu} < 0.176\times10^6$)
过渡区	谢维列夫公式	$\lambda = K_1K_2\frac{0.23}{D^{0.226}}\left(1.9\times10^{-6}+\frac{\nu}{w}\right)^{0.226}$ $\left(新钢管，当 \frac{w}{\nu} < 2.4\times10^6\right)$； $\lambda = K_1\frac{0.75}{D^{0.284}}\left(0.55\times10^{-6}+\frac{\nu}{w}\right)^{0.284}$ $\left(新铸铁管，当 \frac{w}{\nu} < 2.7\times10^6\right)$
阻力平方区	尼古拉兹半经验公式	$\lambda = \frac{1}{\left[2\lg\left(\frac{3.7D}{k}\right)\right]^2}$ $\left[Re > 597\left(\frac{D}{k}\right)^{9/8}\right]$
	谢维列夫公式	$\lambda = K_1K_2\frac{0.0121}{D^{0.226}}$ (新钢管，当 $\frac{w}{\nu} \geqslant 2.4\times10^6$)； $\lambda = K_1\frac{0.0143}{D^{0.284}}$ (新铸铁管，当 $\frac{w}{\nu} \geqslant 2.7\times10^6$)

注：表中 D 为管道内径，m；w 为燃气平均流速，m/s；ν 为运动黏度，m^2/s；k 为管道内壁的当量绝对粗糙度，m；K_1 为考虑实验室和实际安装管道的条件不同的系数，$K_1=1.15$；K_2 为考虑由于焊接接头而使阻力增加的系数，$K_2=1.18$。

7.5 燃气管网的水力计算

7.5.1 不同压力管道水力基本公式

(1)中高压管网计算公式

由于管网压力一般较高，压缩因子 Z 不等于 1，故计算中应采用式(4-14)：

$$Q_0 = 43.81\sqrt{\frac{(p_Q^2 - p_Z^2)D^5}{\lambda \Delta ZTL}} \tag{7-16}$$

式中，Q_0为输气量，m^3/h；p_Q 为管段起点的绝对压力，MPa；p_Z 为管段终点的绝对压力，MPa；D 为管道内径，cm；L 为管段长度，km；Δ 为气体的相对密度；T 为输气温度，K；λ 为水力摩阻系数。

(2)低压管网计算公式

低压管网的表压力不大于 0.01MPa，$p_m = p_0 = 0.101325$MPa，可得：

$$Q_0 = 19.72\sqrt{\frac{\Delta p D^5}{\lambda \Delta TL}} \tag{7-17}$$

式中，Δp 为管段起终点压差，MPa。

7.5.2 高差和局部阻力

管网的某些管段如果高差较大，需要考虑高差的影响。对于表压力不大于 4MPa 的中高压管网或支线，高差超过 50m，就应按照地形起伏地区的输气管公式(4-19)进行计算。对于低压管网，高差超过 30m，则要按式(7-18)计算附加压力

$$\Delta p = H(\rho_a - \rho_G)g = H\rho_a g(1-\Delta) = 1.268\times 10^{-5}H(1-\Delta) \tag{7-18}$$

式中，Δp 为附加压差，MPa；H 为高差，m；ρ_a 为空气的密度，取 $\rho_a = 1.293kg/m^3$；ρ_G 为天然气的密度，kg/m^3；Δ 为天然气的相对密度；g 为重力加速度，$9.81m/s^2$。

配气管网水力计算时，一般不详尽计算局部阻力，而按管段长度的 5% ~10% 作为局部阻力的计算长度，或按照燃气管道摩擦阻力损失的 5% ~10% 进行计算。但对于街坊庭院内或企业厂区内的支管线，则要按实际情况估算局部阻力的影响，一般用当量长度法计算。

7.5.3 管网的允许压降

(1)低压管网的允许压降

低压管网允许压降的选择，既要保证管网的经济性，又要使燃具在高热效率范围内正常燃烧。低压管网的允许压降取为燃具的最大允许压力 p_{max} 和最小允许压力 p_{min} 之差，并称为计算压降。

$$\Delta p = p_{max} - p_{min} = (K_1 - K_2)p_n \tag{7-19}$$

式中，p_{max} 为燃具的最大允许压力，Pa；p_{min} 为燃具的最小允许压力，Pa；K_1为最大压力系数；K_2为最小压力系数；p_n 为燃具的额定工作压力，Pa。

式(7－19)表明，低压管网的允许压降取决于燃具的额定压力和允许的压力波动范围。实践表明，一般民用燃具的正常工作允许压力在±50%范围内波动，即 $K_1=1.5$，$K_2=0.5$，但考虑到在用气高峰时，部分燃具不宜在过低压力下工作，故取 $K_2=0.75$。所以低压管网(包括庭院和室内管)总的允许压降为：

$$\Delta p = (1.5 - 0.75)p_n = 0.75p_n \tag{7-20}$$

低压管网总的允许压降分配参见表7－4。

表7－4 低压管网的允许压降 Pa

气体类别	p_n	p_{max}	p_{min}	总压降	干管压力降	院内管道压力降
人工气	800～1000	1200～1500	600～750	600～750	400～500	200～250
天然气	2000	3000	1500	1500	1000	500

(2)中高压管网的允许压降

中高压管网只有通过区域调压室才能与低压管网或用户相连。因此，中高压管网中的压力波动并不影响低压用户的气体压力。只要中高压管网末端的最小压力能保证区域调压室通过高峰用气量，或者中高压管网末端的最小压力能保证电厂燃气轮机、中压引射器等设备的供气压力即可。中高压管网的最大压力与最小压力之差为允许压降，即计算压降。在具体设计管网时，允许压降的确定应根据具体情况留有适当的压力储备。当向中高压管网掺氢时，需考虑不同掺氢比对管网允许压降的影响。

7.6 燃气管网各段的计算流量

7.6.1 管网输气流量情况分类

燃气管网各管段的输气情况有三种：

(1)沿途没有用户，不分输气体，只有输转流量 Q_2(或用户在末端)，如图7－10所示，管段中的流量是个常数，其计算流量等于输转流量 Q_2。

(2)进入管段的全部气体在沿途分配给各个用户，只有途泄流量 Q_1，$Q_2=0$，如图7－11所示。

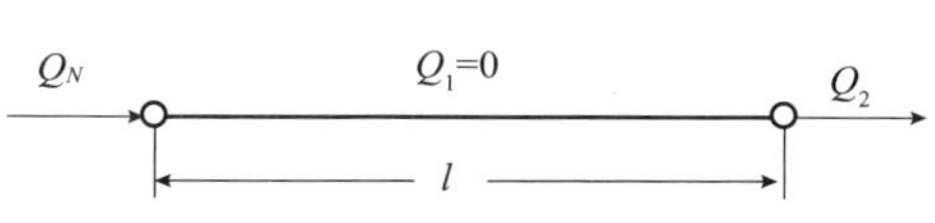

图7－10 只有输转流量的管段

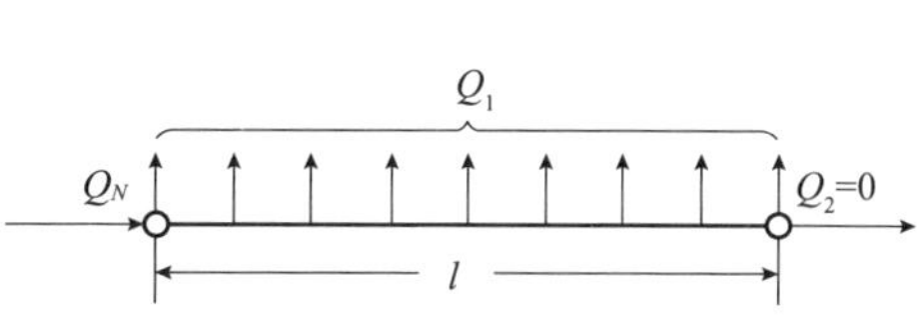

图7－11 只有途泄流量的管段

(3)管段沿途既有途泄流量 Q_1，又有输转流量 Q_2，如图7－12所示。

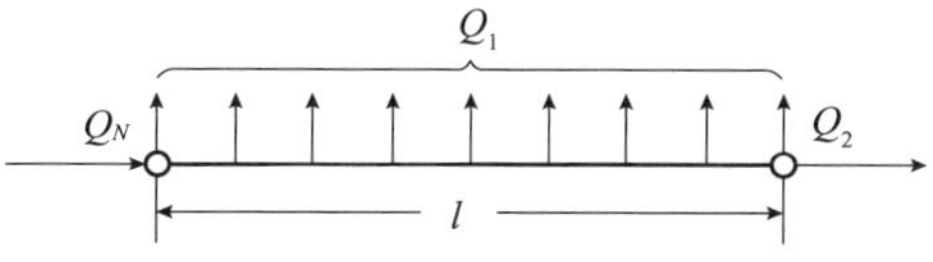

图7－12 输转流量和途泄流量均有的管段

7.6.2 管网途泄流量的计算

为方便计算，假设途泄流量只包括居民户和小型公共建筑用户并认为沿途是均匀输出的，即：

$$q = \frac{Q_1}{l} \tag{7-21}$$

式中，q 为单位长度的途泄流量，$m^3/(m \cdot h)$；Q_1 为途泄流量，m^3/h；l 为管段长度，m。

对于沿途用气较大的用户，途泄流量则应看作集中负荷来进行计算。根据上述原则，途泄流量可用以下方法计算：

(1)在管网供气范围内求出小时设计流量，除以总人口数，得到每个人的小时设计流量。

(2)按管网布置情况，将供气范围划分为若干个小区。

(3)以每人的小时设计流量乘以各小区居民用户和小型公共建筑的人口数，得到各小区的小时用气量。

(4)计算出各管段的单位长度的途泄流量 q。

(5)求管段的途泄流量，即单位长度途泄流量乘以管段长度。如果该管段向两侧小区供气，则应是两边的单位长度途泄流量之和乘以管长。

以图 7-13 为例，各管段的途泄流量分别为：

$$Q_1^{1-2} = \left[\frac{Q_B}{l_{1-2-11}} + \frac{Q_A}{l_{1-2-3-4-5-6-1}}\right] l_{1-2} \tag{7-22}$$

$$Q_1^{2-3} = \left[\frac{Q_C}{l_{11-2-3-7}} + \frac{Q_A}{l_{1-2-3-4-5-6-1}}\right] l_{2-3} \tag{7-23}$$

其余依此类推。

式中，Q_A、Q_B…为各小区的小时用气量；l 为各管段的长度。

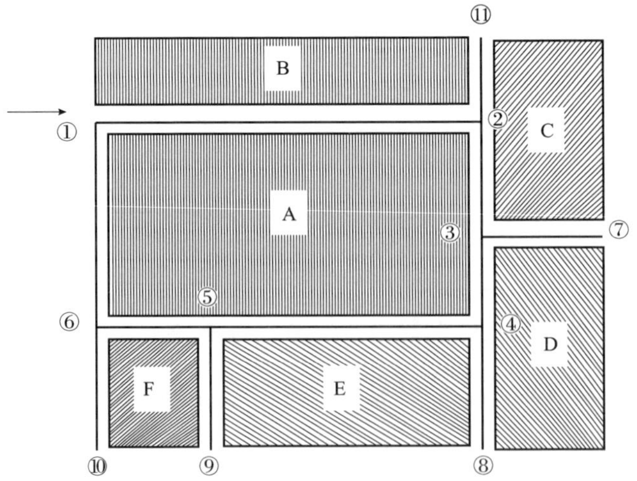

图 7-13 各管段途泄流量计算

7.6.3　变流量管段的计算流量

确定变流量管段计算流量的原则是以计算流量 Q 求得的管段压降应与变流量管段的实际压降相等。求计算流量的公式为：

$$Q = aQ_1 + Q_2 \tag{7-24}$$

式中，Q 为计算流量，m^3/h；Q_1为途泄流量，m^3/h；Q_2为输转流量，m^3/h；a 为与途泄流量和总流量之比以及沿途支管数有关的系数。

下面介绍如何确定式(7－24)中的 a 值。如图7－14所示，直径为 D，长为 L，支管之间的距离 l 均相等，各支管的流量 q_i均相等，并等于 q，支管总数为 n。

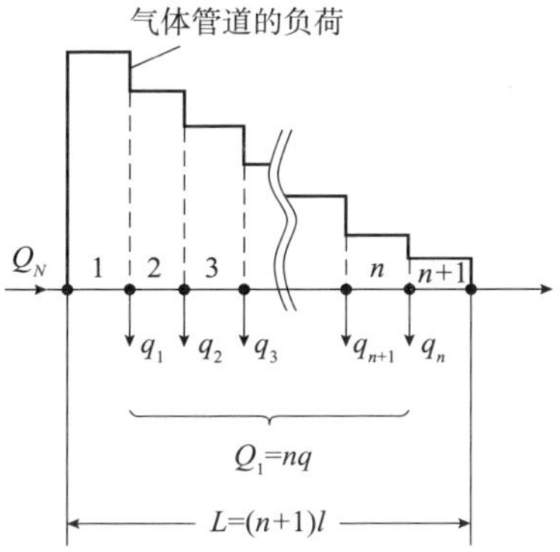

图7－14　燃气分配管段流量变化示意

首先采用式(7－25)求各段的压力降：

$$\Delta p_i = KQ_i^{2-m}l \tag{7-25}$$

式中，Δp_i为压力降；K 为与管径有关的系数；Q_i为第 i 段的流量；m 为与流动状态有关的系数；l 为支管之间的距离，即 i 段长度。

第 i 段的气体流量 Q_i为：

$$Q_i = Q_N - (i-1)q \tag{7-26}$$

式中，Q_N为该管段总流量，$Q_N = Q_1 + Q_2$；q 为支管流量，$q = Q_1/n$。

第 i 段的压降为：

$$\Delta p_i = K[Q_N - (i-1)q]^{2-m}l \text{ 或 } \Delta p_i = KQ_N^{2-m}l\left[1-(i-1)\frac{x}{n}\right]^{2-m} \tag{7-27}$$

式中，x 是途泄流量 Q_1 与总流量 Q_N 之比，$x = Q_1/Q_N$，在 $0 \leqslant x \leqslant 1$ 范围内，靠近管段的始端此值较大，靠近终点较小。

整个管段的压降 Δp 为：

$$\Delta p = \sum_{i=1}^{n+1}\Delta p_i = KQ_n^{2-m}\frac{L}{n+1}\sum_{i=1}^{n+1}\left[1-(i-1)\frac{x}{n}\right]^{2-m} \tag{7-28}$$

将式(7－28)方括号内各项以麦克劳林级数展开，取前三项整理，可得整个管段压降的最终公式为：

$$\Delta p = KQ_N^{2-m}L\left[1-\frac{2-m}{2}x+\frac{(2-m)(2-m-1)}{12}\cdot\frac{(2n+1)}{n}x^2\right] \tag{7-29}$$

以 $Q = aQ_1 + Q_2$ 为计算流量时，其管段压降为：

$$\Delta p = K(aQ_1 + Q_2)^{2-m}L = KQ_N^{2-m}L(ax + 1 - x)^{2-m} \tag{7-30}$$

联立式(7-29)和式(7-30)，可求得 a 的值如下：

$$a = \frac{\left[1 - \frac{2-m}{2}x + \frac{(2-m)(2-m-1)}{12} \cdot \frac{(2n+1)}{n}x^2\right]^{\frac{1}{2-m}} - (1-x)}{x} \tag{7-31}$$

以 $x=0$ 代入，即途泄流量为0，此时系数 a 没有物理意义。根据洛必达法则，a 的极限值等于0.5。当 $m=1$（层流）、$x=1$，n 为任意值时，a 均为0.5。$m=0.25$（水力光滑区）、$m=0$（阻力平方区）和不同 n、x 时的 a 值可参考表7-5。

表7-5　a 值

m	x	支管数 n			
		1	5	10	□
0.25	0	0.5	0.5	0.5	0.5
	1	0.636	0.563	0.553	0.543
0	0	0.5	0.5	0.5	0.5
	1	0.707	0.606	0.592	0.577

对于管网，一般管段上支管数 n 不小于5，x 在0.3~1.0，此时系数 a 大多在0.5~0.6，常取平均值 $a=0.55$。所以变流量管段实际的计算流量公式为：

$$Q = 0.55Q_1 + Q_2 \tag{7-32}$$

由式(7-32)可见，燃气分配管道可看作在终端有一集中负荷，流量为 Q，则其压力降等于实际上既有输转流量又有途泄流量的该管段的压力降。因此，途泄流量常可看成相当于两个集中流量值：在管段始端为 $0.45Q_1$，在终端为 $0.55Q_1$。在配气管网的计算，特别是在环形配气管网的水力计算时，常把途泄流量改用节点流量来表示。这样，假设沿管线不再有流量流出，即管段中的流量不再沿管线变化，它产生的管段压力降与实际压力降相等。与管道途泄流量 Q_1 相当的计算流量 $Q = aQ_1$，可由管道终端节点流量 aQ_1 和始端节点流量 $(1-a)Q_1$ 来代替。

(1)当 a 取0.55时，管道始端 i、终端 j 的节点流量分别为：

$$q_i = 0.45Q_1^{i-j} \tag{7-33}$$

$$q_j = 0.55Q_1^{i-j} \tag{7-34}$$

式中，Q_1^{i-j} 为从 i 节点到 j 节点管道的途泄流量，Nm^3/h；q_i、q_j 分别为 i、j 节点的节点流量，Nm^3/h。

对于连接多根管道的节点，其节点流量等于燃气流入节点(管道终端)的所有管段的途泄流量的0.55倍，与流出节点(管道始端)的所有管段的途泄流量的0.45倍之和，再加上相应的集中流量。如图7-15中各节点的流量为：

$$
\begin{aligned}
q_1 &= 0.55Q_1^{6-1} + 0.45Q_1^{1-2} \\
q_2 &= 0.55Q_1^{1-2} + 0.55Q_1^{5-2} + 0.45Q_1^{2-3} \\
q_3 &= 0.55Q_1^{2-3} + 0.55Q_1^{4-3} \\
q_4 &= 0.55Q_1^{5-4} + 0.45Q_1^{4-3} \\
q_5 &= 0.55Q_1^{6-5} + 0.45Q_1^{5-2} + 0.45Q_1^{5-4} \\
q_6 &= 0.45Q_1^{6-5} + 0.45Q_1^{6-1}
\end{aligned} \tag{7-35}
$$

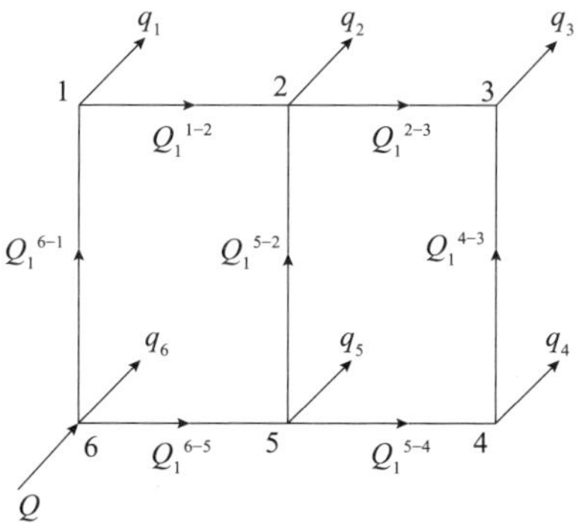

图 7-15 节点流量示意

管网各节点流量的总和应与管网区域的总计算流量相等：

$$Q = q_1 + q_2 + q_3 + q_4 + q_5 + q_6 \tag{7-36}$$

(2)当 a 取 0.5 时，管道始端 i、终端 j 的节点流量均为：

$$q_i = q_j = 0.5Q_1^{i-j} \tag{7-37}$$

则管网各节点的节点流量等于该节点所连接的各管道的途泄流量之和的一半。

(3)管段上所接的大型用户为集中流量，计算时在大型用户处应设节点进行计算。

习题

1. 简述城市燃气配气系统的组成。
2. 简述不同掺氢比对终端民用灶具的影响。
3. 简述城镇燃气设计压力等级。
4. 确定城市燃气掺氢比时，应考虑哪些因素？
5. 影响金属材料氢损伤速率和程度的影响因素有哪些？
6. 氢环境对城市燃气输配系统中的非金属材料可能会产生哪些影响？
7. 管网中的压力降是如何确定的？
8. 什么是途泄流量，什么是转输流量？
9. 区域燃气管网，各管段长度(m)如下图所示。人口密度为 600 人/公顷，每人每小时的燃气用量为 0.06Nm^3，节点⑥上有集中负荷 $Q_s = 100\text{Nm}^3/\text{h}$，请计算各管段的途泄流量。

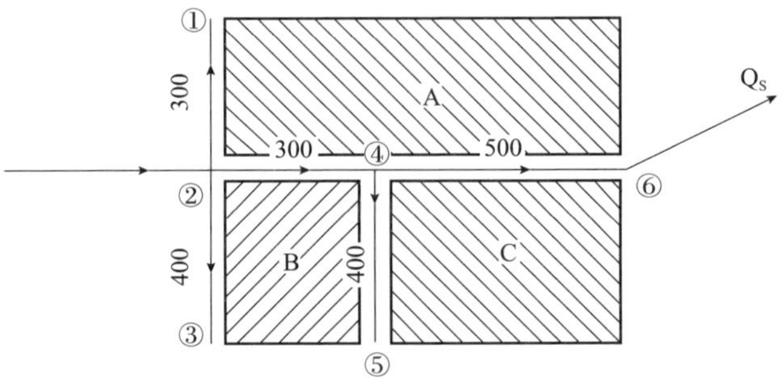

10. 某 ϕ219mm×7mm 的低压燃气钢管，管道长度 1000m，输送燃气流量 200Nm^3/h，燃气密度 0.788kg/Nm^3，管线单位管长的压力降为 0.2Pa/m，管道起点压力为 2000Pa，管道起终点高程差为 50m(终点高于起点，计算中考虑附加压头)，局部阻力损失按沿程阻力损失的 10% 计，计算该管段的终点压力。

11. 已知某城市人口 50 万人，标准状况下燃气低热值取 36MJ/Nm^3，气化率为 0.9，居民生活用气定额为 2500MJ/(人·年)，公共建筑设施标准中托儿所为 150 人/1000 人，旅馆为 8 床位/1000 人，其中托儿所的用气定额取 2000MJ/(人·年)，旅馆的用气定额取 4000MJ/(人·年)，炼钢的用气定额为 7000MJ/(t·a)，熔铝的用气定额为 3200MJ/(t·a)，年产钢 2 万 t，年产铝 1.5 万 t，试计算整个城市的年用气量。现计划推行天然气管道掺氢，掺氢比为 10%，城市的年用气量变为多少。

参考文献

[1]李玉星，姚光镇．输气管道设计与管理[M].2版．东营：中国石油大学出版社，2009.

[2]李长俊，黄泽俊，贾文龙．天然气管道输送[M].4版．北京：石油工业出版社，2024.

[3]段常贵．燃气输配[M].5版．北京：中国建筑工业出版社，2015.

[4]宇波，杨绪飞，孙旭．应用流体力学[M].3版．青岛：中国石油大学出版社，2023.

[5]吴朝玲，李永涛，李媛．氢气储存与输送[M]．北京：化学工业出版社，2020.

[6]中国氢能联盟．中国氢能源及燃料电池产业白皮书[R]．北京：中国氢能联盟，2019：1－56.

[7]中国电动汽车百人会．中国氢能产业发展报告2020[R]．北京：中国电动汽车百人会，2020：1－104.

[8]中国标准化协会．天然气掺氢混气站技术规程(征求意见稿)[S]．北京：中国标准出版社，2019.

[9]STARLING K E，SAVIDGE J L. Development of improved capabilities for computation of gas supercompressibility factors and other properties[R]. Arlington：American Gas Association，1992：1－5.

[10]中华人民共和国国家质量监督检验检疫总局，中国国家标准化管理委员会．天然气压缩因子的计算 第2部分：用摩尔组成进行计算：GB/T 17747.2—2011[S]．北京：中国标准出版社，2012.

[11]ISO. Natural gas－Calculation of thermodynamic properties－Part 2：Single－phase properties(gas，liquid，and dense fluid)for extended ranges of application：ISO 20765－2：2015[S]. Geneva：ISO，2015.

[12]李敬法，苏越，张衡，等．掺氢天然气管道输送研究进展[J]．天然气工业，2021，41(4)：137－152.

[13]郑度奎，李敬法，宇波，等．临氢环境中聚乙烯管道寿命预测方法探讨[J]．油气储运，2023，42(8)：882－893.

[14]李敬法，李建立，王玉生，等．氢能储运关键技术研究进展及发展趋势探讨[J]．油气储运，2023，42(8)：856－871.

[15]苏越，李敬法，宇波，等．氢气和天然气在静态混合器中的掺混模拟[J]．天然气工业，2023，43(3)：113－122.

[16]李敬法，陈志博，郑度奎，等．液氢储存低温绝热技术研究进展[J]．科学技术与工程，2024，24(14)：5675－5689.

[17]李敬法，宇波，李璐伶，等．天然气管道随动流量掺氢实验及新认识[J]．天然气工业，2024，44(7)：142－150.

[18]李敬法，宇波，苏越，等．静置工况条件下掺氢天然气浓度分布规律[J]．天然气工业，2024，44(2)：145－155.

[19]方益涛，谭海川，唐亮，等．海底掺氢天然气管道的泄漏扩散模拟[J]．油气储运，2024，43(8)：877－886.

[20]郑度奎，李敬法，宇波，等．非金属PE管材氢气－甲烷渗透研究进展[J]．材料导报，2024，38(16)：23020018.

[21]邹才能，李建明，张茜，等．氢能工业现状、技术进展、挑战及前景[J]．天然气工业，2022，42(4)：1－20.

[22]丁镠，唐涛，王耀萱，等．氢储运技术研究进展与发展趋势[J]．天然气化工(C1化学与化工)，

2022，47(2)：35－40.
[23]曹军文，覃祥富，耿嘎，等．氢气储运技术的发展现状与展望[J]．石油学报(石油加工)，2021，37(6)：1461－1478.
[24]刘翠伟，裴业斌，韩辉，等．氢能产业链及储运技术研究现状与发展趋势[J]．油气储运，2022，41(5)：498－514.
[25]蒲亮，余海帅，代明昊，等．氢的高压与液化储运研究及应用进展[J]．科学通报，2022，67：2172－2191.
[26]郑津洋．高安全低成本大容量高压储氢[J]．浙江大学学报(工学版)，2020，54(9)：1655－1657.
[27]李军，薄柯，黄强华，等．高压氢气储运移动式压力容器发展趋势与挑战[J]．太阳能学报，2022，43(3)：20－26.
[28]郑津洋．氢能高压储运装备与安全技术现状[C]．武汉：第十五届全国高等学校过程装备与控制工程专业教学与科研校际交流会，2017：8－9.
[29]胡华为，何青，孟照鑫．加氢站高压储氢容器安全性分析[J]．现代化工，2022，42(6)：9－15.
[30]杜忠明，郑津洋，戴剑锋，等．我国绿氢供应体系建设思考与建议[J]．中国工程科学，2022，24(6)：64－71.
[31]扬帆，张超，张博超，等．大型液氢储罐内罐材料研究与应用进展[J]．太阳能学报，2023，44(10)：557－563.
[32]妙丛，黄磊，张震．减少液氢容器漏热的关键技术分析[J]．中国设备工程，2022(7)：210－212.
[33]何晓冬，朱鸣，陈光奇，等．低温吸附剂的低温低压吸附等温线分布研究[J]．中国特种设备安全，2021，37(4)：18－23＋74.
[34]宋鹏飞，侯建国，穆祥宇，等．液体有机氢载体储氢体系筛选及应用场景分析[J]．天然气化工(C1化学与化工)，2021，46(1)：1－5，33.
[35]赵琳，张建星，祝维燕，等．液态有机物储氢技术研究进展[J]．化学试剂，2019，41(1)：47－53.
[36]董媛，杨明，程寒松．有机液体储氢技术进展及应用前景[C]．澳门：第六届国际清洁能源论坛，2017：254－271＋435.
[37]张慧敏，田磊，孙云峰，等．有机液体储氢研究进展及管道运输的思考[J]．油气储运，2023，42(4)：375－390.
[38]李佳豪，杨锦，潘伦，等．含氮有机液体储放氢催化体系研究进展[J]．化工进展，2023，42(12)：6325－6344.
[39]朱明原，刘文博，刘杨，等．氢能与燃料电池关键科学技术：挑战与前景[J]．上海大学学报(自然科学版)，2021，27(3)：411－443.
[40]刘安蒲，任靖，赵保槐，等．液相有机氢载体的催化研究与应用[J]．北京化工大学学报(自然科学版)，2021，48(4)：1－18.
[41]张晓飞，蒋利军，叶建华，等．固态储氢技术的研究进展[J]．太阳能学报，2022，43(6)：345－354.
[42]刘木子，史柯柯，赵强，等．固体储氢材料的研究进展[J]．化工进展，2023，42(9)：4746－4769.
[43]李珊珊，张蓝，王玉琪，等．椭圆螺旋微管束反应器参数优化与性能评价[J]．工程科学学报，2019，41(5)：129－138.
[44]刘梦，陆林，邱景义，等．碳材料在金属化合物固态储氢中的应用[J]．电源技术，2021，45(11)：1510－1513.

[45]徐双庆，范志超，刘孝亮．车载高压－固态复合储氢系统储氢密度的数值分析[J]．压力容器，2020，37(9)：24－29.

[46]张志芸，张国强，刘艳秋，等．车载储氢技术研究现状及发展方向[J]．油气储运，2018，37(11)：1207－1212.

[47]蒋骏，魏化中，丁克勤．CNG长管拖车关键部位泄漏失效分析[J]．化学工程与装备，2017，11：204－206.

[48]李军，薄柯，黄强华，等．高压氢气储运移动式压力容器发展趋势与挑战[J]．太阳能学报，2022，43(3)：20－26.

[49]李桐，金明哲，骆辉，等．我国长管拖车技术发展综述[J]．中国特种设备安全，2020，36(12)：31－37.

[50]刘再斌，薄柯，惠虎，等．长管拖车安全防护系统功能安全研究[J]．中国仪器仪表，2021(2)：55－57.

[51]骆辉，薄柯，李邦宪，等．高纯气体长管拖车结构特点及定期检验问题[J]．中国特种设备安全，2016，32(3)：35－39.

[52]董红磊，李邦宪，薄柯，等．我国长管拖车安全技术发展综述[J]．中国特种设备安全，2014，30(8)：1－5.

[53]郑津洋，马凯，叶盛，等．我国氢能高压储运设备发展现状及挑战[J]．压力容器，2022，39(3)：1－8.

[54]程玉峰．高压氢气管道氢脆问题明晰[J]．油气储运，2023，42(1)：1－8.

[55]尚娟，鲁仰辉，郑津洋，等．掺氢天然气管道输送研究进展和挑战[J]．化工进展，2021，40(10)：5499－5505.

[56]陈俊文，尚谨，刘玉杰，等．混氢天然气管道安全设计要点探讨[J]．天然气与石油，2020，38(6)：8－13.

[57]谢萍，伍奕，李长俊，等．混氢天然气管道输送技术研究进展[J]．油气储运，2021，40(4)：361－370.

[58]张立业，邓海涛，孙桂军，等．天然气随动掺氢技术研究进展[J]．力学与实践，2022，44(4)：755－766.

[59]闫喻婷．氢气储运方式的经济性对比研究[D]．武汉：华中科技大学，2021.

[60]常乐，倪维斗，李政，等．氢能供应链中最佳运氢方式的选择[J]．清华大学学报(自然科学版)，2009，49(2)：257－260.

[61]马建新，刘绍军，周伟，等．加氢站氢气运输方案比选[J]．同济大学学报(自然科学版)，2008，36(5)：615－619.

[62]游双矫．中石油为雄安新区供氢方式优化的研究[D]．北京：中国石油大学(北京)，2020.

[63]单彤文，宋鹏飞，李又武，等．制氢、储运和加注全产业链氢气成本分析[J]．天然气化工(C1化学与化工)，2020，45(1)：84－90，96.

[64]赵罡．基于MILP模型的氢气供应链路径优化[J]．天然气工业，2022，42(7)：118－124.

[65]黄宣旭，练继建，沈威，等．中国规模化氢能供应链的经济性分析[J]．南方能源建设，2020，7(2)：1－13.

[66]张振扬，解辉．氢能利用－液氢的制、储、运技术现状及分析[J]．可再生能源，2023，41(6)：1－8.

[67]HUANG H J, LI J F, SUN X, et al. Influence analysis on the storage capacity of hydrogen – blended natural gas pipeline[J]. Computational Energy Science, 2024, 1(1): 3 – 16.

[68]ZHENG D K, LI J F, YU B, et al. Grand canonical Monte Carlo and molecular dynamics investigation of hydrogen solubility and diffusivity in nonmetallic polyvinyl chloride, polyethylene and polyvinylidene fluoride pipes materials[J]. Fuel, 2024, 362: 130925.

[69]SU Y, LI J F, YU B, et al. Comparative study of mathematical models for describing the distribution of hydrogen – enriched natural gas in enclosed spaces[J]. Energy & Fuels, 2024, 38: 2929 – 2940.

[70]SU Y, LI J F, YU B, et al. Modeling of hydrogen blending on the leakage and diffusion of urban buried hydrogen – enriched natural gas pipeline[J]. Computer Modeling in Engineering & Sciences, 2023, 136(2): 1315 – 1337.

[71]SU Y, LI J F, YU B, et al. Numerical investigation on the leakage and diffusion characteristics of hydrogen – blended natural gas in a domestic kitchen[J]. Renewable Energy, 2022, 189: 899 – 916.

[72]ZHENG D K, LI J F, LIU B, et al. Molecular dynamics investigations into the hydrogen permeation mechanism of polyethylene pipeline material[J]. Journal of Molecular Liquids, 2022, 368: 120773.

[73]SU Y, LI J F, GUO W Y, et al. Prediction of mixing uniformity of hydrogen injection in natural gas pipeline based on a deep learning model[J]. Energies, 2022, 15: 8694.

[74]SU Y, LI J F, YU B, et al. Fast and accurate prediction of failure pressure of oil and gas defective pipelines using the deep learning model[J]. Reliability Engineering & System Safety, 2021, 216: 108016.

[75]LI J F, SU Y, YU B, et al. Influences of hydrogen blending on Joule – Thomson coefficient of natural gas [J]. ACS Omega, 2021, 6: 16722 – 16735.

[76]ZHANG H, LI J F, SU Y, et al. Effects of hydrogen blending on hydraulic and thermal characteristics of natural gas pipeline and pipe network[J]. Oil & Gas Science and Technology – Rev. IFP Energies nouvelles, 2021, 76: 70.

[77]ACEVES S M, ESPINOSA – LOZA F, LEDESMA – OROZCO E, et al. High – density automotive hydrogen storage with cryogenic capable pressure vessels[J]. International Journal of Hydrogen Energy, 2010, 35: 1219 – 1226.

[78]BERSTAD D O, STANG J H, NEKSA P. Large – scale hydrogen liquefier utilising mixed – refrigerant pre – cooling[J]. International Journal of Hydrogen Energy, 2010, 35(10): 4512 – 4523.

[79]QIU Y, YANG H, TONG L, et al. Research progress of cryogenic materials for storage and transportation of liquid hydrogen[J]. Metals – Open Access Metallurgy Journal, 2021, 11(7): 1 – 13.

[80]HASTINGS L J, HEDAYAT A, BROWN T M. Analytical modeling and test correlation of variable density multilayer insulation for cryogenic storage: NASA/TM – 2004 – 213175[R]. Washington: NASA, 2004: 1 – 36.

[81]MARTIN J J, HASTINGS L. Large – scale liquid hydrogen testing of variable density multilayer insulation with a foam substrate: NASA/TM – 2001 – 211089[R]. Washington: NASA, 2001: 1 – 76.

[82]ZHENG J, CHEN L, WANG J, et al. Thermodynamic analysis and comparison of four insulation schemes for liquid hydrogen storage tank[J]. Energy Conversion and Management, 2019, 186: 526 – 534.

[83]SREERAJ R, AADHITHIYAN A K, ANBARASU S. Comparison, advancement, and performance evaluation of heat exchanger assembly in solid – state hydrogen storage device[J]. Renewable Energy, 2022, 198: 667 – 678.

[84]MA J, WANG Y, SHI S, et al. Optimization of heat transfer device and analysis of heat & mass transfer on the finned multi – tubular metal hydride tank[J]. International Journal of Hydrogen Energy, 2014, 39(25): 13583 – 13595.

[85]LI H, WANG Y, HE C, et al. Design and performance simulation of the spiral mini – channel reactor during H_2 absorption[J]. International Journal of Hydrogen Energy, 2015, 40(39): 13490 – 13505.

[86]WECKERLE C, BURGER I, LINDER M. Novel reactor design for metal hydride cooling systems[J]. International Journal of Hydrogen Energy, 2017, 42(12): 8063 – 8074.

[87]BAI X S, YANG W W, TANG X Y, et al. Optimization of tree – shaped fin structures towards enhanced absorption performance of metal hydride hydrogen storage device: a numerical study[J]. Energy, 2021, 220: 119738.

[88]YE J, LI Z, ZHANG L, et al. Measurement and the improvement of effective thermal conductivity for a metal hydride bed – a review[J]. RSC Advances, 2022, 12: 25722 – 25743.

[89]CAO Z, OUYANG L, WANG H, et al. Advanced high – pressure metal hydride fabricated via Ti – Cr – Mn alloys for hybrid tank[J]. International Journal of Hydrogen Energy, 2015, 40(6): 2717 – 2728.

[90]TAKEICHI N, SENOH H, YOKOTA T, et al. "Hybrid hydrogen storage vessel", a novel high – pressure hydrogen storage vessel combined with hydrogen storage material[J]. International Journal of Hydrogen Energy, 2003, 28(10): 1121 – 1129.

[91]REDDI K, ELGOWAINY A, RUSTAGI N, et al. Techno – economic analysis of conventional and advanced high – pressure tube trailer configurations for compressed hydrogen gas transportation and refueling[J]. International Journal of Hydrogen Energy, 2018, 43(9): 4428 – 4438.

[92]LIU B, LIU S, GUO S, et al. Economic study of a large – scale renewable hydrogen application utilizing surplus renewable energy and natural gas pipeline transportation in China[J]. International Journal of Hydrogen Energy, 2020, 45(3): 1385 – 1398.

[93]RAAB M, SIMON M, DIETRICH R U. Comparative techno – economic assessment of a large – scale hydrogen transport via liquid transport media[J]. International Journal of Hydrogen Energy, 2021, 46(21): 11956 – 11968.

[94]MAKEPEACE J W, HE T, WEIDENTHALER C, et al. Reversible ammonia – based and liquid organic hydrogen carriers for high – density hydrogen storage: Recent progress[J]. International Journal of Hydrogen Energy, 2019, 44(15): 7746 – 7767.

[95]ANG C, OGDEN J. Determining the lowest – cost hydrogen delivery mode[J]. International Journal of Hydrogen Energy, 2007, 32: 268 – 286.

[96]SHORT W, PACKEY D J, HOLT T. A manual for the economic evaluation of energy efficiency and renewable energy technologies[R]. Colorado: National Renewable Energy Laboratory, 1995: 1.

[97]SHERIF S A, BARBIR F, VEZIROGLU T N. Towards a hydrogen economy[J]. The Electricity Journal, 2005, 18(6): 62 – 76.

[98]DUTTA S. A review on production, storage of hydrogen and its utilization as an energy resource[J]. Journal of Industrial and Engineering Chemistry, 2014, 20(4): 1148 – 1156.

[99]XU X, XU B, DONG J, et al. Near – term analysis of a roll – out strategy to introduce fuel cell vehicles and hydrogen stations in Shenzhen China[J]. Applied Energy, 2017(196): 229 – 237.

[100]LI L, MANIER H, MANIER M A. Integrated optimization model for hydrogen supply chain network design

and hydrogen fueling station planning[J]. Computers & Chemical Engineering, 2020(134): 106683.

[101] GULER M G, GECICI E, ERDOGAN A. Design of a future hydrogen supply chain: A multi period model for Turkey[J]. International Journal of Hydrogen Energy, 2021, 46(30): 16279 - 16298.

[102] ROBLES J O, AZZARO - PANTEL C, GARCIA G M, et al. Social cost - benefit assessment as a post - optimal analysis for hydrogen supply chain design and deployment: Application to Occitania(France)[J]. Sustainable Production and Consumption, 2020, 24: 105 - 120.

[103] WICKHAM D, HAWKES A, JALIL - VEGA F. Hydrogen supply chain optimization for the transport sector - focus on hydrogen purity and purification requirements[J]. Applied Energy, 2022, 305: 117740.

[104] RATNAKAR R R, GUPTA N, ZHANG K, et al. Hydrogen supply chain and challenges in large - scale LH_2 storage and transportation[J]. International Journal of Hydrogen Energy, 2021, 46(47): 24149 - 24168.